北陸海に鯨が来た頃

勝山敏一

桂書房

「草葉の陰から見ている」と書き遺し、早くに逝った父に、そしてその後の苦労を引き受け、私と弟を育ててくれた母、アルツハイマー症を病んで澄んだ目になり、逝く前日、その眼で私の眼底を透すように見返してくれた母に、この書を捧げる。

——勝山敏一

目次

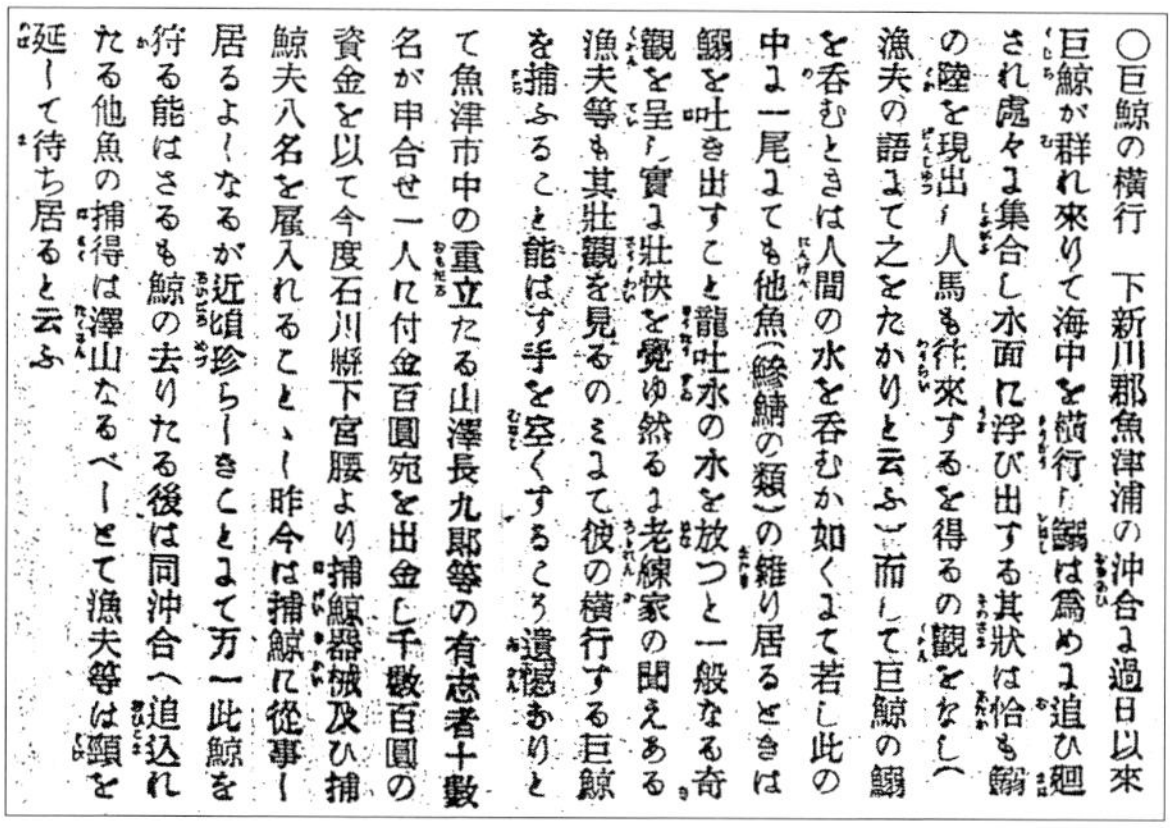
○巨鯨の横行　下新川郡魚津浦の沖合に過日以來巨鯨が群れ來りて海中を横行し鰯は爲めに追ひ廻され處々に集合し水面に浮び出する其狀は恰も鰯の陸を現出し人馬も往來するを得るの觀をなし（漁夫の語にて之をたかりと云ふ）而して巨鯨の鰯を呑むときは人間の水を呑むか如くにて若し此の中に一尾にても他魚（鯵鯖の類）の雜り居るときは鰯を吐き出すこと龍吐水の水を放つと一般なる奇觀を呈し實に壯快を覺ゆ然るに老練家の聞えある漁夫等も其壯觀を見るのみにて彼の横行する巨鯨を捕ふること能はず手を空くするところ遺憾ありとて魚津市中の重立たる山澤長九郎等の有志者十數名が申合せ一人に付金百圓宛を出金し千數百圓の資金を以て今度石川縣下宮腰より捕鯨器械及び捕鯨夫八名を雇入れることゝし昨今は捕鯨に從事し居るよしなるが近頃珍らしきことにて万一此鯨を狩る能はさるも鯨の去りたる後は同沖合へ追込れたる他魚の捕得は澤山なるべしとて漁夫等は頸を延して待ち居ると云ふ

明治十九年四月十三日・中越新聞

魚津浦の巨鯨

百年前にも、富山湾に鯨が回游していたことを実感できる新聞記事がある。一八八六（明治十九）年四月十三日、魚津《うおづ》浦の沖合に巨鯨が群れていると知らせる中越新聞の記事だ。「巨鯨の横行」という見出しのこの記事は、富山県内図書館に残る新聞紙面で最も古い鯨の記事で、筆者に捕鯨史探訪を意欲させた面白い内容を含む。全文を示そう。まず前半部。

「魚津浦の沖合に過日以来、巨鯨が群れ来りて海中を横行し、鰯《いわし》は為《ため》に追い回され処々に集合し水面に浮び出するその状《さま》は、あたかも鰯の陸《おか》を現出し人馬も往来するを得るの観をなし（漁夫の語にて之をたかりと云う）而して巨鯨の鰯を呑むときは人間の水を呑むが如くにて、若《も》しこの中に一尾にても他魚（鯵鯖の類）の雑《まざ》り居るときは鰯を吐き出すこと龍吐水《りゅうどすい》の水を放つと一般なる奇観を呈し、実に壮快を覚ゆ。」

イワシの大群が追い回され処々で凝集して、人馬が行き来できるかと思うほど「イワシの陸」を形成するという観察は記者の実見によるものであろう。また、イワシ以外の魚は吐き出すという記述は、「ひげ鯨」類の「飲み込み型」といわれる採餌法《さいじほう》を示す。彼らは口を大きく開けて獲物の群れに向かって突進、大量の

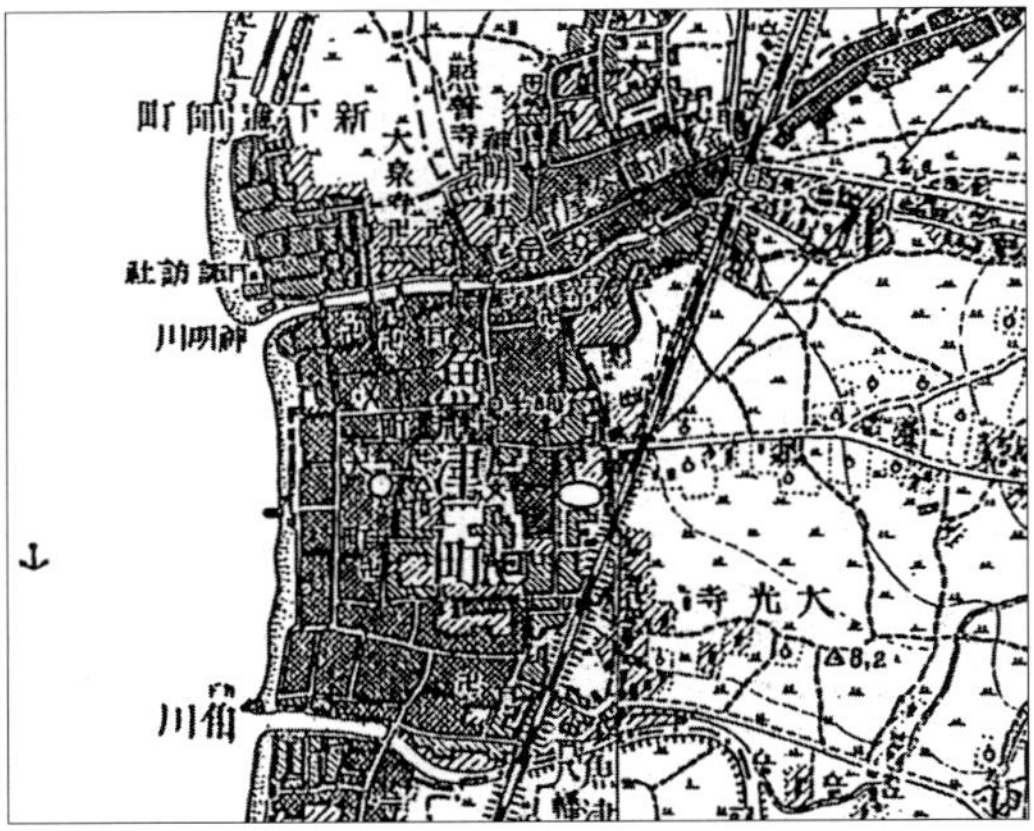

二万五千分一「魚津」明治四十二年測量より

※　山澤長九郎（一八四二〜一九二四）魚津銀行頭取を務め、魚津を代表する実業家。

海水ごと口腔内に含み、含んだ海水を鯨ひげの隙間から吐き出し、獲物だけを鯨ひげで口中に残す。アジやサバをイワシと区別して吐き出すというのはもちろん誇張である。

　鯨はひげをもつひげ鯨と歯を持つ歯鯨の二種に大別され、十種類いるひげ鯨類はさらに二つに分かれる。「飲み込み型」をとるナガス鯨類と、「こし取り型」といって、口を開けたまま獲物の群集した海域を泳ぎ、口の前面から入ってくる海水から餌生物を連続的にこしとるセミ鯨類。この魚津浦に游泳するのは、イワシを好み、五、六頭で群游することのある飲み込み型・ナガス鯨類のミンク鯨と思われる。ミンク鯨はコイワシ鯨が正式名で、ナガス鯨類の中で二番目に小さい鯨種である。雄七メートル、雌七・五メートルが平均という。

「しかるに老練家《ろうれんか》の聞こえある漁夫らもその壮観を見るのみにて、彼の横行する巨鯨を捕うることあたわず手を空しくするこそ遺憾《いかん》なりとて、魚津市中の重立《おもだ》ちたる山澤長九郎※らの有志者十数名が申し合わせ、一人に付き金百円宛を出金し千数百円の資金をもって今度、石川県下宮腰より捕鯨器械および捕鯨夫八名を雇い入れることとし、昨今は捕鯨に従事し居るよしなるが、近頃珍しきこととて万一この鯨を狩る能わざるも、鯨の去りたる後は同沖合へ追い込まれたる他魚の捕得《ほとく》は沢山なるべしとて、漁夫らは頸《くび》を延ばして待ち居ると云う」

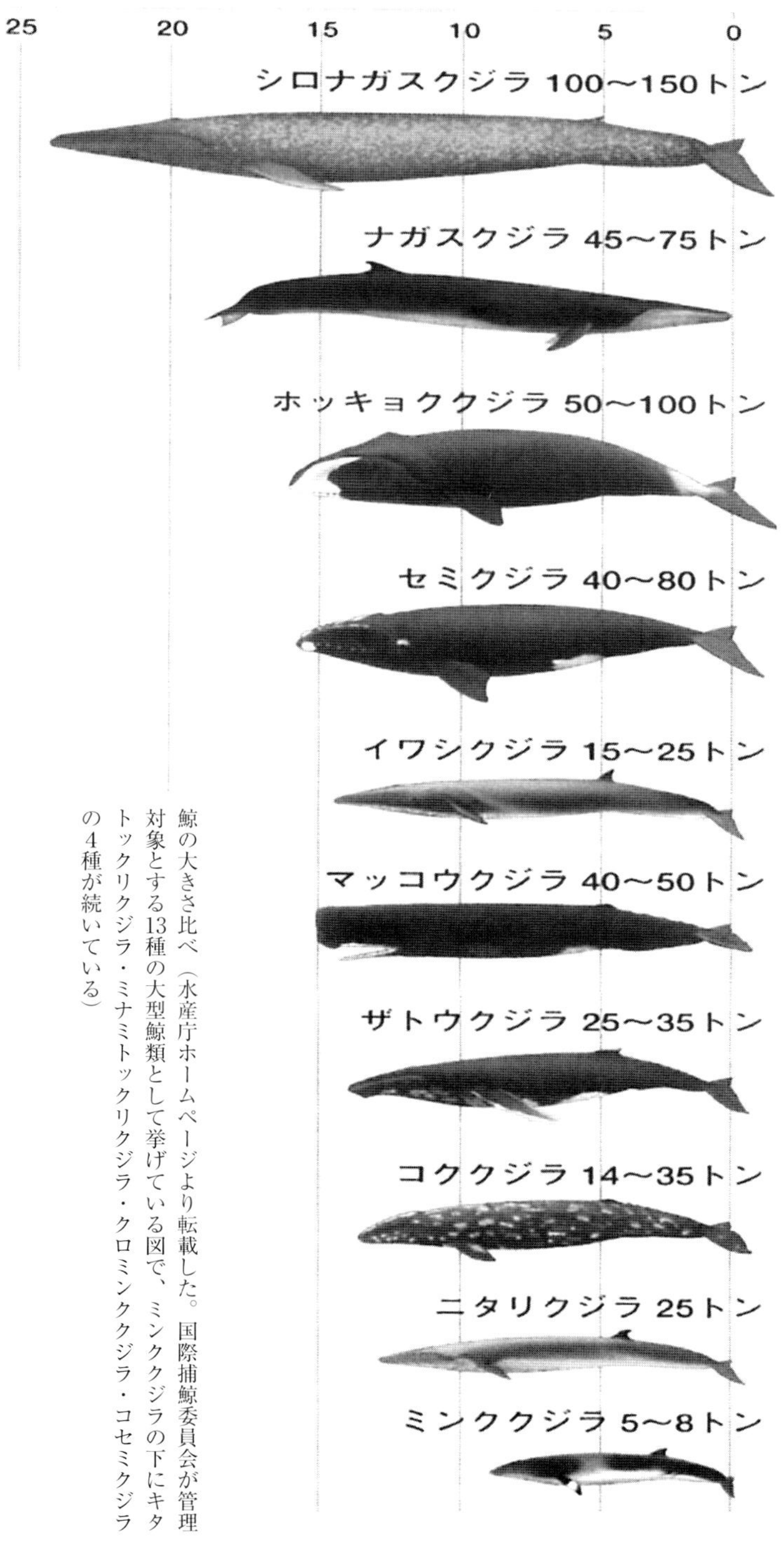

鯨の大きさ比べ（水産庁ホームページより転載した。国際捕鯨委員会が管理対象とする13種の大型鯨類として挙げている図で、ミンククジラの下にキタトックリクジラ・ミナミトックリクジラ・クロミンククジラ・コセミクジラの4種が続いている）

ミンク鯨は細身で、泳ぎは速く、ナガス鯨に次いで敏捷《びんしょう》だという。しかも群泳しているので捕獲や追い払いが難しく、早くイワシ漁に入りたい漁師たちは困っているようである。魚津浦のイワシ漁は定置の台網ではなく、流し網や地引網を

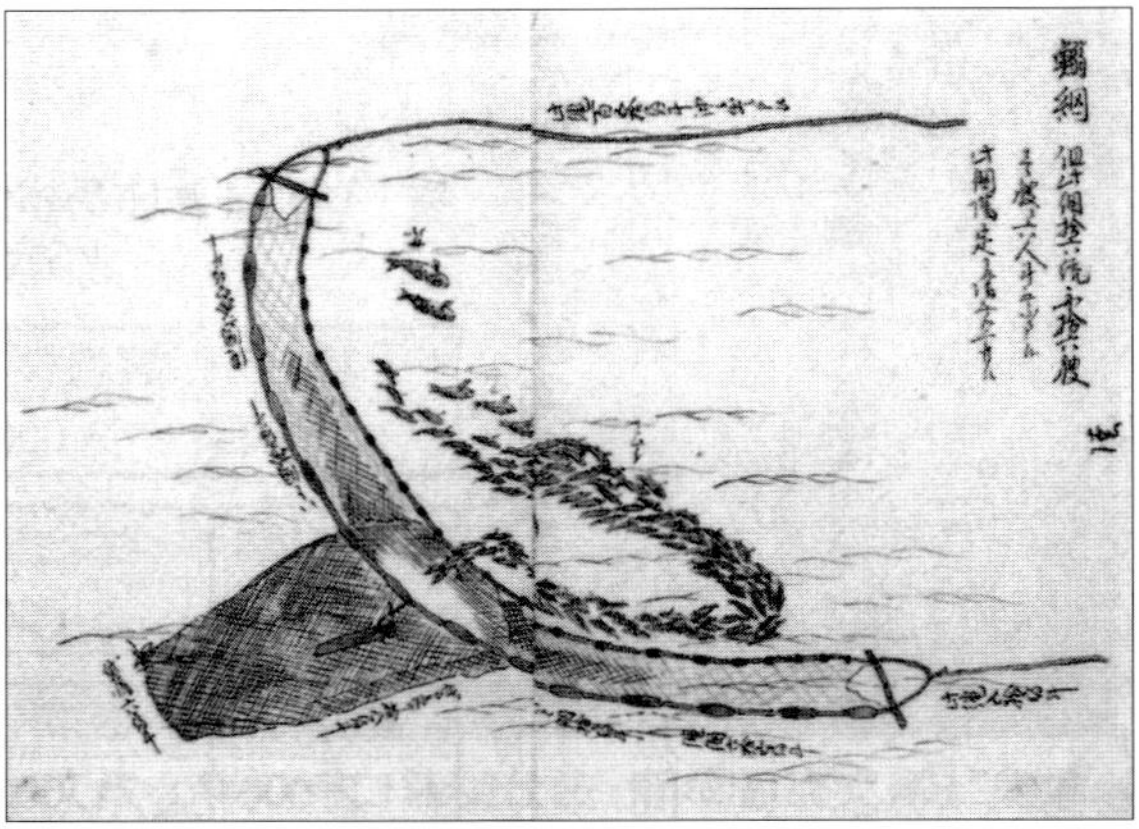

魚津のイワシ網（『越中魚津猟業図絵』石川県立図書館蔵）。書き入れは「鰯網　但、此網拾六統、舟拾六艘。一艘ニ六人斗乗申候。此網場、定り場無御座候」

用いるが、鯨がいては破られる恐れがあって網を入れられない。網を破られるだけではない。船と鯨の衝突事故が起きることがある。十年後のことだが、魚津浦の東方、横山浦の六キロ沖合で群がりタカリ状態のイワシを捕っていた漁船が三百貫（約一トン強）を積んだ頃、突然に大鯨が現れ「そのイワシを呑食《どんしょく》せんとし外面の船端に顎《あご》を乗せしかば、その重みにて船体たちまち両方に破砕し、それと共に船は転覆せし」長さ五間（九メートル）巾六尺（一・八メートル）の船が真っ二つに折れ、六人の漁夫は海に投げ出され、木片にすがりようやく助かったという（明治二十九年三月二十三日・北陸政報）。

クジラの横行に切歯扼腕《せっしやくわん》した町の重役たちがついに動き出す。山澤長九郎氏は藩政時代の蔵宿《くらやど》・酒造屋で、明治期には米穀・石油も商う魚津きっての豪商。彼が主導したのであろう、町の有力者たちが金百円ずつ出金、千数百円をもって捕鯨に取り組むことになった。当時の百円と云えば、米が二十二石も買えるお金。現代の消費者米価一石四・五万円から換算して百万円相当。そんな大金を出しても鯨を捕獲しようとするのは、鯨油や鯨肉という見返りを期待するためだろう。《老練家》の漁夫らも大金を得られるチャンスで、捕鯨をしたい、しかしその方術に自信が持てない様子、他県にそれが頼まれるのを無念に思っている。《万一この鯨を狩る》ことができなくてもこの沖合に追い込まれている他魚が楽しみという。イワシ食べ尽くしはもう仕方がないと諦められていることが分かる。とにかく、漁業者たちが捕鯨に異議を申し立てていないことに留意しておきたい。

魚津沖で網漁の船（明治35年・寺崎氏撮影）。十数人の人影が見え、苫を備えるので定置網の中で網を起こす十メートル超のドウブネと呼ばれる船であろう。

《昨今は捕鯨に従事し居る》というから、すでに宮腰《みやのこし》から捕鯨組が到着して仕事を始めている。船便で宮腰と魚津は二日の距離である。捕鯨器械や舟などの用意を急ぎ、交易船に便乗してやってきたのであろう。魚津浦での捕鯨は《近頃珍しきこと》と、過去に捕鯨がなされていたことを示して大事である。

魚津港の山澤氏が、百万石の藩都金沢の外港として栄える石川県宮腰に捕鯨器械のあることを知るのは、北前船による交易のつながりからであろう。

魚津浦の巨鯨について続報が出る。一か月後の五月十一日、「巨鯨一匹を捕獲」と題する記事。

「…今やその器械も到着し実施したるに、その功空しからずして、去る十六日夜、数十尋《ひろ》もある巨鯨一疋を捕獲したりと云う。

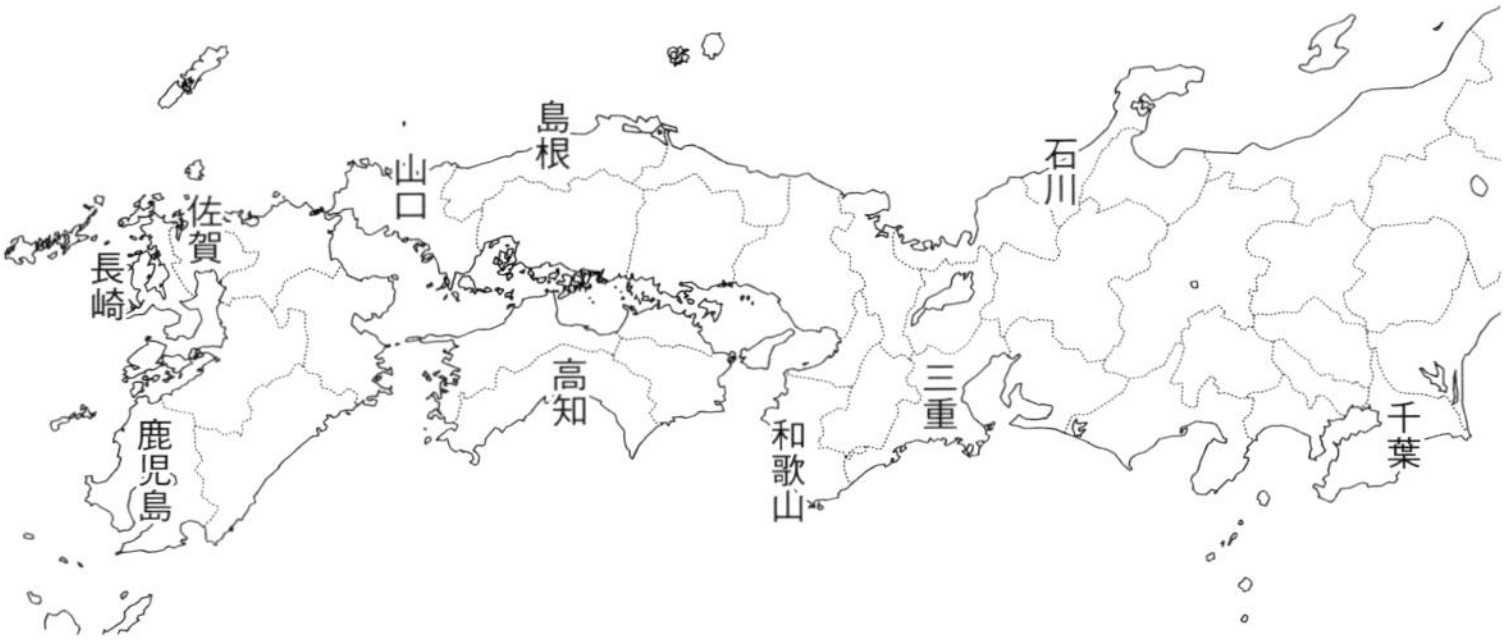

明治19年に捕鯨のある県

なお数多の群鯨を獲《え》んものとて尽力中なりと」

宮腰の捕鯨組は巨鯨に立ち向かい、ようやくそれを仕留めた。一尋は両手を横に広げた長さをいい、約一・五メートル。《数十尋》となると三、四十メートルということになり、白ナガス鯨としても最大クラス。十数尋の誤植ではないか。それでも二十メートルを越すことになる。彼らが手こずったのは巨鯨のゆえのようだが、魚津浦は宮腰沿海とはかなり異なった海である。遠浅ではなく、一、二キロ沖に出るといきなり深い海崖が現れる海で、鯨の潜り様はかなり異なってくるのではないだろうか。

この明治十九（一八八六）年の各県捕鯨数をのせる農商務省の資料がある。見てみよう。富山県の名前はなく、魚津浦の捕獲は挙げられていない。正式の営利捕鯨でなかったからであろうか。

縣名	頭數	縣名	頭數	縣名	頭數	縣名	頭數
長崎	六七頭	石川	五頭	和歌山	兒鯨八 座頭一 九頭	鹿兒島	一五頭
千葉	三	島根	三	高知	二〇	合計	一七八
三重	兒鯨 一	山口	二八	佐賀	二七		

解説がついている。長崎県は前年より豊漁だが、二百年前の寛文・延宝（一六

左は長崎県生月の捕鯨の様子（『長崎県漁業誌』明治二十九年刊より）

六一〜八一）のころに比べれば半数にも達しない「六十七頭」で、山口県・佐賀県・高知県と続く諸国は「近年、鯨漁不振」としている。捕鯨先進地の和歌山県が「九頭」でとりわけ低調のようだ。石川県は「五頭」である。

全国で「百七十八頭」、その価金「十二万余円」というから、一頭平均は七百三十円になる。先の換算で行くと現在価七百三十万円。もちろん、鯨種により価格は異なり、この資料は長崎県の鯨市況も紹介しているので、どの鯨がいくらくらいか知ることができる。重量は「斤《きん》」という単位で表わされているが、一斤を六百グラムと換算した。

ザトウ鯨十五頭・一頭平均十七トン＝九百六十円、トン当たり五十六円

ナガス鯨四十九頭・一頭平均十四トン＝七百七十円、トン当たり五十五円

コク鯨二頭・一頭平均十二トン＝三百三十円、トン当たり二十七円

イワシ鯨一頭・三トン＝百四十円、トン当たり四十六円

肉が美味かどうかより、鯨油含量に大きく左右されているようである。資料説明に「本邦においてはその肉皮などを食用に供するをもって目的とする」が、食用に製出すべき利益を全うしていないという。鯨体から「鯨筋」「魚肚」「龍涎《りゅうぜん》香《こう》※」をきちんと産出していないし、「鯨骨」も利用をもっと広げねば、また「鯨油」も粗製なので高値にできない—農商務省は鯨体のあらゆる部分の利用工夫を勧め、中国などに輸出して外貨をかせぎたいようである。

さて、魚津浦が呼びよせた石川県宮腰の「捕鯨」について調べねばならない。

（前頁）※龍涎香はマッコウ鯨の腸内からとる松脂状の物質。不老精力剤として珍重される。

※1『石川県史料』第一巻・55頁、一九七一年刊

宮腰に捕鯨の歴史はどのようにあったのか。どんな捕鯨器械が存在するのか。捕鯨夫八名は招かれればどこへでも出稼ぎしたのか。

明治八年『鯨漁仮規則』

石川県捕鯨史の手がかりになる明治期最初の史料は、明治八年（一八七五）五月十三日に出た石川県令「鯨漁仮規則」[※1]。まず、これには前文があり、当県の捕鯨沿革について述べていて注目される。カタカナは平かなに直した。

「管内沿海に於て鯨漁を業とするもの逐年増加し其益たる甚だ巨なるを以て倍々之《これ》を勧奨せんと欲し乃《すなわ》ち鯨漁規則を仮定し之を管内に頒《わか》つ。
本県鯨漁の沿革等は前編県誌之を脱す故に今其概略を追記す。
○初め旧藩治の日に在《あり》て管内の鯨漁を業とするものは僅《わずか》に能登国宇出津近海に止《とどま》り他沿海各村に在ては未だ此《こ》の業を収するものあらず。随《したがっ》て其術未だ聞けず年中の獲る所僅に数尾に過ぎず。」

能登海や加賀海[※2]において鯨漁を業とするものが逐年増加している、その利益が巨額なので県としてこれを勧奨するため仮規則をつくったという。旧藩時代は能登の宇出津近海のみの業で年間数尾に過ぎなかったとしているのも、重要な指摘

である。捕鯨の沿革が記されなかったという《前編県誌》が何を指すのか、今のところ不明。さらに続く。句点や中黒点は筆者が入れた。

「明治七年一月十二日に至り本県士族河波有道同志と相謀り、能美郡安宅《あたか》・湊《みなと》、石川郡美川《みかわ》・徳光《とくみつ》・金石《かないわ》・大野等の所に於て海豚《いるか》並鯨漁捕漁の業を営み猶且《なおかつ》有志の者に開諭《かいゆ》し其事を盛大にせんと乞う（資本金四千円と云）」

少しわかりにくい文章である。捕鯨業を盛大にしたいと、何を河波氏[※3]は県庁に乞うたのか。カッコ内に資本金四千円とある。おそらく捕鯨社の設立許可を求めたのであろう。明治六年（一八七三）、会社設立免許を願い出る者は「発起人または頭取のうち筆頭の者その本管の官庁へ添翰を請いその本社据置の官庁へ願い出、その官庁より当省へ伺い出るべく候」と大蔵省布達が出ている。

《同志と相謀り》は資金を出し合いの意か。士族という河波氏は、明治四年の廃藩置県により扶持米・知行米の停止となり、この時期、禄券の交付を受けているはず。明治初期の貨幣価値は換算することが難しいけれど、先の換算法で行くと一円は一万円くらいなので《四千円》は四千万円という巨額になる。おそらく禄券をもとでに、いわゆる武士の商法として創業されたと考えられるが、よく同志を集めたものである。《明治七年一月十二日に至り》というから、それまでにも彼による種々の運動がなされていたことが分かる。

※2　当時の日本海に鯨影の濃かったことは、服部徹『日本捕鯨彙考』明治二十一年刊に、能登・越中の海岸では「鯨ノ鯢来游スルコト夥多ナル」と記されることでも推察される。

※3　河波氏の履歴は47頁に後述するが、明治初め私塾・梅鳴塾をひらき、廃藩後は、それを各種学校の体にして教師をしているようである。

左写真は石川県水産組合連合会編『案内記』明治四十四年刊に所載のもの。

安宅港

能美郡に在り文治三年源義経安宅の關守富樫泰家を俘りて此を過ぎしことは謡曲に依りて世に傳はる關址は海中に在り

美川港

石川郡に在りて手取川の河口なり此地は古の比楽驛にして初め本吉湊といへり又漁業を専らとせり

上金石港

石川郡に在り古驛深見の遺にして初め宮腰と稱せり金澤を距ること一里餘、錢屋五兵衛は此地の産なり又漁業に従事者日を逐ふて増加せり鯨漁の業を営む地として、能美郡で「安宅」と「湊」、石川郡で「美川」「徳光」「金石」「大野」などの浦々があげられる。この六カ所は先に管内沿海で《逐年増加し》ているとあった鯨漁組織のある地で、それぞれ捕鯨社に組み替えて業を営むものと思われる。鯨漁を倍々にしたいというのをみれば、県は税収をそこから得ようとしていよう。《海豚ならびに鯨漁捕漁の業》は県の許可が必要で、河波氏はその鑑札下付を受けたと思われる。

《なおかつ、有志の者に開諭し》は、浦々の漁民や町人に捕鯨業への直接参加や資金参加をよびかけるという意味である。前文は続く。

「尋《つい》で同年十月三十日加賀国石川郡金石町平民木嬰《きえい》長太郎※・安藤久右衛門、硝薬器械を用い鯨漁を為さんと乞う。乃ち其器械を験査し危害なきを以て之を許す」

河波氏の申請から半年後、金石町の木嬰長太郎・安藤久右衛門という二人が鯨漁に《硝薬器械》を用いたいと許可申請をしてきた、験査して危害がないと判断されたので許可したという。硝薬は火薬のことだから捕鯨銃と名付けるべきもので、後の史料にも少し出てくるが、その具体像は不明である。

「本年五月、同国同郡美川町の漁人有志協同して、木嬰長太郎等発明の硝薬器械を用い鯨漁を為さんと乞う。これにおいてその業、漸々盛大ならんとするを以てその規則を仮定す」

本年は明治八年のこと、木嬰氏ら《発明》の捕鯨銃が金石で成果を上げたのを見ての願いであろうが、その成果のことは後でまた触れることにしよう。

※「木嬰長太郎」は後の史料にも出てくる「長次郎」であろう。また、「安藤久右衛門」のことは以後もまったく出てこないので不明である。硝薬器械を用いるといえば、同じ金石町（大野湊）の住人で「加賀の平賀源内」と呼ばれた大野弁吉のことが思われる。明治二十三年四月十三日の富山日報に石埼謙氏が大野弁吉について「河波有道」氏から聞いたとして三回にわたり書いていて、紀州藩に遊び砲術を修めたこと、さまざまな発明品のうち「綿焔硝を拵えること」があり、藩士斎藤三九郎の砲術の未熟をそしり、戦には小銃ではなく大砲を用いるにしかずと語ったことなどを記しているので、鉄砲・砲術の器具製作はもちろん、紀州の捕鯨についても情報を持っていた弁吉（明治三年、七十歳で死去）に教示を受けている可能性が考えられる。木嬰氏や安藤久右衛門氏は弁吉グループの一員で器械師の仲間なのかもしれない。「弁吉生前の親友なる金沢の老需」という河波有道氏は、「捕鯨仮規則」前文に出てくるその人で、捕鯨への興味は弁吉から得たと想像できる。

紀州太地のセミ鯨の陸揚げ光景（『日本地理風俗大系』近畿編・一九三〇年刊より）。鯨を水揚げしたら、皆の目前で鯨体に他人の手が及んだ跡はないか、検分が行なわれるはずである。もし跡が見つかれば、当地における分配のルールが発動されるだろう。

前文はここまでで、以下、六条にわたる仮規則を提示している。

「第一条　獲る処の鯨に仮令《たとえ》疵痕《きずあと》あるとも手負《てお》はせたる人の証なき者は生死に関せず其獲る者の所有たるべし
第二条　手負はせたる人の確証ある生鯨を獲る者は其鯨の代価七分を所有すべし残り三分は右手負はせし者へ可相渡
第三条　殺したる人の確証ある鯨を拾う者は其代価四分を所有し残り六分は其猟殺せし人に渡すべし
第四条　鯨に手負はせ或は殺して後取放したる毎に必其模様詳細書記可届出尤生死に関せず鯨を獲る毎にも同様届出べし
第五条　手負はせたる人の確証ある鯨を得る（生死を論ぜず）ものは之を購求する者共より入札取立該村戸長立会の上開緘《かいかん》し第二条第三条に照準処分致し其旨添書を以て届出べし　但手負はせたる証なき者は此限にあらず
第六条　第二三両条の場合に因り鯨を拾獲するに付ての諸費は拾獲する者其鯨代価の幾部を所有するが故に其費額仮令受取高に過不足あるも猟殺又は手負はせたる者より別段其費用を弁償するに及ばず
明治八年五月十三日」

鯨に傷を負わせる人と、仕留めて浜まで引き上げる人が別であることは結構あろう。仕留め損なうことは多いだろうし、別の漁をしていて流れ鯨をとらえることがある。捕鯨者が誰か、言い争いになるのはよく分かる。寄り鯨についても取り合いになってきたので、近隣村々の分配についてお触れが承応二年（一六五三）という早い時期に出ている。※寄り鯨のあった浜の村は半分を取る、両脇の村に二歩ずつ、これらの村を取り巻く三か村に一歩をとらせるというもの。近隣をかなり大きくとっていて、うらやましいほどの措置である。

鯨の売買は入札によるらしい。《これを購求する者どもより入札取立て》とあり、戸長立会のもとで入札の封を開くと定められている。一頭まるごと総体の値を値踏みして、現在価格で何百万円という巨額の応札が可能なのは、もちろん浜の有力者に限られよう。

先の「沿革」によれば、明治になってから加賀沿海にたくさんの捕鯨地が生まれたようだが、河波氏が明治七年一月、木嬰氏らが同十月、それぞれ別の動きのような記述で、どちらが草分けにいるのか明確ではない。

明治十二年『水産物取調』

次は明治十二（一八七九）年に石川県内務部が調査した『水産物取調』という史料。原本は失われたが写本が文部省史料館「旧祭魚洞文庫」に残っていて、一九五七年に研究者の古島敏雄・二野瓶徳夫が『近代漁業技術の発達に関する史

※　お触れの原文は156頁に掲載した。

料』と題してタイプ印刷にて公刊、一般の目に触れることになった。

魚類ごとに漁猟の方法や旧慣を指定の書式に答えているので見やすく、鯨漁については石川郡と鳳至郡の二ヶ所に出てくる。ここは石川郡の部分をそのまま掲載しておく。

乙号

加賀国石川郡水産表

沿革		古来ヨリ漁業上ニ於キテ著シク盛衰ニ関係セシコトナシ唯リ金石町鯨漁ハ明治七年ノ創業ニシテ昨十一年ニ至ル年々盛大ノ域ニ至レリ
名称	通名	鯨
	方言	沖ノ殿様ト云
	捕魚地名	金石町沖ノ瀬
季節		毎年十二月ヨリ五月ニ至ル
漁器		
捕魚法		鯨鯢ノ波間ニ浮泳スルヲ望ムヤ直ニ漁丁十一人漁船ニ乗シ就キテ（虫クイ）□銛シ捕獲スルナリ然レ共魚勢ニ依リ頗ル難易アリ他魚ノ如キ一様ノ時間ヲ以テスル能ハス用ヒル処ノ器具ハ西洋銛十四挺矢ノ根銛二十挺コロシ銛四挺鑵四挺ナリ
数量		四頭
	生魚	生肉一千二百貫目
	製魚	塩漬
製法		生皮一百匁ニ付食塩一合ヲ加フ
売路		自売県下金沢区ニ於キテ販売ス
価直		一頭五百円
	生魚	一頭生肉七十五円
	製魚	一頭塩漬皮四百二十五円
漁器製方		銛県下金沢区冶工ノ製造品ヲ買入ル、ナリ
漁場区分		一町ノ共有ニシテ他町村ト共ニセス場所ハ沖合海底一里十八丁許ノ処ニシテ縦横モ亦一里十八丁許ナリ
漁場距離		隣漁ト三千二百四十間許ヲ隔ツルナリ
漁業盛衰		五六十年前ヨリ此漁ヲ営ム事ナシ明治七年度金石下新浜町漁夫ノ発明シテ昨十一年ニ至ル年々利器ヲ求メ漸ク盛大ノ域ニ至レリ

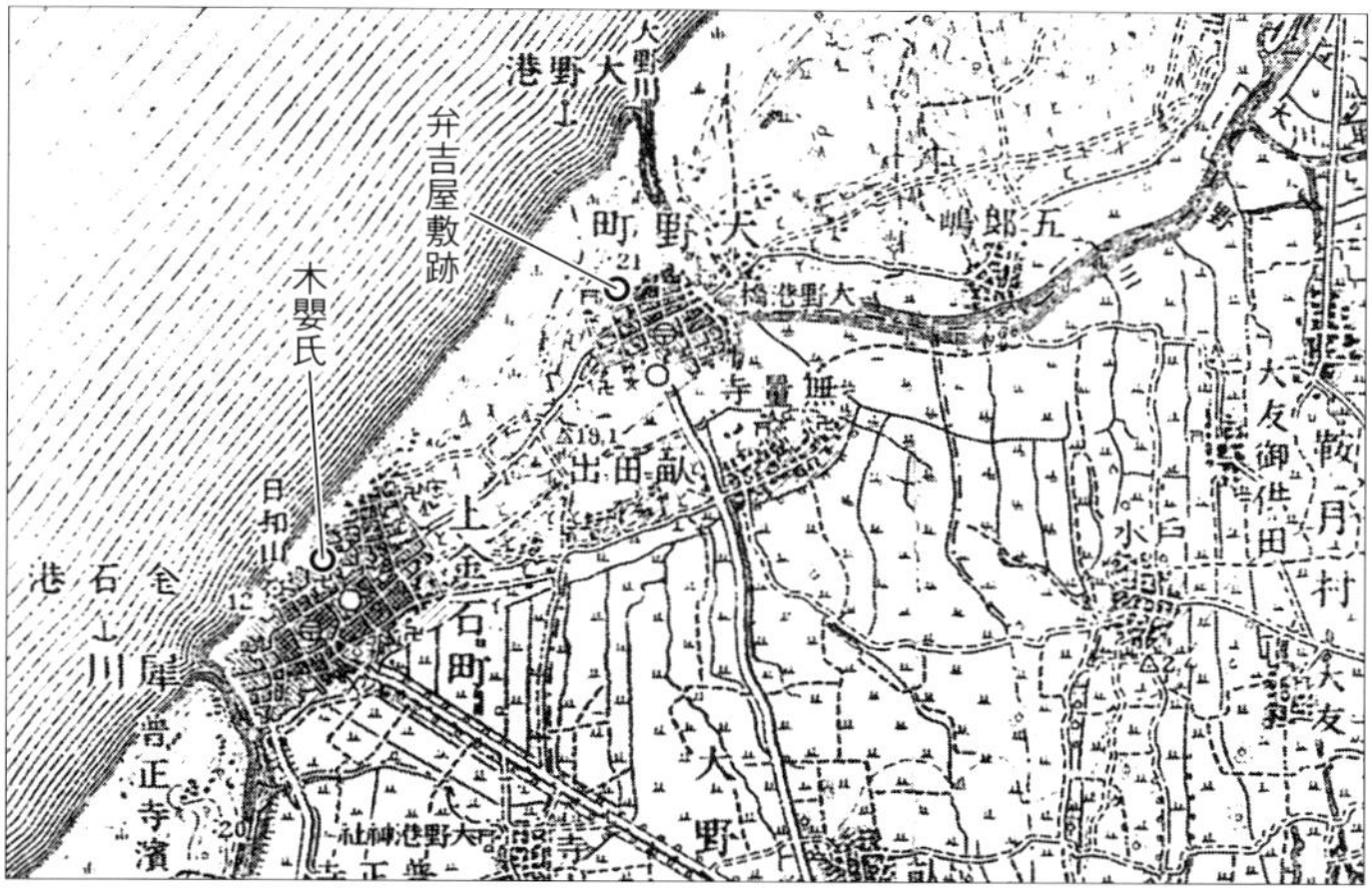

木嬰氏の家は旧「下新浜町」、「からくり弁吉」の屋敷跡は大野町。二キロと離れていない。五万分一「金沢」昭和二年印刷より

最初の沿革欄に《金石町鯨漁は明治七年の創業にして昨十一年に至る年々盛大の域に至れり》、最後の漁業盛衰の欄に《五六十年前よりこの漁を営むことなし。明治七年度金石下新浜町漁夫の発明して昨十一年に至る。年々利器を求め漸く盛大の域に至れり》とある。《明治七年》が創業とは、先の「沿革」史料に出てきた、木嬰氏らの硝薬器械を用いる鯨漁申請（十月）に許可がおり、その明治七年内に実地が行われたことを指すのであろう。

この『水産物取調』のうち、加賀沿海で鯨を獲ると記すのは「金石町」だけ。「沿革」に出てきた《安宅・徳光・大野》、銃使用の捕鯨を申請していた《美川》は回答していないわけだが、後述史料によれば安宅・美川は捕鯨があるようだ（『美川町史』はじめ各町村史は捕鯨についてほとんど記していない）。

《五六十年前よりこの漁を営むことなし》は、五、六十年前は捕鯨があったととりかねないが、県の設問が「五六十年前より昨年までの盛衰あるその原因年を追うて記すこと」なので、ずっと捕鯨はなかったの意であろう。

《年々利器を求め》た木嬰氏。彼が硝薬器械のほかに《利器》を探って《発明》に至ったことを、次の捕魚法の欄は示唆するようだ。漢字やカタカナを読みやすく直して転載する。

「鯨鯢の波間に浮泳するを望むや、直ちに漁丁十一人漁船に乗じ就きて□□□□銛し捕獲するなり。しかれども魚勢によりすこぶる難易あり。他魚の如き一様の時間をもってするあたわず。用いるところの器具は西洋銛十四挺、矢の根銛二十挺、コロシ銛四挺、鍵四挺なり」

□は虫食いで何字か不明の部分がある。そこに「網」の語がある可能性は、用具として数種の銛だけを上げるから少なく、金石では銛のみで捕鯨するとみていいだろう。《一様の時間をもってするあたわず》という表現は、銛を打たれた鯨の猛り度合いで、一時間で仕留めることもあり、半日かかることもあるという意味であろう。《西洋銛》《コロシ銛》など《利器》の改良が続けられているようす。

木嬰氏の住む金石町には「からくり弁吉」※1の異名をとる人物が住んでいて、明治三年に没しているが、先に出てきた河波氏が親友といい、弁吉の弟子も近在にいるので彼らの応援を得ているかと思われる。それぞれどんな銛であるのかは木嬰氏の項で論じよう。この史料は重要なので、振り返ることになるだろう。

能登の鳳至郡の捕鯨については項を改めて載せるが、漁器欄に《網と銛》を記すその捕魚法だけを挙げておく。

「沖合より鯨入り来るを見付け候と、一村の漁業者残らず出で、男子は漁舟に乗り、数艘にて魚を取り巻き、太鼓あるいは艘端《ふなばた》を叩き鯨波《げいは》の声を上げ、追々渚際に至りモリを打込み、磯辺に引き上げるなり」

※1　前掲11頁の注に記したように、明治二十三年、歴史家の石埼謙氏が弁吉について河波氏から聞いた話を「大野弁吉の事績」と題して富山日報に寄稿している。いくつか引用しておく。

「弁吉の生国は和泉か摂津（多分は摂津ならん）なり。初め加賀河北郡の大野より稼ぎのため上方へ往きたる女を妻とし居たるが病死の後その妹名ウタを娶れり。後には妻の母をも加賀より呼び寄せたり。遂に妻の望みに任せ弁吉も倶に大野に来り住めり。しかる後、妻の母大病に臥せし時、弁吉これを看護すること昼夜十八日なり。妻ウタは近年死去せり。」

「弁吉もとは四条風の絵描きにて頗る悪少年なりしが、対馬に往き国主宗家の老侯の細工をよくせらるるに召されて、自分の画と彼の老侯の細工の術とを交易して彫物などをよくすることとなれり。右対馬は朝鮮国より流罪の者を遣わし置くの例なり。宗家にてはかの流罪人を七十日とどめ置き、護衛の役人をつけて詫びを言わしめ彼国に送り還すの慣例なり。弁吉は朝鮮へ参りたしと内願し、かの護衛となりて彼国へ往きたる故に朝鮮語をよくせり…」

「有道、弁吉に逢いて窮理に係るもの一事を話して数日の後に再会すれば、前の一事を推究してはや七八事も発明し居れり。有道、今より三十年ばかり前、写真一葉を示したれば、数日の後、弁吉みづから撮影することを得たり。」

有道は河波有道のこと。三十年前は一八六〇（万延元）年にあたる。

明治5年9月27日
七尾県が廃止され、射水郡が新川県に入る

明治9年4月18日
石川県となる（同年8月敦賀県の廃止により、越前7郡も石川県に入ったが、14年2月福井県設置により分離）

網をどこで用いるのかこれでは見当がつかない。数艘にて取り囲む際か、それとも引き上げる際か、後で論じよう。盛衰の欄に《五六十年前に比較すれば少々衰えたり》とあるので、能登ではずっと捕鯨がなされてきたことが分かる。

明治十三年『石川県勧業年報』

三番目の史料は『石川県勧業年報』という県の刊行物。残っている最も古いのが明治十三年（一八八〇）刊のもので、その後は明治十九年に飛んでそこからは毎年の分が残されている。明治十三年の石川県は、現在の富山県に福井県の一部まで含んだ大石川県[※2]（明治十六年五月まで）だったので、越中・能登・加賀・越前の四カ所に分けて各部門の報告がなされている。その「水産」の項の加賀国の部に当地の捕鯨は近年に始まったばかりという記述がある。カタカナ書きは平かなに直し、捕鯨に関するところを示そう。解説をくわえるため途中を切っていくが、省くことなくその全文を載せる。

「能美・石川郡沿海に於いて鯨を捕うること例年数尾に下らず、漁器は銛・網などなり。あるいは射るに銃砲をもってするものあり。加賀海に鯨を捕うる実に近今に創まり、古来の習慣これを捕えず。鯨を恐るる神のごとく、もしこれを殺さば祟《たた》りあらんとあえて近づくものなかりしが、」

先の史料に「金石町鯨漁」は明治七年が創業とあった。《実に近今》はそれを指すのであろう。それまで鯨は神のごとく恐れられ、殺せば祟りがあると信じられてきた、とある。江戸初期から捕鯨が他国で盛んにおこなわれてきたことは周知の事実であろうし、能登でもずっと前から捕鯨は行われていたと先の史料が記していた。また、藩内に鯨肉が出回っていた事実[※1]もあるようだから、加賀国において鯨を恐れる民衆をあまり強調してはいけないだろうが、明治初期にやはり畏れの気持ちが強かったことは歴史的な心意として記憶にとどめねばならないだろう。近代と現代を分ける分水嶺は、鯨に対する人々の惧れが消える時点かもしれぬと、『捕鯨』Ⅰ・Ⅱの山下渉登氏は書いている。

捕鯨の《漁器》として「銛・網など」と挙げられ、《射るに銃砲をもってするものあり》とある。捕鯨仮規則前文「沿革」にあった木嬰氏らの《硝薬器械》のことで、銃弾ではなく、銛を火薬銃で撃つのであろう。

「本県河波有道、痛くこれを慨《なげ》き、沿海について鯨の捕うべき所以《ゆえん》を説き、天賦《てんぷ》の水産巨万の宝貨、いたずらに傍観すべからざるを諭《さと》し教ゆるに、捕鯨の方術をもってするも、当時一人の耳を傾くるものなし、かえって目するに好事家をもってし、嘲笑讒謗《ざんぼう》いたらざるところなし。」

河波氏の志は《水産の宝貨》を漁民の手に得させたいというもので、武士の商

※1　加賀藩初代藩主の前田利家が飛騨へ商品流通をはかり、飛騨側の金森氏がそれに対応、その輸入に口役をかけていくことになるが、寛永二〇年（一六四三）の「諸口役銀付壁書」が残り、その九十八品の中に「くじら」が記されている（高瀬保『加賀藩流通史の研究』325頁、桂書房・一九九〇年）。加賀藩内で獲れた魚類は金沢の市場を通らせる決まりで藩は口銭をとったが、能州や新川郡は金沢から遠いので安い六分の口銭とし、享保十二年（一七二七）その対象漁三十三品を示す中に「鯨」が入っている（同書・297頁）。また、寛保二年（一七四二）一月十九日、城中の「御鎧御鏡餅」の儀式に、御雑煮に「お吸い物鯨」が出されていることが『政隣記』に記されるし、同書には宮腰に寄り鯨があったことも宝暦四年（一七五四）二月十一日、「宮腰浦ニ八間二尺之鯨上り、見物群集す」と記されている。八間は十五メートル弱。《上り》は捕鯨ではなく、流れ鯨か寄り鯨のことだろう。

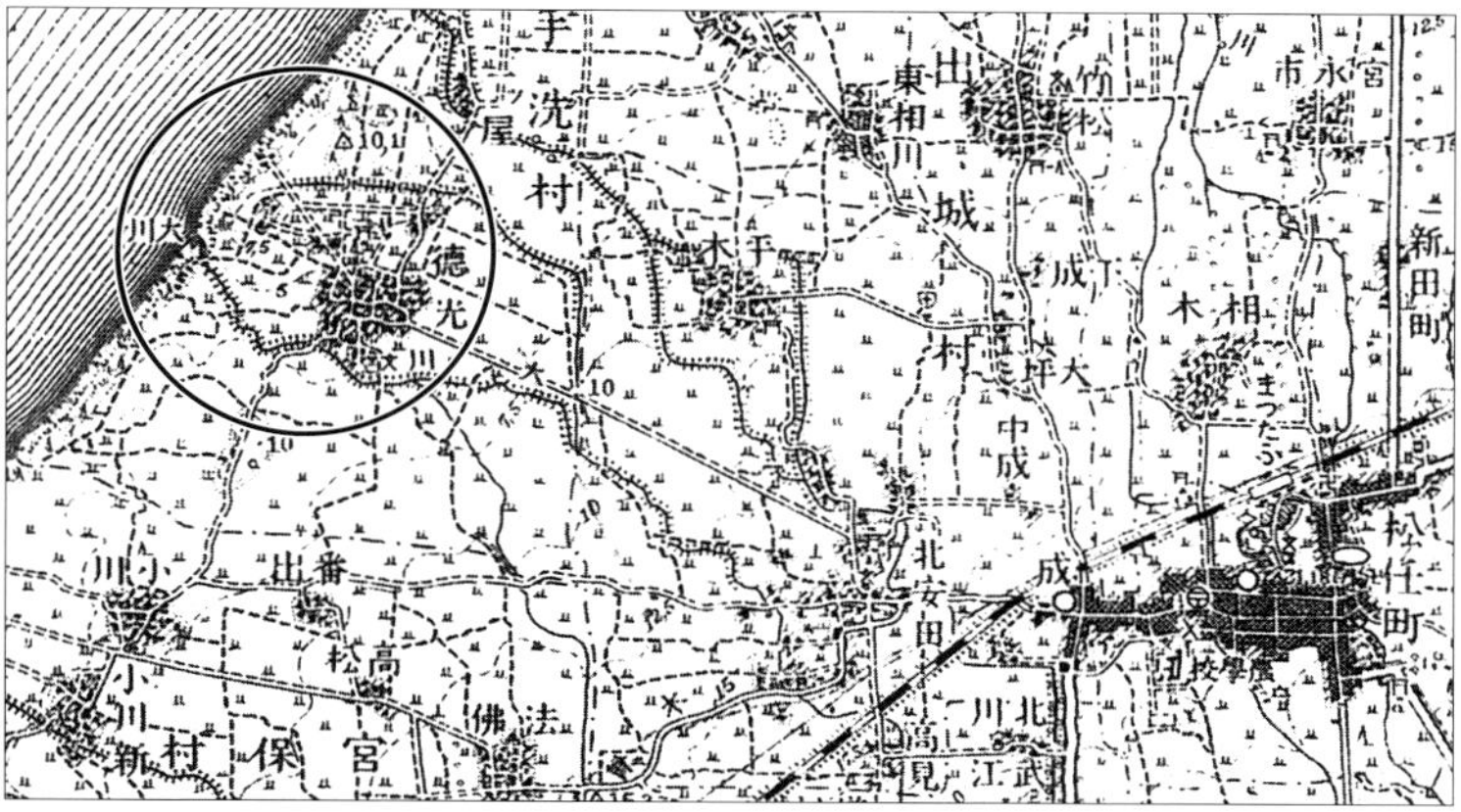

五万分一「金沢」昭和二年印刷より

法的発想だけではなさそうだが、なかなか漁民たちに伝わらないようだ。《捕鯨の方術をもってする》というから、具体的な捕鯨法を示すのである。それでも嘲《あざけ》り誹《そし》るというのは、鯨への畏怖だけでなく、手に職をもって渡世をしたことのない武士が物知り顔で何を云うと、これまで見下されてきた民衆が反動として嘲りの声を強めたことを物語るのかもしれない。

「しかりといえども有道、鋭意屈せず、内外捕鯨の実況を例してその実益を証し、丁寧反復説諭止まざりしに、石川郡徳光浦一二漁夫、わずかにこれを聴けり。これにおいてや有道、有志を募り、網・舟と銛とを造り、躬《みずか》ら該浜に到り、漁夫を鼓舞して遂に巨鯨を獲たり。実に明治七年三月なり。鯨長丈余、価金八百円とす。沿海これを見て数百年の迷夢を醒覚し、翻然《ほんぜん》鯨の捕うべきを知り、日末《ひずえ》に安宅に金石に大野に粟ヶ崎に続々これを猟せり。遂に捕鯨もまた漁業の一科となれり。爾来八年間、鯨を捕うる大約数十尾、価金数万円とす。鯨猟のここに至りしは実に有道が啓発勧導に因《よ》るなり」

関心を示さない人々にていねいに説諭、《内外の捕鯨の実況をためして》というから、近辺で行なわれている捕鯨はもちろん、他国の捕鯨法について河波氏[※2]は見聞を積んでいると分かる。石川郡「徳光浦」でついに一、二の漁夫が河波氏の下につき、実践を申し入れたようだ。徳光村の《有志を募》って《網・舟と銛と

※2　河波氏の啓発は11頁の注にも記したように、金石町の大野弁吉の「からくり」「器械」に関する発明工夫活動により、彼の周囲に人材が育ったこと、合理的な目が漁夫たちに養なわれたことに助けられていると思われる。

19　明治十三年『石川県勧業年報』

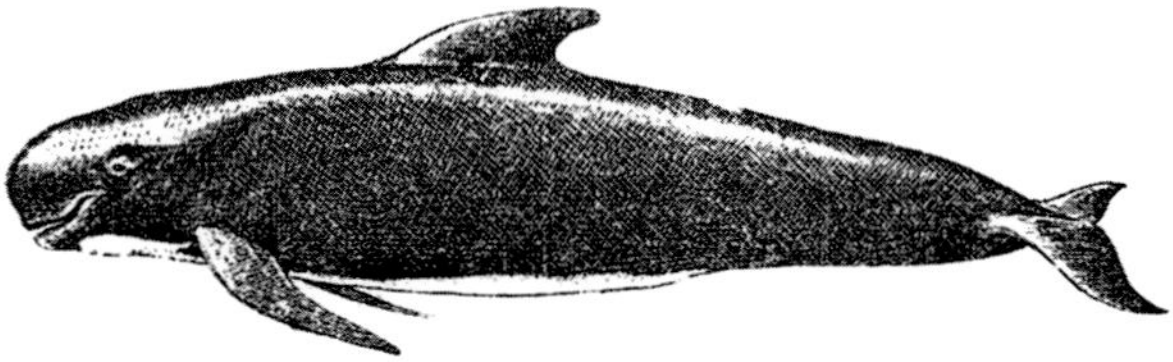

※　ゴンドウ鯨は四～五メートルくらいの小型（『鯨―その科学と捕鯨の実際』昭和十七年刊・水産社より）。

を造り》自ら徳光浦にやってきて指揮、鯨を獲ることに成功した。《明治七年三月》というから、先の史料でみた、河波氏が捕鯨社設立申請をした《明治七年一月十二日》から二か月後、いくつかの実行地の中、徳光浦が最初に「河波氏の捕鯨法」を成功させたわけである。

巨鯨というが、《丈余》は十尺余、つまり三メートル余である。ゴンドウ鯨※であろうか。それでも価金が《八百円》と、先にみた明治十九年の長崎の値、十四トンのナガス鯨七百七十円より高値がついている。

河波氏が成功した《明治七年三月》以降、加賀の沿海《日末》《安宅》《金石》《大野》《粟ヶ崎》で続々とおこなわれるようになったという。先の「沿革」では、能美郡で「安宅」と「湊」、石川郡で「美川」「徳光」「金石」「大野」などとあげられていたので、日末と粟ヶ崎が登場したくらいでほぼ同じ。これらの浦すべてが河波氏の捕鯨法をもって始めたかどうかは不明であるが、氏の浦々への貢献は特筆すべきものだったのであろう。八年間で数十尾、とある。明治四年の廃藩置県から数えるところが官僚の面目であろう。

この『石川県勧業年報』は「沿海漁船数」という表も載せ、その中に「鯨網船」という欄があって「越中三五、能登二二、加賀三四」（越前は空欄）と記している。鯨網船の具体像は分からないが、沖合の鯨を見付けたら浜辺から漕ぎ出し鯨に追いつける船脚の速いもの、おそらく河波氏が造った《網・舟》を示すと思われる。先に魚津浦が宮腰から捕鯨組を招く記事を紹介したが、魚津浦に捕鯨器械がないから他浦に頼んだとするのは正しくないことになろう。越中に鯨網船が三十五艘もあって、氷見・新湊・魚津と富山湾の三大漁港として知られる魚津にそれがないとは言いにくい。捕鯨夫がいないということだろう。また、「沿海漁船表」に続いて「漁網表」が挙げられ、「鰤台網」などと並んで「捕鯨網」という

沿海漁船表

國名	郡數	鯨網船	地引網船	八手網船	雜網船	釣船
越中	四	三五	一七四	一二四	一、一七三	八〇九
能登	四	二二	五〇二	三	二、一四四	一、一六一
加賀	四	三四	四四〇	七九	一、三六三	一三三
越前	三	……	一〇一	……	三三九	六六八
合計	一五	九一	一、二一七	二〇六	五、〇一九	二、七七一

漁網表

國名	郡數	鰤臺網	鰯引網	鰯臺網	鮪臺網	烏賊鰆鰯臺網	諸魚引網	鰯引網	鰈釣網	大手操網	捕鯨網	指網	配繩
越中	四	九八	……	四四五	一二〇	七〇	二〇八	……	……	……	……	……	……
能登	四	二九	……	五九	三九	一五〇	一八八	……	二五	……	……	……	……
加賀	四	……	……	……	……	……	一七九	……	……	一三二	九	八七	……
越前	三	……	三二	……	九	……	一六	二八	……	二九	……	……	四
合計	一五	一二七	三二	五〇四	一六八	二二〇	五九一	二八	二五	一六一	九	八七	四

21　明治十三年『石川県勧業年報』

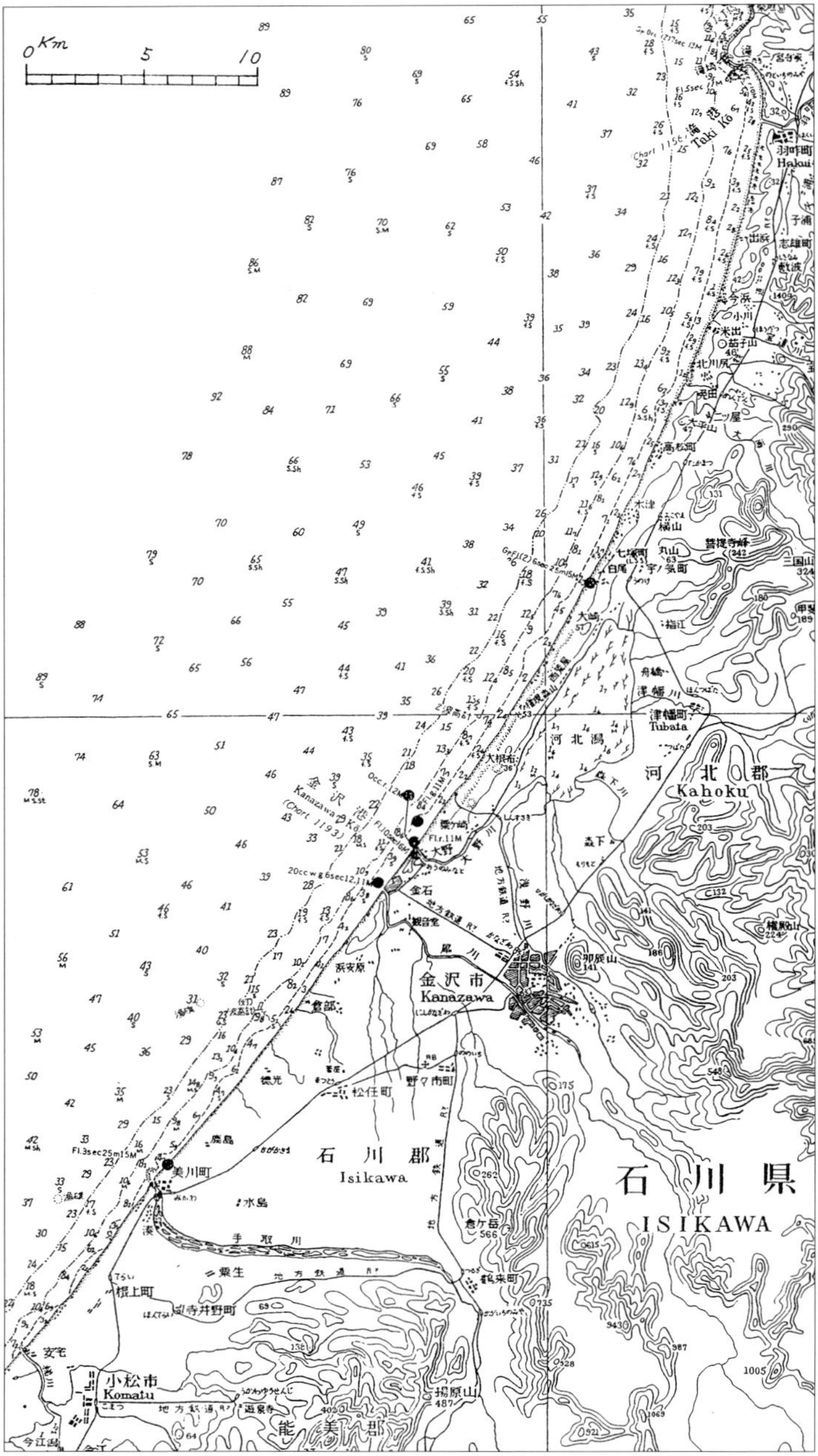

加賀沿海の海図（海上保安庁昭和29年発行「三国港～輪島港」より）。海面の数字はメートル単位の深さを示す。

欄が設けられて「加賀」にのみ「九網」とあるのは、先の「鯨網船」の三州存在と矛盾をきたしそうであるが、後でまた検証することにしよう。

『石川県勧業年報』にはもう一つ、留意すべき箇所がある。「漁業概況」と題して、越中・能登・加賀・越前の四国の「沿海」についてその特徴を摘出している箇所で、そこから捕鯨に関係がありそうな部分を引き、まとめておく。

「越中沿海」は「水深く波穏かなり。漁業の盛んなる冬・春を最と」して、台網と称する大型定置網漁を行うのが特徴という。台網の製作費は大きいもので五千円、小さいものでも五百円を要するが、一季間六十日の漁獲が五千円から三万円に達するという。

「能登沿海」は「越中に異ならず、ただ江豚《いるか》漁[※1]のみ越中に無き処」で、イルカには丈余つまり三メートル余の「入道江豚」と、六七尺つまり二メートル弱の「真江豚」の二種があり、どちらも主に肥料用として需要がある。後者が三円なら前者はその四倍はするという。これらはみな内浦で、外浦は「暴風激浪時に起り冬春の間ほとんど漁業を廃する」という。

「加賀沿海」は「冬春の間、狂風怒涛轟然《ごうぜん》たり」なので台網はほとんどない。

以上であるが、筆者の方で追記しておく。加賀の海は遠浅である。江沼郡から河北郡まで「三十七里二十丁[※2]」直線的な海岸がつづくが、その沿海に二つの瀬があることが江戸期から知られていた。『海の道と川の道・補遺』石川県教委・一九九九年刊に、河北郡域の近海について次のように説明がある。

「一の瀬は海岸より五〇間（約九〇m）程にあり、深さは三尺〜四尺（約〇・九〜一・二m）程、二の瀬は海岸より二〇〇間程沖で、深さ五尺〜六尺程、一の瀬と二の瀬の間は深さ二間〜三間（約三・六〜五・五m）となっていた。そのため

※1　明治十二年「水産物取調」の能登鳳至郡の「江豚漁」を紹介しておく。四月より六月までの「季節中、番船など唱え三十余艘毎朝五六里ばかり沖合出扶、疎らに漂流す該魚十分に入れ六七回海上に浮かむを見て番船互いに声を上げ目印を以て陸地へ通知す。陸には小高き所にて漁夫五六人交番望遠鏡を以て沖の合図を見留め、その景況を同業の者へ通知するを聞き、数百艘漕ぎ出し左右より追廻し湾内などへ追込み捕魚す」

※2　三十七里二十丁は同勧業年報の記すところ。明治政府は一里を三十六丁、３９２７メートルと定めたから、当該里丁は約１４３キロ。

23　明治十三年『石川県勧業年報』

大型船などは近海を航行することはできず、一の瀬[※1]付近は一五〇石積位の船が、五〇〇石積以上の船は磯より一〇町（約一㎞）程沖を通り、五〇〇石以下の船は磯より四～五町程沖を航行していた（「加越能三州細密図」加越能文庫）。」

海岸から九十メートル付近と三百六十メートル付近に浅い瀬があり、二つの瀬の間も五メートルほどの深さしかない、そういう海がずっと続いていた。このことが鯨の寄付きにどんな傾向をもたらしたかは不明であるが、捕鯨において網[※2]を深海向きに造らなくてよいという経済効果はもったただろう。

一九八二年刊『内灘町史』に載る海図を転載し、その説明を付記しておく。

「海底数一〇メートルまでの堆積物をみると、殆どが砂で、これらの多くは、浅海域の漂砂《ひょうさ》の研究からみて、手取《てどり》川の現河口、及び手取川扇状地を構成する砂に由来すると推定できる。（中略）海図によると、権現森山沖では、凡そ現汀線から五〇〇メートル沖で水深約五メートル、一キロ沖で水深一〇メートル、約三キロ沖で水深二〇メートル、約一〇キロ沖で水深五〇メートル、そして、約二五キロ沖で水深一〇〇メートルに達している。」

さて、『石川県勧業年報』明治十三年版の次は、三年後の水産博覧会の記録である。木嬰氏や河波氏のことについて、この記録にも詳しく出てくる。

※1　「瀬」は潮流の速いところ、ここは浅いので速くなるのであろう。

※2　たとえば紀州三輪崎のコククジラを捕える捕鯨社の鯨網は「長二十五間（水底に及ぶ）巾十間」と水産博記録に記されている。鯨網は水底に及ぶ長さが必要なこと、そこが二十五間、四十五メートルという海域であると分かる。加賀沿海では六キロ沖合で捕鯨をすると後の史料に出るが、そこは三十メートル深さで、三輪崎より短い網長さで済んでいると考えられる。

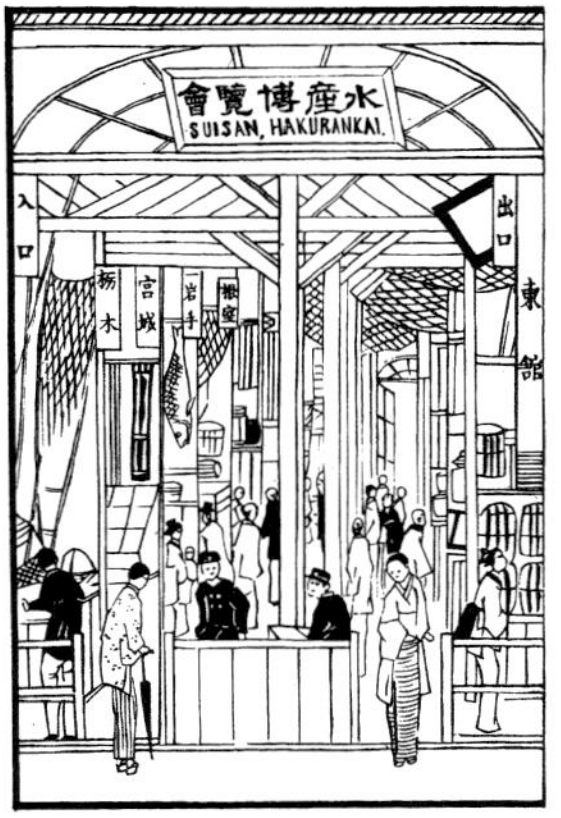

村上奉一『水産博覧会独案内』明治十六年刊より

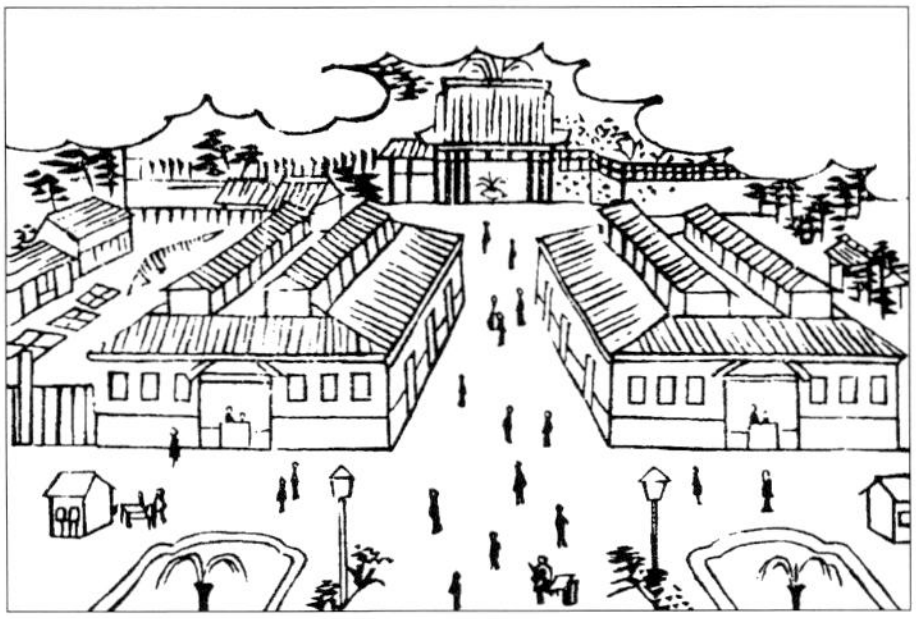

次頁以降の上段は、『水産博覧会・第一区出品審査評語』明治十七年・農務局刊に載る鯨の絵（長さは同誌所載）と説明。一丈は十尺、三メートル余のこと。

明治十六年の水産博覧会記録

一八八三（明治十六）年三月から六月まで東京上野公園で水産博覧会が開かれた。金石町の木嬰氏が出品した捕鯨器械が四等褒《ほう》状、能美郡日末村の東野氏の捕鯨器が同褒状、そして金沢区下本多町の河波有道氏が捕鯨器を出品して同褒状を賜っていて、水産博の刊行物「水産博覧会評語」は次のように受賞者と理由を端的に記している。

「四等　褒状　捕鯨器械　石川県下　加賀国石川郡金石上新浜町　木嬰長次郎
捕鯨の業に従事し便益の器械を以て捕獲に利すその功労嘉賞すべし」

「四等　褒状　捕鯨器　石川県下　加賀国能美郡日末村総代
東野清四郎・高見清助
捕鯨の業に従事し便益の器械を以て捕獲に利すその功労嘉賞すべし」

「四等　褒状　捕鯨器　石川県下　金沢区下本多町五番町　河波有道
懇ろに居民を勧誘して捕鯨の方法を授け、爾来漸く各村に伝播し新たに一産業を開かしむその功すでに多し。加之平素思いを器械の改良に凝らしなお該業の進歩を図るその労また少なからず。頗る嘉賞すべし」

木嬰氏と東野氏らは《便益の器械》を工夫したこと、河波氏は捕鯨業授産と

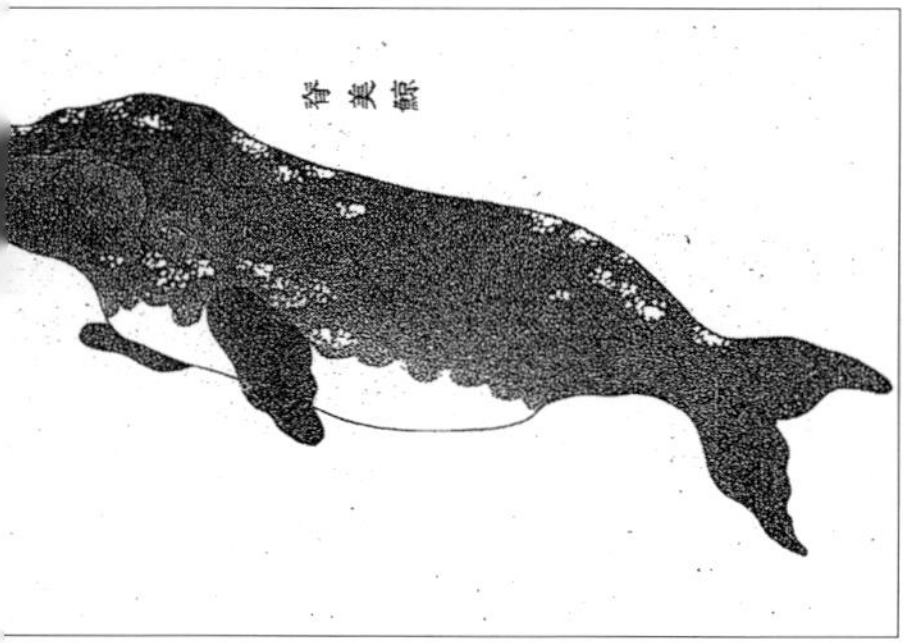

「背美鯨」長さ三丈より七丈五尺（セミ鯨）

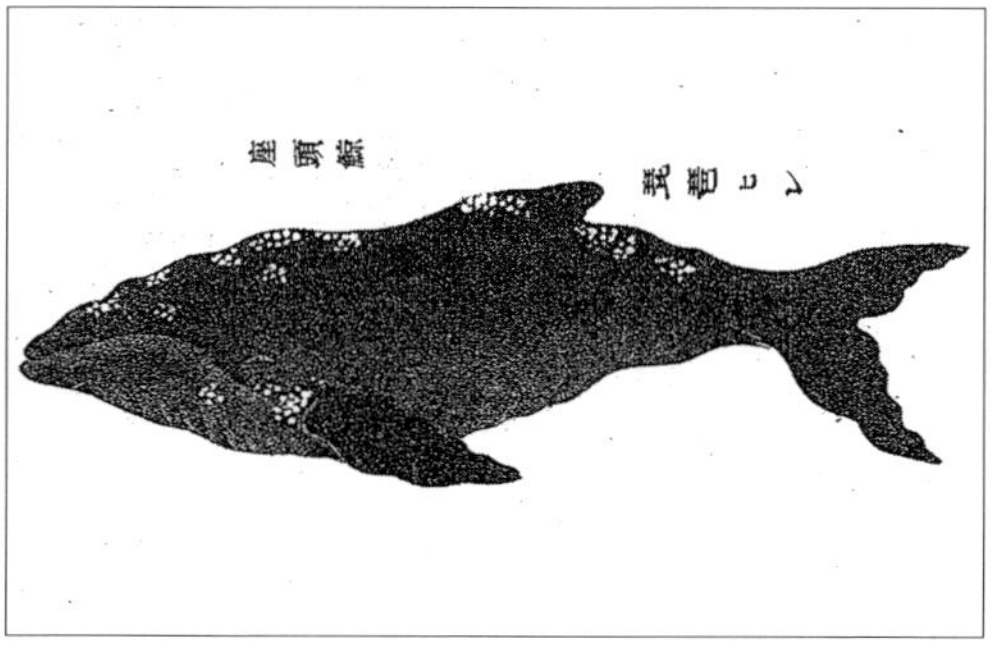

「座頭鯨」長さ二丈より四丈五尺（ザトウ鯨）

《器械の改良》の功に対する褒状である。入賞者たちの人物や出品物の紹介は、閉会後の七月に刊行の「水産博覧会第一区出品審査報告」に出ているので、以下それぞれ紹介していくが、その捕鯨の部の最初にある文が日本全体を見渡す説明なので、見ておこう。

「捕鯨の業、各地大小ありといえども、その法大同小異なりとし、器具もまた差なし。概して網を以て囲み銛撃ちするを常とす。外に突き捕りと称するものは、網を用いず、もっぱら銛撃ちするのみ。安房・加賀などにこれあり。往時、皆この突捕の法なりしが、後来網を用うるに至れり」

加賀の捕鯨法が突き捕りと概観されていることが重要である。網で囲んで銛撃ちで仕留める捕鯨法が一般的で、網を用いない安房（房総半島）や加賀の法は「往時」のやり方としている。前項の『石川県勧業年報』で加賀の法は「近今」のもの、しかも「網・銛」とあったところなので要注意である。

水産博覧会の審査報告には、紀州の「橋本長録」氏の出陳した六種の鯨の図が載せられているので、上段に転載しておく。大きさ順が分かる図は他書から転載して先の3頁に示した。また、石田好数氏※の「列島の捕鯨文化史」から、コイワシ鯨を含むナガス鯨の回游経路図と説明を引用させていただく。

※石田好数「列島の捕鯨文化史」は大林太良編『海から見た日本文化』海と列島文化第10巻・一九九二年刊・243〜284頁に所載

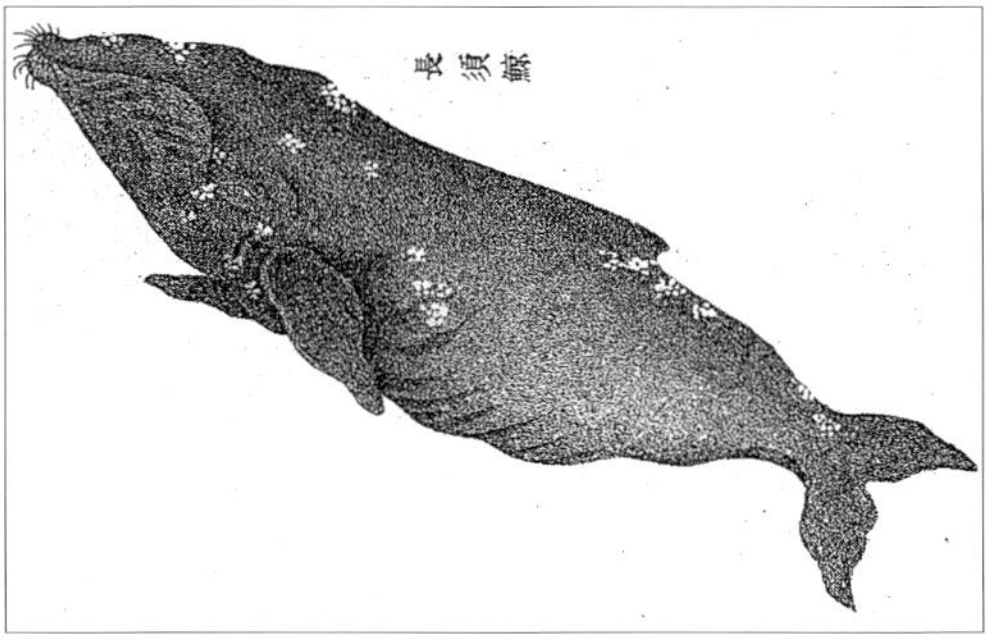

「長須鯨」長さ四丈より十二丈（ナガス鯨）

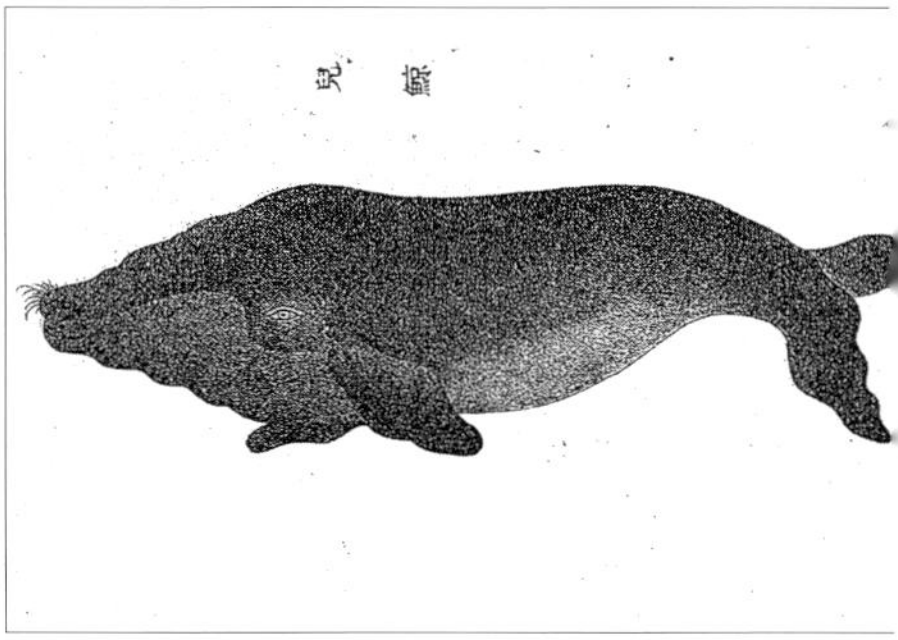

「児鯨」長さ二丈より三丈

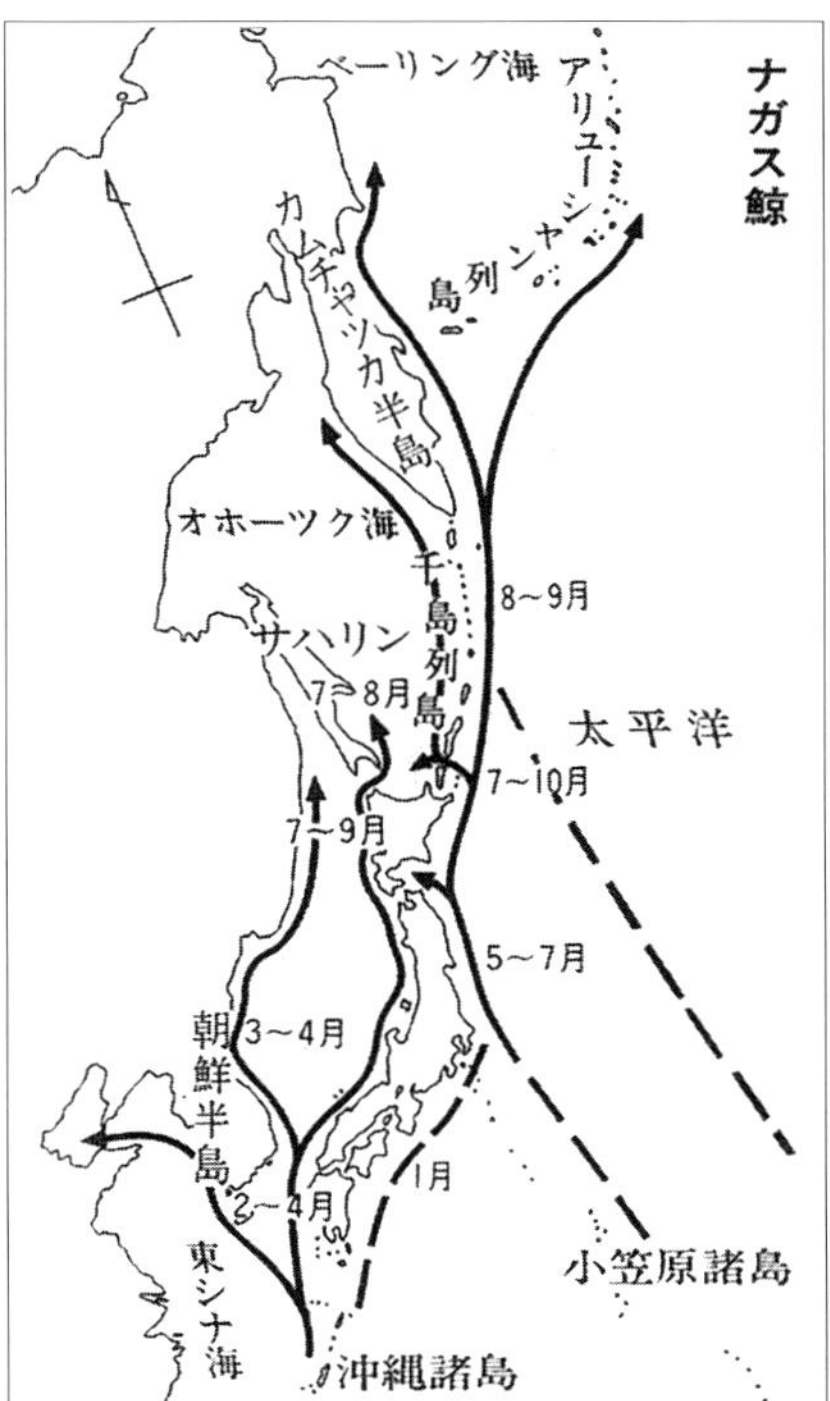

「もともと温暖な地帯の動物である鯨は、夏のうちは極地のほうへ餌を求めて移動し、海の凍る冬が近づくと、暖かい赤道方面に向かって移動する。春先にはその暖かい海で交尾し、子を産んで、また夏になると極地へと移動する。（中略）生まれたばかりの新生児は、自分自身の力で泳がねばならない。だからその分娩は、なるべく体温（摂氏三七度くらい）に近い暖かい海で行なう必要がある。

この繁殖場と索餌《さくじ》場を往復するのが鯨の回游であり、南北に細長い日本列島の近海は、北半球に生息する鯨が往復して回游する回廊のような海の道だったのである。」

ナガス鯨は二月から四月にかけて日本海を北上し、七月から九月には北海道留萌沖、八月にはサハリン東海岸に達しているという。彼らヒゲ鯨類はイワシなど

「鰹鯨」長さ二丈より三丈（コイワシ鯨か）

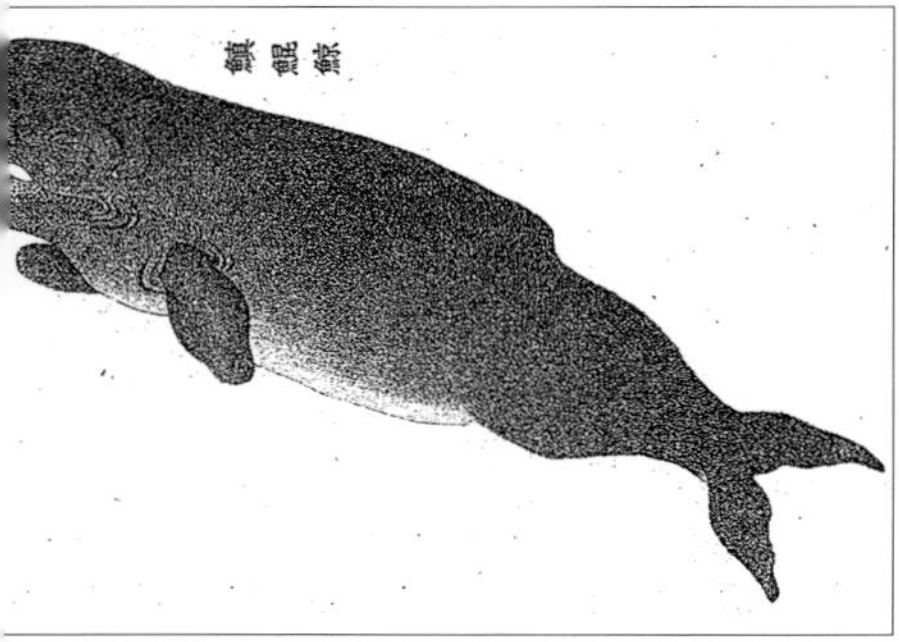

「眞甲鯨」長さ三丈より六丈（マッコウ鯨）

も食べるが、「沖アミ」という大型のプランクトンが主食。低温の極地に生息する沖アミを夏場にたくさん摂って、冬が近づくとほとんど絶食しつつ太平洋と日本海に別れて南下、赤道付近へと回游、子を産む。子の生育にめどが立ち、夏が近づくと北上するというくり返し。その点、歯鯨のマッコウ鯨は世界のどの海域にもいるイカ類を常食とするので、大回游はあまりしないという。

木嬰氏の突き捕り法

魚津浦が招いたのは「宮腰」の人であった。宮腰は幕末に北隣の「大野」と合併して金石町となったが、維新の時にまた分離、宮腰は金石町の名を用い続けたので、明治以降の金石町は宮腰の町を指す。その金石町の「木嬰長次郎」氏から審査報告の紹介をみてみよう。

「そもそも金石近海に鯨鯢《げいげい》の浮游あり、土民これを称して沖の殿様と云い、その群聚《ぐんしゅう》するときは恐怖し、甚だしきは合掌してその害を免れんことを祈るものあるに至れば、たまたま木嬰氏捕鯨の業を企画するも、敢《あえ》て応ずるものなし。」

幕末の金石の人たちは鯨を近海に見ると《沖の殿様》と呼んだという。巨大な生き物を畏怖した人々の気持ちをよく伝える語で、先の明治十二年『水産物取調』の「方言」欄に「沖の殿様と云う」とあったのを引くのであろう。《その害》を免れんと合掌して祈るというのは、クジラには数頭でイワシなどの群れをとりまき巨大群にしたうえ効率的に呑食する習性[※1]をもつ類があるので、鯨の《群聚するときは》それを思い、「イワシ食べ尽くし」を免れたくて合掌するという意味である。イワシ漁を暮らしの方便《たつき》とする人々ゆえ、その恐れは、イワシを沿岸に追い込んでもくれる鯨への恩頼の情と板挟みになる感情。『石川県勧業年報』でも「鯨を恐るる神のごとく、もしこれを殺さば祟りあらん」と記していた。《祟《たた》り》は恩頼の念を裏切っておこるものを云うのであろう。

捕鯨業を興そうとしたのは、『石川県勧業年報』では河波氏であったが、ここでは木嬰氏が企画したとある。後に続く文を見ると幕末のことであり、河波氏より木嬰氏の起業が先駆けることは[※2]確か。漁民の誰もそれに応じなかった—河波氏の発案に対したのと同様の反応で、伝統の《沖の殿様》観念を突き破っていくのは一人ずつ、個人であることが分かる。

明治八年『捕鯨仮規則』前文には木嬰氏と安藤久右衛門の名があったが、安藤氏の名前が消えている。安藤氏については全く情報がなく、不明である。

「慶応二年、堅靭《けんじん》の大曳網を製し、資金を藩庁に請《こ》えども許されず。明治元年七月、金石の共同金を以てし、翌二年二月に鯨を獲たるは、これ加賀・能登・越中海に於て捕鯨の嚆矢《こうし》とす。」

※1　この習性をよく伝えるのが本書巻頭に紹介した魚津浦の「イワシのたかり」である。

※2　11頁注に見たように、大野弁吉という器械師と、木嬰氏は同町の住人として、河波氏は科学者同士として関係を築き、共に捕鯨というテーマに向かうことになったと思われるが、漁夫の木嬰氏の方が現実の海と向かい合って先に成果を上げたのは当然かもしれない。

※1 『氷見市史』1・通史編古代・中世・近世、二〇〇六年刊・623頁

※2 『金石町誌』一九四一年刊

慶応二年（一八六六）堅くしなやかな大曳網を製しようという企画。苧麻《ちょま》を用いたのであろう大網で鯨を包み、そのまま岸へ曳き寄せようというものか。

能登の灘浦においては宝永（一七〇四〜）年間、十八世紀初めに既に麻の皮の繊維からできた糸を編んで「麻苧台網」[※1]が作られている。強靭さの必要な身網《みあみ》部分に用いられた。木嬰氏の大曳網を用いる法は、船を何艘か配置して鯨を取り囲み、あるタイミングで網を下し、網を引き絞りつつ浜辺へ寄せるというようなものであろうか―簡単なこの説明文で理解するには限界がある。

とにかく大曳網とくれば製作資金が必要で、藩庁に出資を要請した。加賀藩主は四月に前田斉泰《なりやす》から子の慶寧《よしやす》へ継がれている。慶寧は自藩の生産増進や福祉の向上に強い関心を寄せ、金沢町東部の卯辰《うたつ》山麓に病院を建てたり、織物・工芸・陶器・鉄工などの工房や娯楽施設を設けたりしたことが知られる。しかし、大曳網による捕鯨については成功を危ぶんでか資金不貸与となった。

二年後の明治元年七月、《金石の共同金をもって》大曳網を製することができた。北越戦争に出兵奮戦中の加賀藩であり、軍費十三万両の送金を官軍から命じられた時期だから、藩庁の出金はありえない。『金石町誌』[※2]によれば、五年前の文久三年、宮腰町と大野町が合併して金石町が誕生、金沢藩唯一という芝居小屋と遊郭が二町の中間地に設けられて「遠く金沢・松任より観客が集まり」大繁盛したという。しかし、この明治元年に町は再び二つに分かれたというから、遊郭の揚がりの一部などが納付先を失い、公的な使途を求める共同金（基金）を生ん

「金石港内（遥かに船溜りを望む）」犀川河口が船溜りである（『金石町誌』一九四一年刊より）

だ可能性が考えられる。

また、『金石町誌』は明治元年の産物一覧を載せ、「鯨（産額二頭、二月より四月まで漁す）」と記しているので、その売り上げが《共同金》の原資になった可

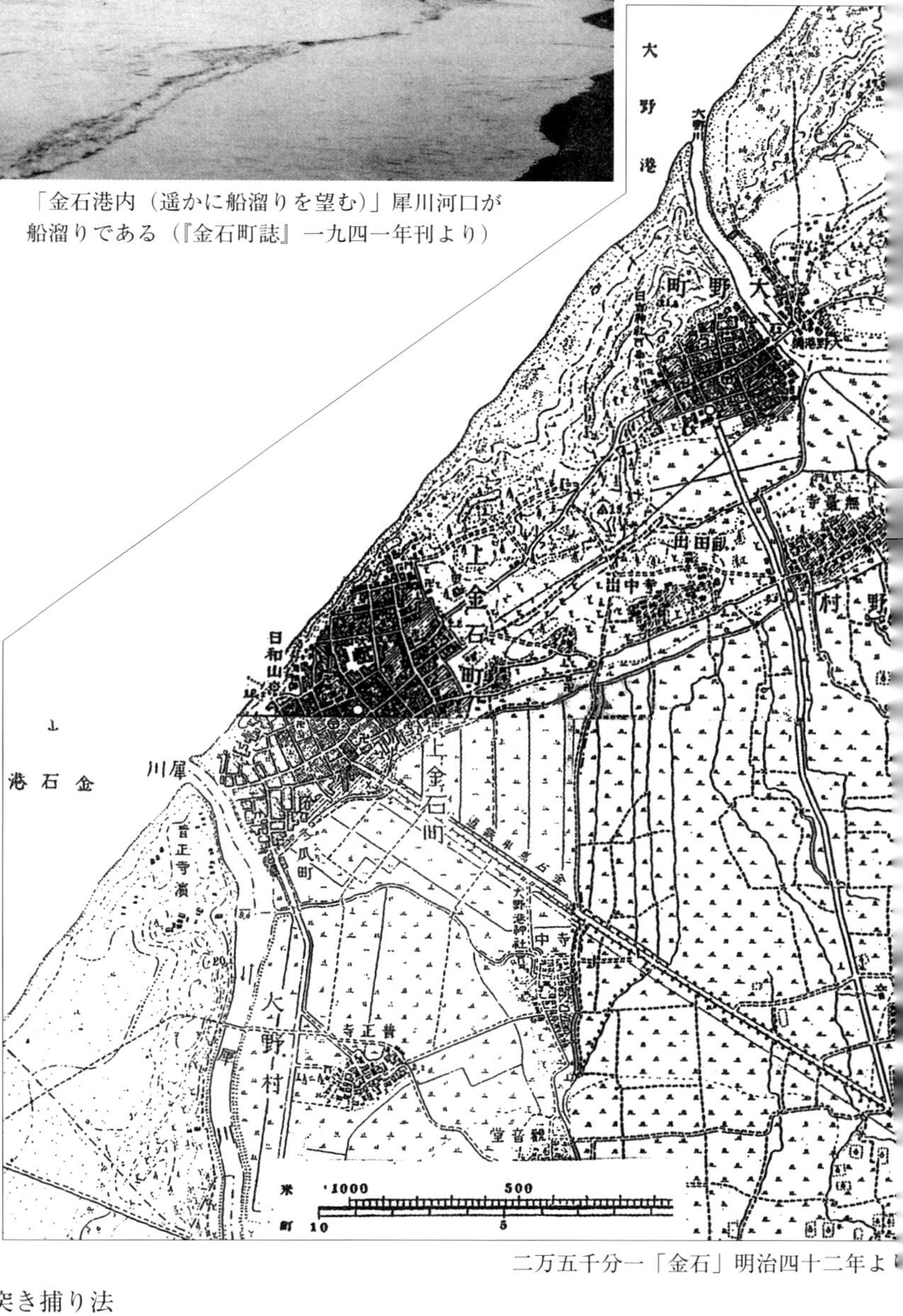

二万五千分一「金石」明治四十二年より

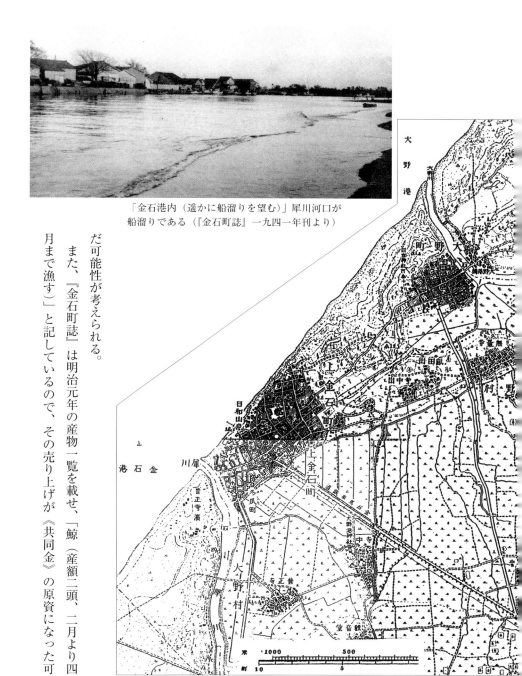

能性もある。木嬰氏の大曳網製作以前に鯨漁があるというのには一服させられるが、寄り鯨の類と考えればいいか。
大曳網を製して半年後の明治二年（一八六九）二月、ついに木嬰氏はその網をもって捕鯨に成功した。大きさや網目などの仕様はもちろん、舟や漁夫らの布陣がどんなであったかも全く不明ながら、加越能におけるこれが捕鯨の嚆矢と、木嬰氏は強調する。水産博覧会の報告書は、捕鯨装置の項で「能登・越中両国に於いては古来捕鯨の業なきにあらざるも、鯨鯢は自ら来り誤って台網中に入るを捕うるのみ」と述べる。定置網に入った鯨を仕留めるのは捕鯨とは言わないという書き方だが、それにもまた仕法があり、木嬰氏の大網仕法はそこから着想を得ているかもしれないので、「能登の捕鯨」の項で再論しよう。

「然《しか》れども到底曳網を以て業務を継続する能《あた》わざるを悟り、銛を用いて数十鯨を撃つも皆奪い去りして一鯨だも獲ることなし。これに於て銃を製し（玉目百匁）銛を発するに命中するも遠く去りて脱するもの多し。」

運搬に苦労するほど大曳網だったのか、網の操作が難しいのか、それをもって捕鯨を続けることは困難と悟り、木嬰氏はこれまで追求してこなかった銛撃ちについて試すことに切り替えた。しかし、銛を投げるけれど《数十鯨》のいずれにも銛を奪い取られてしまう。銛をもっと大きくしないと鯨が弱らないという話なのか。これだけの文章では銛を投げてどうするのか分からないが、《これにおいて》これに対応して、銃を製作して銛を発射できるようにしたという[※1]。銛を深く打ち込む狙いのように見えるが、命中しても《遠く去りて脱する》という。この《脱する》は、この後に《抜けない銛》の話が続くから、追跡から逃れ出るという意ではなく、銛に綱が付けてあって鯨に延々と引っ張られるうち銛が抜けてしまうという意のようである。

それにしても、銃で銛の発射ができるようにすることは簡単ではないだろう。弾丸の数倍の重さ、数十倍の長さのものを飛ばすには銃身の大変革が必要である。《玉目百匁》は火薬量に比例する鉄砲の口径をあらわすもので、百匁（三百七十五グラム）は江戸期の大鉄砲、口径四～六センチのものに相当するようだ。どんな形状かわからないが、明治十三年『石川県勧業年報』に「射るに銃砲をもってするものあり」とあるから、銛を発射する銃は製作できたのであろう。しかし、綱の付く銛は飛ばしても鯨に当てるのは難しいと思われる。最初のそれは手投げし、船を曳きずり逃げる鯨に向けて打つ二番銛（当たらなければ海に没し去る）の銃射ということではないか。捕鯨仮規則「沿革」で、木嬰氏の銃による捕鯨申請は「明治七年十月三十日」とあったから、こういう捕鯨方法はその頃から五、六年行われてきていることが分かる。

日本で大筒を用いて捕鯨を企画した人は、福本和夫氏の著[※2]によれば歴史的に三人いる。最初は信州の砲術家坂本天山。寛政十（一七九八）年に紀州太地浦を旅

※1　銃の改良製作となれば、11頁注に見たようにやはり大野弁吉グループの助力があったのではなかろうか。明治十二年の「水産物取調」の金石捕鯨の魚器の欄に「銛は県下金沢区治工の製造品を買い入れる」とあった。本康宏史「からくり美術―機工から工芸へ」によれば、「文久三年（一八六三）四月より藩の雷管製造売捌き」「同四年より御鉄砲所御用」を務めた弁吉であり、彼は明治三年に没するが、その弟子・米林八十八は金沢町に居住したと思われるので、彼を中心とするグループが金沢区「治工」に相当、銃器製作にも手を貸していたとは考えられることだろう。

※2　『福本和夫著作集・第七巻』２２５～６頁・こぶし書房・二〇〇八年刊

行して捕鯨を見聞し「余が百匁か五十匁の抱え筒を携えいたらば」と気炎を吐いたという。二人目は長崎の砲術家高島秋帆。オランダ人ニーマンから西欧の遠洋捕鯨のことを聞いて天保十三（一八四二）年、肥前の五島浦で大筒を用いた銃殺捕鯨法を実地に講じたという。三人目は静岡県の砲術家奥山七郎左衛門。元治元（一八六四）年、駿河湾で百ないし百五十匁の大筒（銃身二尺一寸五分・直径二寸一分）をもって捕鯨を企画、幕府から許可を得たが維新で中断したという。

なお、江戸期において鉄砲は百姓の手元にかなりの数あったことは確かめられている。農民なら稲作の敵・鳥類やイノシシなどを追い払うに必要で、漁民なら海獣トド※1などは鉄砲で捕っていた。

砲術と捕鯨の結びつきには時代の要請もあったようだ。相次ぐ外国船の接近により幕府は海防を迫られており、いくつかの藩が地元の捕鯨組を海軍に利用する動きを見せたという。木嬰氏らの「銃」捕鯨は先にあげた三人に次ぐものであるが、廃藩置県の後のことだから、県庁の銃使用許可に意図があったとしても軍事的な観点からではなく、殖産興業的なものであろう。

「たまたま段谷長右衛門なる者、明治六年、北海道「おしま」「こしま」の辺航海中、一の鼈鯨《へいげい》あり、体中に異形の銛あり。これを携え帰りて木嬰氏に示す。銛身に西洋文字を彫鏤《ちょうる》せり。因て遂に銛形を模造してこれを試めども又獲る能わず。これに於て彼の製に倣《なら》い図の如き※2ものを造りて七鯨を獲たり。これ目下の漁

※1　天保九年「能登国採魚図絵」に描かれている。

※2　「図の如し」の図は37頁に掲載。

※3　西欧の捕鯨では最初に手投げする綱付き銛には、捕鯨船の名前と捕鯨艇の頭文字を刻むことが定められていた。銛を撃っても逃げる鯨がおり、それが外の捕鯨船に捕獲されたとき、銛先が鯨体に残っていれば応分の分配を受けることになっていた。

※4　日本人も北海道沿海の捕鯨に乗り出していたが、山口県出身の国吉篤信らが天塩国増毛を基地に突き捕り捕鯨を行なったのは明治三年（一八七〇）から五年までという（近藤勲『日本沿岸捕鯨の興亡』二〇〇一年・山洋社・１７７頁）。また、藤川忠猷（三渓）という旧高松藩士は小笠原諸島付近で捕鯨を試み、明治六年に開洋社を設立、外国捕鯨船を買収して北海道へ出漁している。その著『海国急務』明治十九年刊に「英人ジョージ、米人スーミツを雇いて捕鯨の業に就かしむ」とあるから、西欧捕鯨システムをとったのであろう。

※5　ポンプランス（右）とモリ（左）併用のアメリカ式捕鯨法（『福本和夫著作集・第七巻』224頁・こぶし書房・二〇〇八年刊より）

法にして多年の志を達することを得たりと云えり。」

段谷氏は北前船乗組の幹部クラスかと思われる。北海道松前港の西三十キロ海上の「松前小島」付近を航海していて鯨の死骸を見つけた。海面に浮いていたのであろう。死んでも沈まない鯨は、脂肪に富んでいるセミクジラか、脳内に大量の油をたたえるマッコウクジラ。その体から出てきた《西洋文字》を刻む[※3]《異形の銛》の形を木嬰氏は模して試し、次にその仕組みも模した銛を造ってついに明治六年（一八七三）《七鯨》を獲ることに成功した。

この当時のアメリカ・イギリス・ロシアいずれかの捕鯨船の取り損ねた鯨と思われる。彼らの薪炭・食料の補給地として函館が開港しており、日本海へも進出[※4]していた可能性は高い。解剖を引き受ける母船と捕獲を担当するボート（捕鯨艇）をセットにする西欧システム。[※5]鯨を発見したら数隻のボートで漕ぎ出し、近づいて銛手が両手で銛を打ち込む、鯨は逃げはじめるが、銛に百尋あまりのロープが付いてボートに繋いであるから、鯨はボートを引きずる。ボートはどこまでも曳かれて、数マイルも曳かれることがあるという。疲れ弱って浮上する鯨に、とどめの槍が打ち込まれる。「ポンプランス」と呼ばれる槍は鉄砲に仕込まれるようになり、さらに鯨体に触れて爆裂する槍に改変される。

矢代嘉春『日本捕鯨文化史』によれば、何人かの日本人が明治十年代に改良して和製ポンプランスをつくったといい、明治二十七年に関沢明清が金華山沖の捕鯨に用いたのがそうで、マッコウ鯨を獲ることに成功したポンプランスは報告書に図が載る。その手投げのものは脇に付けた銛(ホ)がまず突き刺さり、次いで細棒(ロ)が鯨体に刺さってポンプランス(ハ)の撃針として爆発を導き、鯨体に嵌入、銛には綱が付くので捕鯨艇と結んで鯨と離れることはない。その銛先は木嬰氏の「金《きん》時《とき》銛」(左頁下段右)とそっくり、銛先が鯨体の中で捻じれ回るようだ。

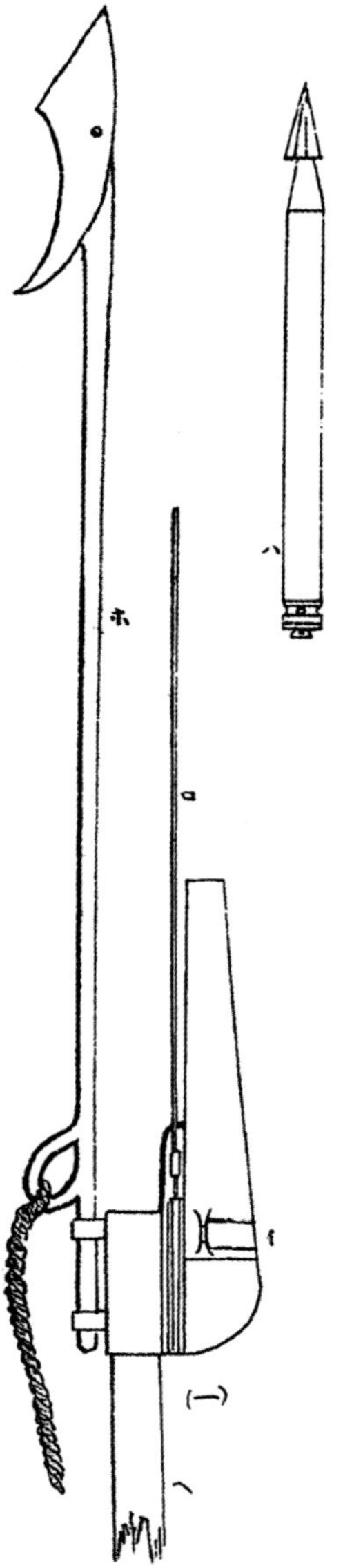

「水産調査所事業報告第二部　抹香鯨猟調査」明治二十九年刊・百十八頁より。ハの破裂矢は一尺一寸で、ホの銛と右の細棒の間に装てん。ホへの木柄は九尺、ホは三尺とあるから、全長二メートル強になる。

(左頁)上段右から四本は「燕銛」、五本目が「根銛」、そして「浮標」、下段は右から四本が「金時銛」、左端が「刺銛」とある。ツバメ銛と金時銛には異形があるところが味噌なのであろう。「石川県の捕鯨器具」とあるが、木嬰氏の出品した銛の数々である(『水産博覧会・第一区出品審査評語』明治十七年・農務局刊より)

「出陣の捕鯨の器具は金時銛・矢ノ根銛・引鉤刺銛などいわゆる突捕の器具なり。その使用法は漁舟三隻各七人乗とし、鯨を海上に望むや直に船を出し、金時銛を投射し綱を五十尋銛身と舟とに繋《つな》ぎ、舟は鯨の進退に従う。これを魁舟と云う。」

魁舟は「かいしゅう」と呼ぶのだろうか。金時銛を数艘の舟から鯨に打ち投げて、五十尋つまり七十五メートルまで綱を出し、舟を曳き回らせて鯨の弱まるの

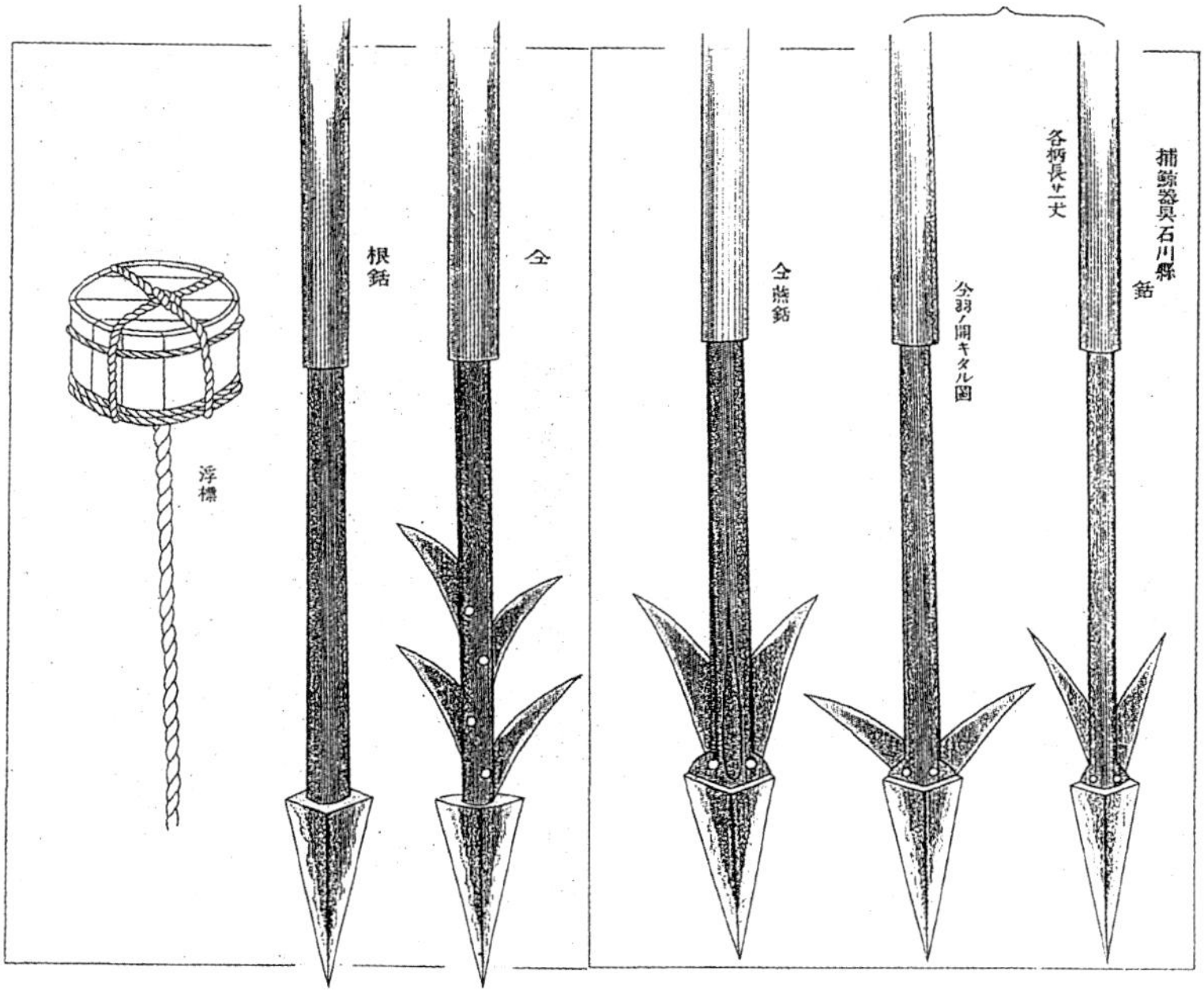

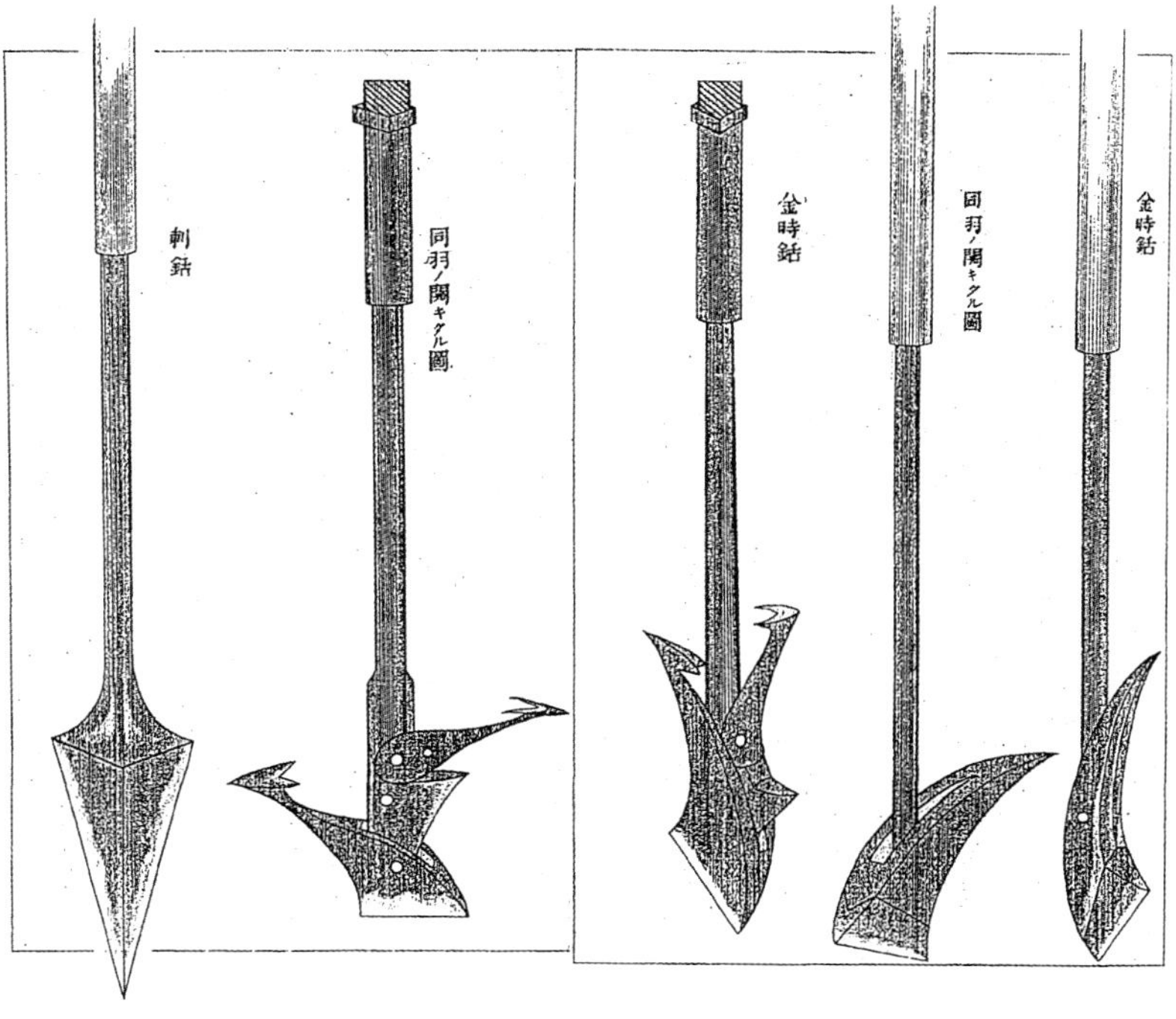

を待つ。欧米は綱を百尋まで延ばすところ、木嬰氏はその半分である。

明治十二年『水産物取調』の金石捕鯨の「漁場区分」に「…沖合海底一里十八

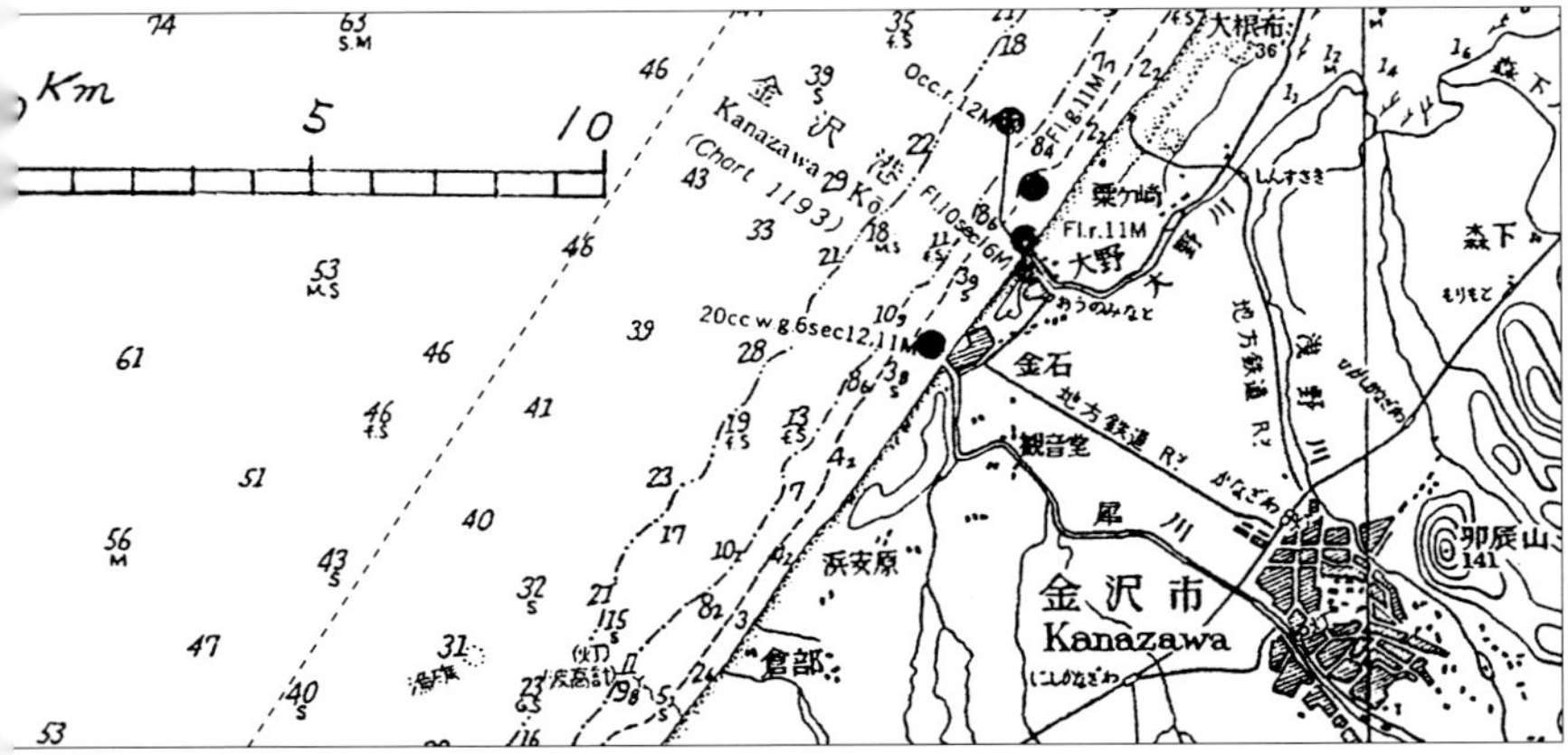

金石港付近の海図（海上保安庁昭和29年発行「三国港～輪島港」より）。破線は筆者の入れたもので、浜から六キロのところを指す。

丁ばかりの処にして、縦横もまた一里十八丁ばかりなり」とある。一里は三十六丁、約四キロ。海岸から一里半、六キロのところ、入会利用される沖合に六キロ四方の海域を設けて鯨を追いかける漁場としている。その四方形は浜側で水深四十メートル、沖側で六十メートルくらいであろうか。「漁場距離」欄に「隣漁と三千二百四十間ばかりを隔つるなり」と、六キロほど隣と余裕を持たせているとあるから広大な海域で、《数マイル》（一マイル一・六キロ）も曳かれるという西洋捕鯨でも大丈夫だ。ただ、漁場を越えて逃げる鯨はどうするのであろうか。明治八年「鯨漁仮規則」が、鯨に傷を負わせたものと仕留めた者の分配率を決めるのは、この越境していく鯨を想定するのであろう。

七人乗りの舟が三艘というのも、西洋母船式で六人乗りボート二艘というのと似ている。異形の銛を北海道から携えてきた段谷氏が、外国捕鯨の様子を見聞してその方式を木嬰氏に伝えた可能性がある。

先の『水産物取調』には「漁丁十一人」とあったが、五年後の明治十六年には《二十一人》に増えている。「西洋銛十四挺、矢の根銛二十挺、コロシ銛四挺」とあった銛数も五年後には増えているのであろう。それぞれの銛数の根拠は、審査報告の続きを読みながら想像していくしかない。

「もし魚の猛勢当り難きときは、舟中に備える沙苞《すなぶくろ》（一苞に十貫目）を四十尋の藁縄に緊縛し、これを海に投沈して錨に換《か》う。蓋《けだ》しこれを施すの機は実に一呼吸の間にあり。もしその機を誤れば覆舟《ふくしゅう》の患害あり。故に熟練の漁夫に非《あら》ざればその機に投ずる能わず。この如く沙苞を投ずるときは自ら舟重く鯨の疾走を妨ぐるを以て魚体疲労し、そのやや勢力の衰うるに及んで他舟来り集り、魁舟の如く金時銛を投じ、なお刺銛を投ず。その多きもの四十本に及ぶ。」

銛を撃たれた鯨があまりの猛勢となるときは、十貫目（四十キロ）の砂袋を投下して《魁舟》の錘とする。四十尋（六十メートル）の藁縄が海水を切っていく負荷はたいへん大きいであろうから、鯨の弱まるのが見えるようである。

錘の投下は一瞬のタイミングで魁舟が転覆することもある―これもよくわかる。砂袋をぶら下げる金時銛は現在でもエスキモーが使用しているそうで、その呼び名もここに図示される一つの「ツバクロ銛」と同じという。※

「而して曳銛（金時銛の大なるもの）二挺を潮吹孔の上部に刺し、綱を二隻の舟に繋ぎ、頭部に鉤《かぎ》を掛け、一船の舳に結い、共にこれを曳て渚に至り、咽喉を刺して全く死するに至らしむ。同県東野清四郎外一人某の出品も同種同法なれば、これを略す」

弱った鯨の背に誰かがまたがり乗って《潮吹孔の上部》に《曳銛》二挺を刺し込む。魁舟とほかの舟で鯨を挟み付け、二艘間に渡した綱をその曳銛につないで

※ 矢代嘉春・黒汐資料館『日本捕鯨文化史』一九八三年刊・１１４頁

鯨を沈まぬようにする。そして鯨の頭に鉤を打込んで、その綱を一船の船尾に結んで三艘で渚へ曳いていく。渚までくれば咽喉を刺して全く死に至らしめる。鯨体に打ち込んで抜けない銛は、沈まないよう釣り上げていくためにも必要だったと分かるが、よく考え練られた仕掛けである。

木嬰氏が明治六年に開発した「突き捕り法」であるが、先の審査報告に「これ目下の漁法にして」とあるから、金石で明治十六年にも行われている捕鯨法である。そして、最後の文言を見れば、東野氏らが木嬰氏の法を取り入れているようだから、日末村も突き捕り法である。とすれば、明治十九年、器具購入と「捕鯨夫八名」を要請してきた越中魚津浦へ出かけて「一頭」を捕獲した彼らの漁法も突き捕り法と考えていいのだろうか。

明治十三年版『石川県勧業年報』にあった「鯨網船」のことがまだ不分明である。また、河波氏が明治七年の始動で、木嬰氏が明治二年、あるいは六年の創業というわけだから、先駈けは誰かの答えは出ているが、加賀沿海でもっとも一般化したのはどの捕鯨法かを見なければなるまい。

木嬰氏の事績を記す史料はほかになく、その生没年さえ不明なので困り果て、筆者は電話帳を繰り、ご子孫と思われる家へ電話をかけてみた。幸い、曽孫の方がいらしたのでお宅にお訪ねした。八十歳を超えておられる木嬰政雄氏は、部屋の鴨居の上に掲げた曽祖父の水産博「褒状」を見上げ、これ以外に何も残っていないと寂しげであった。お写真もなく、生没年はご存じないとのこと。

水産博覧會

石川縣下
加賀國石川郡金石上新濱町
木嬰長次郎

捕鯨器械

捕鯨ノ業ニ従事シ便益ノ器械ヲ以テ捕獲ニ利ス其功労嘉賞スヘシ

褒状

審査官 菊池孝 水野正連 従六位小花作助

審査部長 従六位勲五等関澤明清

審査長 従五位勲五等田中芳男

右ノ薦告ニ據リ之ヲ授與ス

明治十六年五月二十日 農商務卿正四位勲一等西郷従道

木嬰長次郎氏の四等褒状（明治16年）

『水産物取調』で「漁夫」とされる木嬰氏は同町内に大野弁吉という稀代の「からくり師」がいて助けを受けられただろう。弁吉は藩の鉄砲所御用を務めていたし、弁吉の友人で藩士の河波氏もいたから、大曳網製作の出資金申請や、硝薬器械の許可申請に必要な藩との結びつきに事欠くことはなかったろう。

政雄氏の亡父は漁師をされていたという。冬でも海へ出ねばならず、網をつかむ手が千切れそうになるとその厳しさを語っていたので、自分は十五の時（一九四七年）に近所の割り箸工場へ入り、七十歳まで勤め上げた—単純明快なお話しぶりで、えもいわれぬ感動を受けた。加賀捕鯨の父というべき長次郎氏も、やはり真っ直ぐな漁人、クジラ捕りとしてどこまでも猟具猟法を追求されたであろう。百三十年を経ている褒状を写真に撮らせてもらった。褒状には、元加賀藩士の審査部長「関澤明清」の名もあって、捕鯨の情熱群像が幕末維新期を駆け抜けた足音を聞くように感じた。

木嬰氏の家を辞して、振り返ると、金石の海が真夏の陽光の下にキラキラと輝いて見えた。

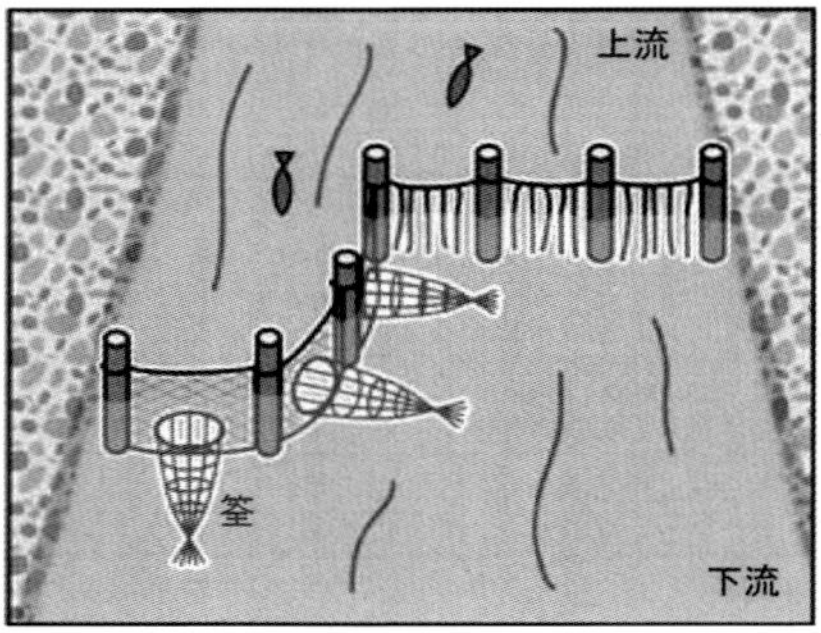

アユ漁の瀬張網の掛け方

河波有道の網かぶせ法

明治十六（一八八三）年の水産博覧会に石川県から出陳して褒状を得た河波有道氏。先にみたように、明治八年「沿革」では捕鯨社設立の功労者とされ、明治十三年『石川県勧業年報』では《網・舟・銛を造り》人々を開眼させたとして顕彰されていた。水産博覧会報告書の第二部「海漁装置部」では、氏の出陳した捕鯨器械について、次のような説明がされている。

「捕鯨器雛形《ひながた》は同氏が考案をもって造れるものにして、網と魚留の模造あり。魚留は鉄條をもって方七尺の門を作り、門下に利刀三本を植え、来鯨をして自ら肚腹を割かしむる装置なり。且つそのこれを覚知せざらしむるため蔽《おお》うに網をもってすること、なお瀬張網を張布したる間に《モジ》筌《せん》を挿入したるが如き装置にして、果たして実際に適すべきや否やは予め知るべからず…」

魚留というのがよく分からないが、アユ漁の「瀬張網」における筌の位置に「鉄條の門」をおくとしている。網で隠しておくので、来鯨はその門をくぐり抜け、門の下に差出した利刀により自らの腹を切り裂くという。審査員は「果たして」と疑っているが、続けて次のように記す。

『日本山海名産図会』寛政11年（1799）刊・第五巻に載る「鯨置網」の図。

「…能登・江沼二郡の海岸は鯨鯢の来游すること夥多《かた》なるも、これを獲るの利あるを思わざりしかば、随《したが》いてこれが捕獲の方法を講ずるものなかりし故に、河波氏これを慨《なげ》き、百方辛苦、その方法を考案してこれを漁夫に諭《さと》す。その労空しからず遂に該地捕鯨の業起るに至る。本会これを嘉賞して四等賞を与う。」

河波氏が捕鯨法を考案し、各地にそれを勧めてようやく「業起る」という。続いて「本州従来捕獲の方を述べん」と、当地に行われてきた捕鯨法を紹介している。《本州》は石川県の意である。

「漁船五艘、漁丁二十名を要す。その法、鯨鯢を波間に見るや直ちに漁船二艘に網を分載し、鯨鯢に近づけば該網を継合せ、左右に別れてこれを囲むなり。是において他の三艘の漁丁は各銛を持ち、鯨の網を被るを待ちて刺殺するものとす」

網をかぶせてから銛を打つ、これが従来法という。河波氏が考案し各地に勧め広げた法がこの網かぶせ法ということである。簡単な説明で分かりにくいが、鯨の前に船二艘で回り込み、載せた網の片端をつないで左右に張り巡らして、勢子が後ろから追い立て鯨がその網に突っ込むという形にもっていく。

網の大きさであるが、これ以降の史料にもその数字は出てこない。捕鯨史をみると、諸国の鯨網はたいてい十八尋（二十七メートル）四方を一反としている。

左は長崎県生月の捕鯨図のうち「剣切・手形切の図」、左下は同「鯨網一反の現況」。十八尋四方ではなく、一方は二十二尋にして一反としている（『長崎県漁業誌』明治二十九年刊より）

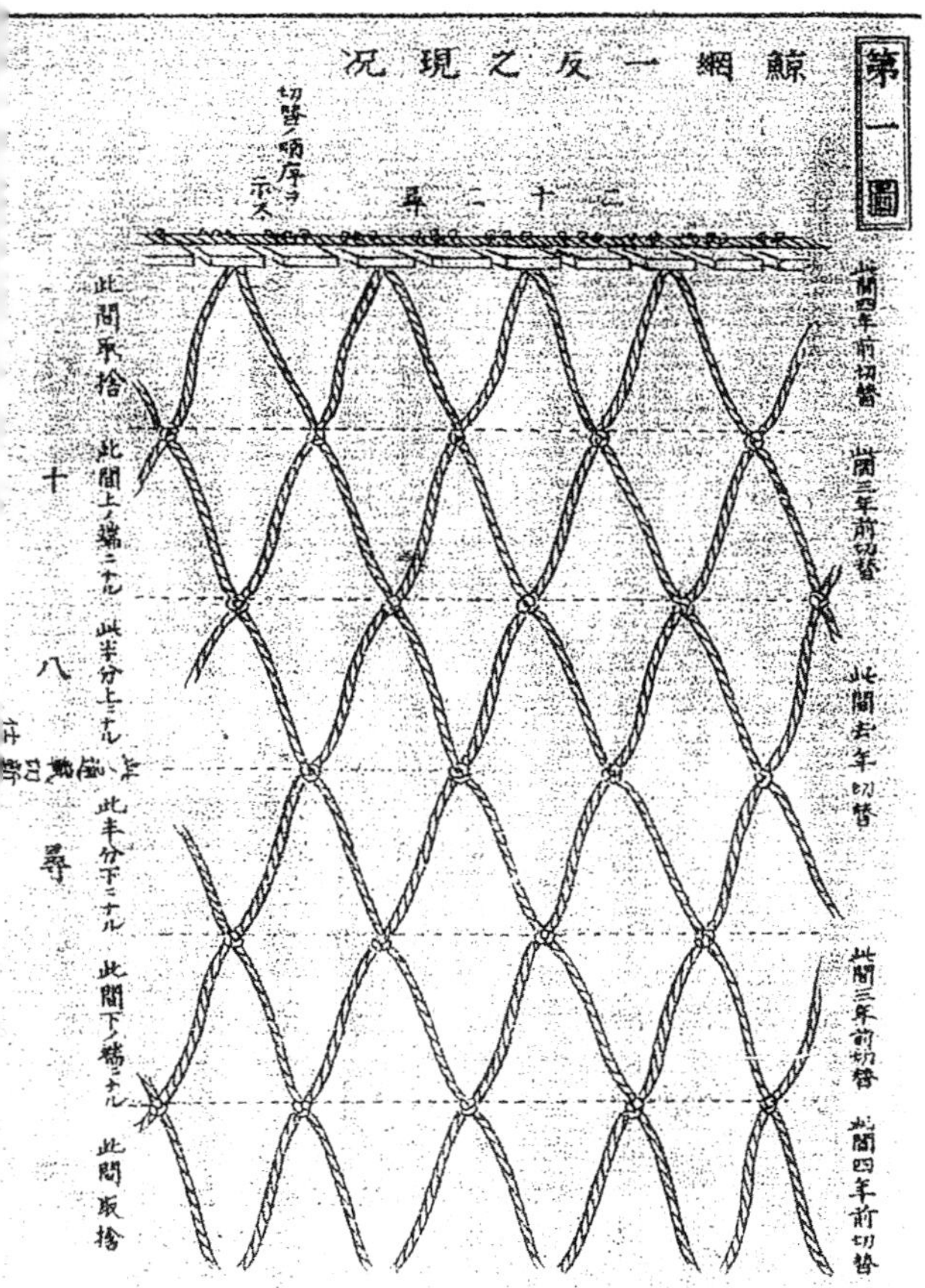

長崎県編『漁業誌』に載る網目は五尺六寸（一・七メートル）、節と節の距離二尺八寸（〇・八メートル）。人間ならあっさり潜り抜けられる大きな網目。

一隻の網船はその一反をさらに藁縄で連結していって十九反にしたものを積むのが通例というから、河波氏の捕鯨法では二隻がその網端を細縄で結んで（計三十八反になる）両側へ漕ぎ開き、網を下していくということ。三十八反の全長は千メートルを超えるはずである。加賀の捕鯨が網の大きさを云わないのは、諸国と同じだからであろう。鯨の行く手を遮って海中に垂れる網幅はだから二十七

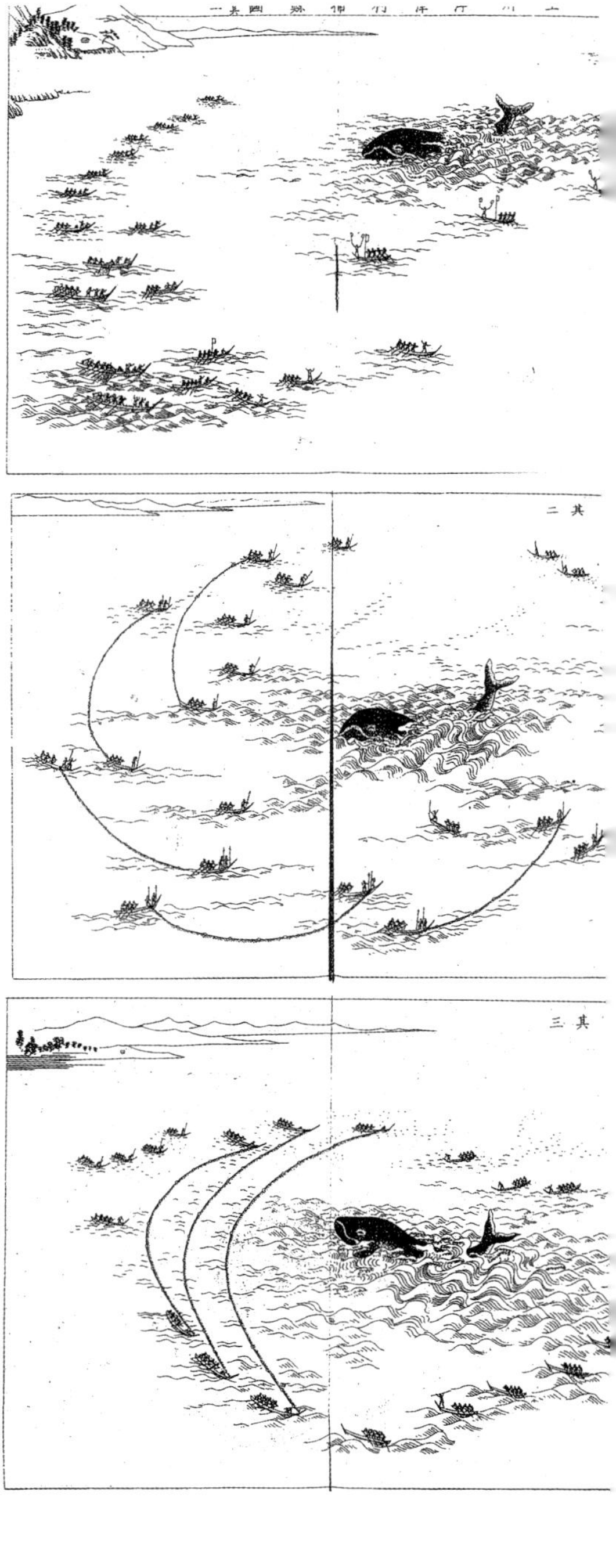

右図は水産博覧会「第一区出品審査報告」に載る、土佐の浮津捕鯨会社の方法。以下は説明の一部。〔勢子船〕長さ六間、幅一間一尺のもの十六隻を要す。鯨の背後に遶り出て、従容として鯨の遊泳にしたがい、船を進め、ようやく網代に入らんとするに臨み、網船、網を海中に卸し、鯨の嚮うところを扼す。〔網〕長さ十八尋、幅十八尋あり。鯨の網代に来るや必ず勢子船、鯨の前後を擁し来り、網船との距離適度を見定め、互に合図して網を海中に卸し、鯨の嚮う所を要す。時に勢子船の駆逐するあり。鯨驚駭して竟に数罟を纏い、その遊泳の自由を制し、勢子船をして銛を投じ易からしむ。初め「ハヤ」銛を投じ、次いで大銛を投ず。（以下略）。

メートルになる。深く潜る鯨などは網の下端と海底とに隙間があれば潜り抜けるだろう。網は海底に届くほどがいいはずで、金石でも指定漁場の浜側、網が届く水深三十メートルくらいの処が網代（網を卸すに適した海域）にされたと思われる。捕鯨法のイメージを得るため、水産博覧会報告書に載る「土佐」の捕鯨図をかかげておく。金石は三重ではなく、一重の網囲いである。

　自由な針路をとる鯨がその網代に向かうよう勢子船は追い込まねばならない。鯨が間違いなく網代に来ると判断して初めて、二艘の網船はすばやく左右に展張しながら網を下し始める。網代の付近にあらかじめ網を下して待つのでは、鯨が網前で急転回して逃げると大労働の網卸しがムダになる。鯨の進路が確信できる

長崎県生月の捕鯨の様子（『日本水産史』明治33年刊より）。手前の小屋の遠見役の《旗信号》により海上に鯨船が展開する様子。

まで総指揮者は待つだろう。網下しのタイミングが最も重要な判断である。鯨は巡らした網のどこかに頭から突っ込む。網をかぶれば鯨は遊泳に力を要し、弱る。そこを銛で突いて仕留める。

日本の捕鯨史をひもとけば、江戸期の土・肥・紀三州の鯨組はどれも基本的にこの「網掛け突捕り法」である。紀州太地《たいじ》がその発明の地と言われているので、河波氏が考案したというのはチーム編成についてであろう。

捕鯨先進地では数百人から千人に達する多人数をもってなされると捕鯨史に記されている。鯨の解体や加工の人数まで入れてのことだが、海上の人数だけでも彼の地は三〜四百人であった。河波氏と同じ、鯨の前方に網を張り巡らすのであるが、二重三重に張るというだけでなく、ある海域を一つの捕鯨組で占有しなければうまく網を張り回せないため鯨組の統合がすすみ、一チームが大人数を養う形になったという。

土佐・肥前・紀州の三州が対象にしたのはナガス鯨やザトウ鯨で、加賀の海は小型のコイワシ（ミンク）鯨であったと前提しても、木嬰氏の「漁舟三隻各七人乗り」で行なう突き捕り法に、網を運ぶ二隻を増やして「五艘二十名」とする捕鯨チームがどれほど少人数かが分かる。河波氏は他国の法を実地に調べて一重の囲い網で試し、それでも可能であると経験的に知っていったと思われる。網囲いが一重でもいいという思いには、木嬰氏の無網法、突き取り法で捕鯨が可能になっている現実が踏まえられていよう。

※　経歴は『日本漁民事績略』と『加能郷土辞彙』、「富山市科学博物館」ホームページを参照した。

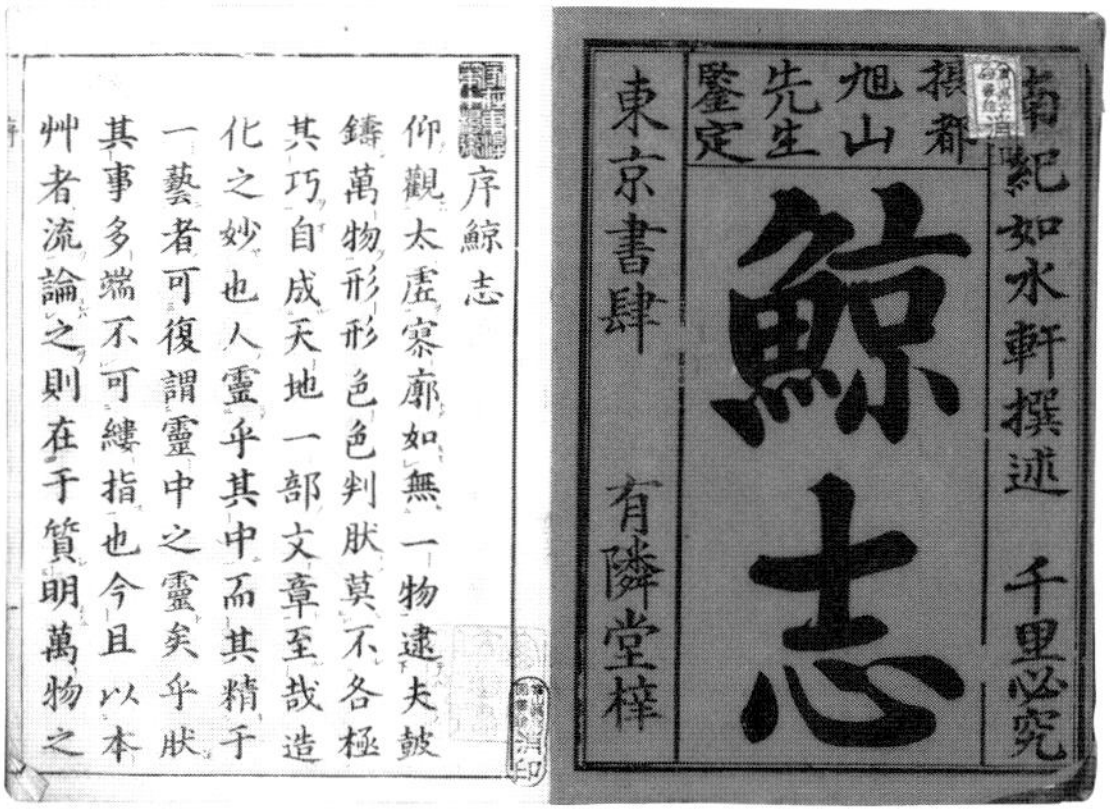

山瀬春政『鯨志』有隣堂・寛政六年（一七九四）版の表紙と序

水産博の審査部長は旧加賀藩士の関沢清明氏で、同じ加賀藩士の河波氏とは知己の仲と思われる。「果たして」と実効性を疑われる河波氏の出陣が「審査評語」で次のような受賞理由を挙げられるのは、そういう知己に対する激励賞というより、網と銛を小チームで用いる新法を考案し、浦々に勧めて捕鯨社設立を主導したという大功績があるからであろう。

「懇《ねんご》ろに居民を勧誘して捕鯨の方法を授け、爾来漸く各村に伝播し新たに一産業を開かしむその功すでに多し。加之《のみならず》平素思いを器械の改良に凝らしなお該業の進歩を図るその労また少なからず。頗《すこぶ》る嘉賞すべし」

河波氏の経歴※を見てみよう。文政五年（一八二二）加賀藩の重臣・本多氏に代々仕える陪臣の家に生まれた。明倫堂に学んで主家の書物取調係に任ぜられ、弘化四年（一八四七）に本多政通の近侍となった。安政五（一八五六）年に本多氏に同道して江戸に出たとき長州人の村田蔵六に蘭学を学び、帰国して渾天儀を改造したという。四十八歳の明治元年には明倫堂助教となり、自ら梅鳴塾を開いている。科学者というべき彼である。

一九五五年刊の『日本漁民事績略』は河波氏について次のように記している。

「『鯨志』を読み捕鯨の志を抱く。明治五年、権令《ごんれい》内田政風の賛成、石川郡徳光村藤井某・織田某、金石町漁夫与平と六年、徳光村に創業一鯨を得。加賀沿海捕鯨の嚆矢《こうし》。爾後、各地に斯業輩出。初め各個連接の網を後、一統毎に離散する法考案、奏功。十四年、第二回内国勧業博に受賞。第一回水博受賞。廿三年歿」

『鯨志』寛政六年（一七九四）版に載る鯨の絵（上から左頁へ）「セミ鯨・同種・ナガス鯨・ザトウ鯨（尾だけ）」

『鯨志』は捕鯨の盛んな紀州和歌山の薬種商・梶取屋治右衛門の著で、宝暦八（一七六〇）年に刊行された。捕鯨についてではなく、鯨を哺乳類と認めるなど実地観察に基づき鯨各種の特徴を書き上げる書。挿絵も実際の姿をそのまま巧み

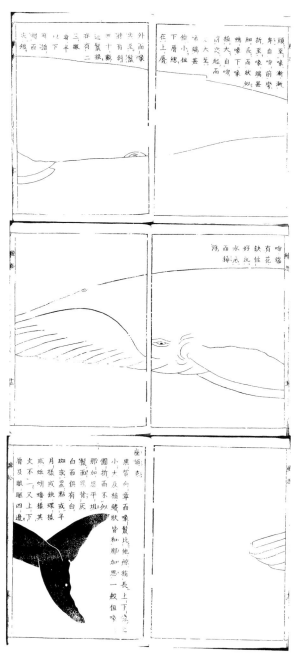

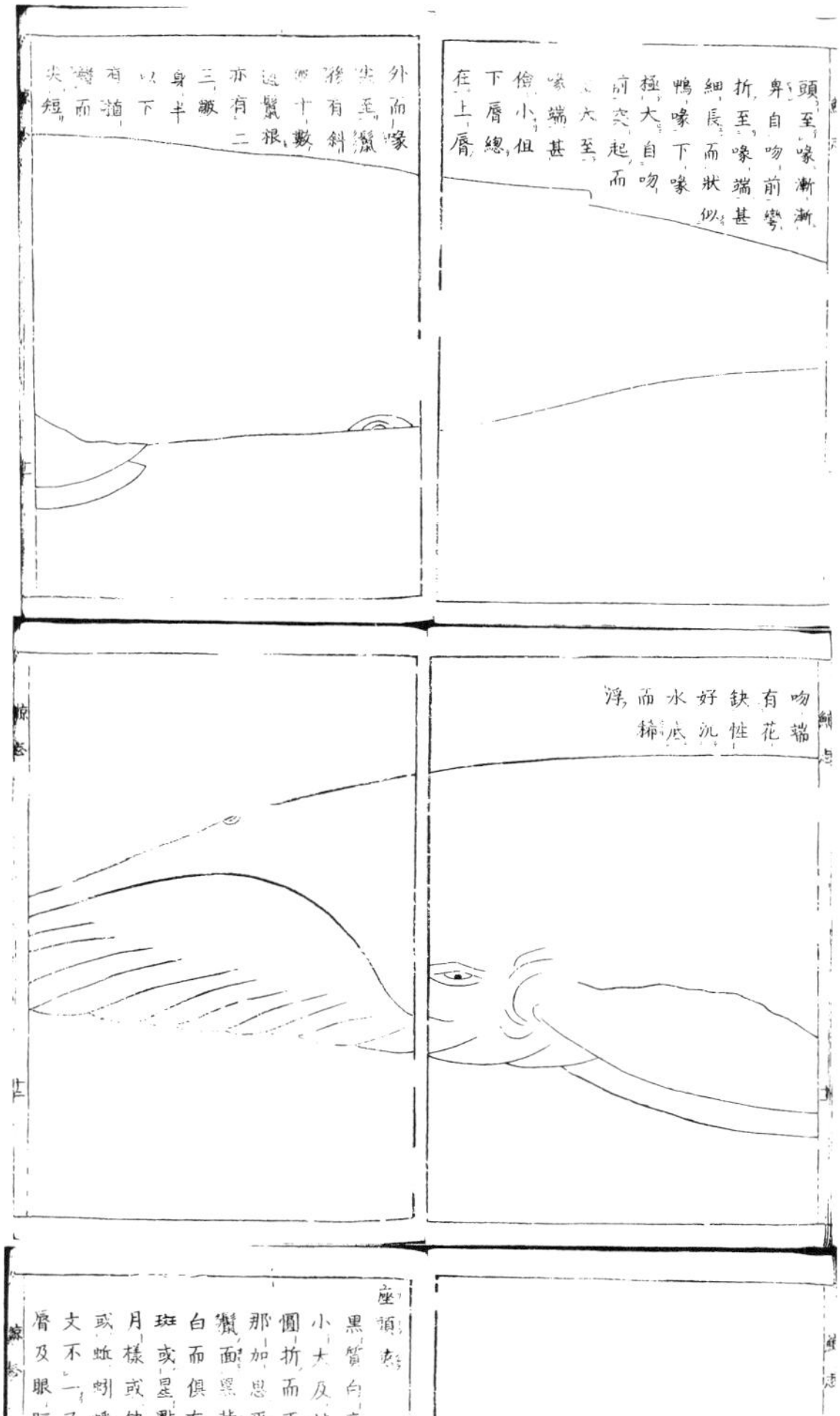

に描き、現在の鯨研究者たちが当時の世界の最高水準にあると絶賛している。学知探究の人・河波氏が本書を読んで捕鯨を志したというのだから、初心としては鯨の生態探究を目指すものだったか。金石町の木嬰氏や器械師の大野弁吉氏と交わり、また紀州や九州の実地を見学もして、漁民への支援になるという確信を得て捕鯨業勧奨の任に当たるようになったと思われる。

明治五（一八七二）年に権令の《賛成》を得たという。何に対する賛成か。江戸期において海面は漁民のものではなく、藩の領有するものであった。海面は

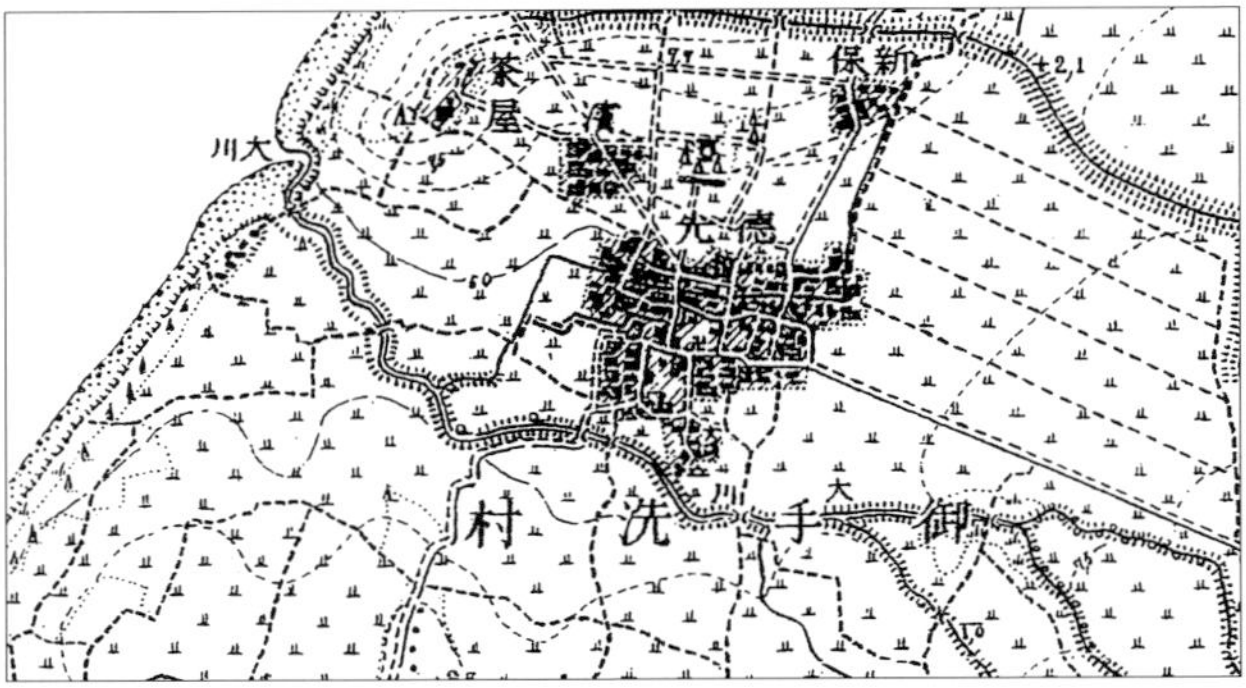

明治期の徳光村（二万分一「小松」明治四十二年測量より）

※1　秋田俊一『漁業における許可制度に関する研究—明治・大正期石川県漁業許可の生成過程について』82頁、水産庁・研究資料第129号・昭和32年3月。

浦々の漁民によって区画され、沖合は入会利用がなされていた。秋田俊一『漁業における許可制度に関する研究』[※1]を参照して加賀藩の概略を記せば次のようだ。遊猟または自家用に漁労するものには鑑札を下付、海面のそれには下付せず村役人に取り締まらせる、士分のものは藩庁の許可を得るのみで鑑札は不要、職漁を希望するものは村役人に申告し、適格と認められれば郡奉行に出願し漁師免許の鑑札をうける、河川は「川廻方」と称する下級吏が巡回し、浦方は奉行下役・村役人・目付役が巡回、違反を取り締まらせる。反則の漁獲は没収、関係者は吟味所に送致、禁牢手鎖・禁足の罰に処す—。実際には無鑑札のものが多く、鑑札を有する生業のものを妨害することが多いため、無鑑札者を取調べる権利を鑑札者に与えられたいという陳情が多かったという。

新規な入漁には藩の許可を要した。河波氏は内田権令の捕鯨入漁の《賛成》を得たということだろう。先にみたようにいくつかの浦に捕鯨社の設立許可も得て、最初の捕獲に成功したのが「徳光《とくみつ》村」という運びである。

廃藩置県の時、海面の所有権が藩のものではなくなり、そうかといって漁民の誰かの所有になったわけではなく宙に浮いたようになったので、各地に漁場境をめぐる争いが生まれた。ようやく明治政府が、海面の官有と漁業の許可制を公布したのが明治八（一八七五）年である。漁場は区画して適格のものに免許鑑札を与える。漁業占有利用権については地元の同意をとることが義務化された。しかし旧慣が認められない事例が頻発し、沖合の入会紛争も収まらないため、すぐ旧明治16年水産博覧会審査報告書に「捕鯨器具石川県」として各種銛が10本描かれる真ん中あたりに載る「浮標」。

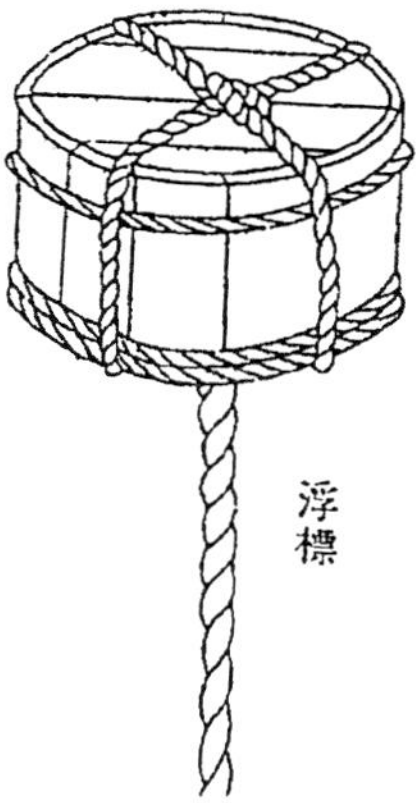

※2 『捕鯨志』140頁、大日本水産会編・嵩山房・明治二十九年（一八九六）刊

慣通りでよいと改められる。混乱が続くので「漁業組合準則」というものを明治十八年に公布、組合に主体性をもたせることで解決が図られていく。

徳光村が河波氏の仕方で一鯨を獲たのは明治六年とあるが、『石川県勧業年報』にあった《明治七年三月》が正しいと思われる。徳光村の「藤井某・織田某」は当地の資産家であろう。

先の『日本漁民事績略』に河波氏は《初め各個連接の網》だったが《一統毎に離散する法》を考案して奏功したとあった。紀州などは二艘に各一つの網を載せ、鯨が近づいたら二艘各網の片側をつなぎ、左右に分かれて張り巡らしていく。船に積んだ網は片端からしかおろせないから、この「各個連接」しか展張法はないはず。すると「一統毎に離散」というのは、二艘の各網を一統ごとに離散、つまり、片側をつなぎ合わせず、船ごとにおろすという意味であろうか。その場合、網の片側を海面に保持する「浮き」が強力でなければ展張していけない理屈だが、そういえば、水産博の審査報告書に載る木嬰氏の各種銛図の傍らに「浮標」図が載っていた。空気を閉じこめる樽《たる》状の浮標であるが、河波氏の鯨漁ではこれが特別の働きをするのかもしれない。二艘の網をつないでおろすと鯨が網代に入る寸前に急転回した時はどうしようもなくなるが、二の網をおろせるというなら捕鯨の成功率は二倍になろう。河波氏は先進地のやり方そのままでなく、網の展張に改革をなして要員の減少を実現しているのかもしれない。

木嬰氏と河波氏が併記される史料がある。一八九六年刊行の『捕鯨志』※2。

『日本山海名産図会』寛政11年（1799）刊・第五巻に載る右「鯨吹気」と「鯨引寄」の図。

「加賀国捕鯨は明治二年、同国石川郡金石において木嬰長次郎氏によりて創始せらるといえども、継続営業せるにあらず。明治六年に至り同国河波有道氏、春時加能の沿海に鯨の通游多きも斯業はなはだ振るわざるを慨し、同志を協同し石川郡徳光村に業を開始し鯨一頭を獲、翌年また一頭を獲たり。」

木嬰氏の突き捕り法は《継続営業》できなかった。来鯨が少なくなったからかもしれないが、その危険性ゆえもあったろうか。銛を打込んで鯨が弱るまで耐えるというのは、口で言うほど簡単ではない。鯨に引きずり回され、風波を切って船から振り落とされる危険、船もろとも海中深く引き込まれる危険がある。金石では捕鯨の報酬がそれに見合わないとされたのかもしれない。河波氏の網かぶせ法はその危険性を大きく弱めるものとして脚光を浴びたはずである。

なお、二つの法で海面の利用の仕方に大きな違いがあることに留意しなければならない。突き捕り法なら一つの海域で複数の鯨組が同時に展開できようが、網かぶせ法になるとその海域の網代は特定化するので難しいだろう。よく群泳して寄ってくるコイワシ鯨を、突き捕り法でもって複数の鯨組が狙おうということはありえよう。また、突き捕り法と網かぶせ法を併用したい事態も起こるかもしれない。資金の問題もある。木嬰氏の明治二年の成功の折に《共同金》という言及があるあと、どの史料も資金のことは触れていない。来鯨がなければたちまちそれは枯渇、新たな資金の手当てがなければ捕鯨チームの維持はできなくなる。

後述の日末村では突き捕り法がずっと行われ、他では河波氏の網かぶせ法が行なわれた、その理由についてはいろいろな観点から論じなければならない。

河波氏が《同志を協同》してというのは、その資金調達が中心命題なのであろうが、海上チームだけでなく、解剖部隊や販売部隊を組織し鯨組につくりあげる、いろいろある仕事も指すであろう。『捕鯨志』の続き。

「ここにおいて漁民この業の利あるを知り、能美郡の日末に安宅に、石川郡の金石に、河北郡の向粟ヶ崎にこの業を起すもの陸続輩出し、爾来加賀沿海の捕鯨おおむね虚歳なかりしが、※爾来その業ようやく振わず、新設の漁場しだいに廃止に属し、現今なおよく業務に従事せるもの、ただ能美郡日末に二ヶ所、石川郡美川町一ヶ所あるのみ。」

陸続と捕鯨業が輩出してくるのは、危険リスクを弱めた河波氏の捕鯨法が普及していく反映で、明治十年代のことと思われる。加賀沿海にいくつも捕鯨地が興るが、「現今」の明治二十九（一八九六）年、たった三カ所しか捕鯨地は残っていないという。

《安宅》は日末の近く。《美川町》は本吉・湊村のことか。明治八年、木嬰氏ら工夫の硝薬器械を用いる鯨漁許可を申請してきたのが美川町の有志たちであった。地元町村史は加賀藩の要港、本吉・湊の捕鯨のことについて何も記していな

※「虚歳なかりしが」は「なかったことはないが」という言い回し表現。

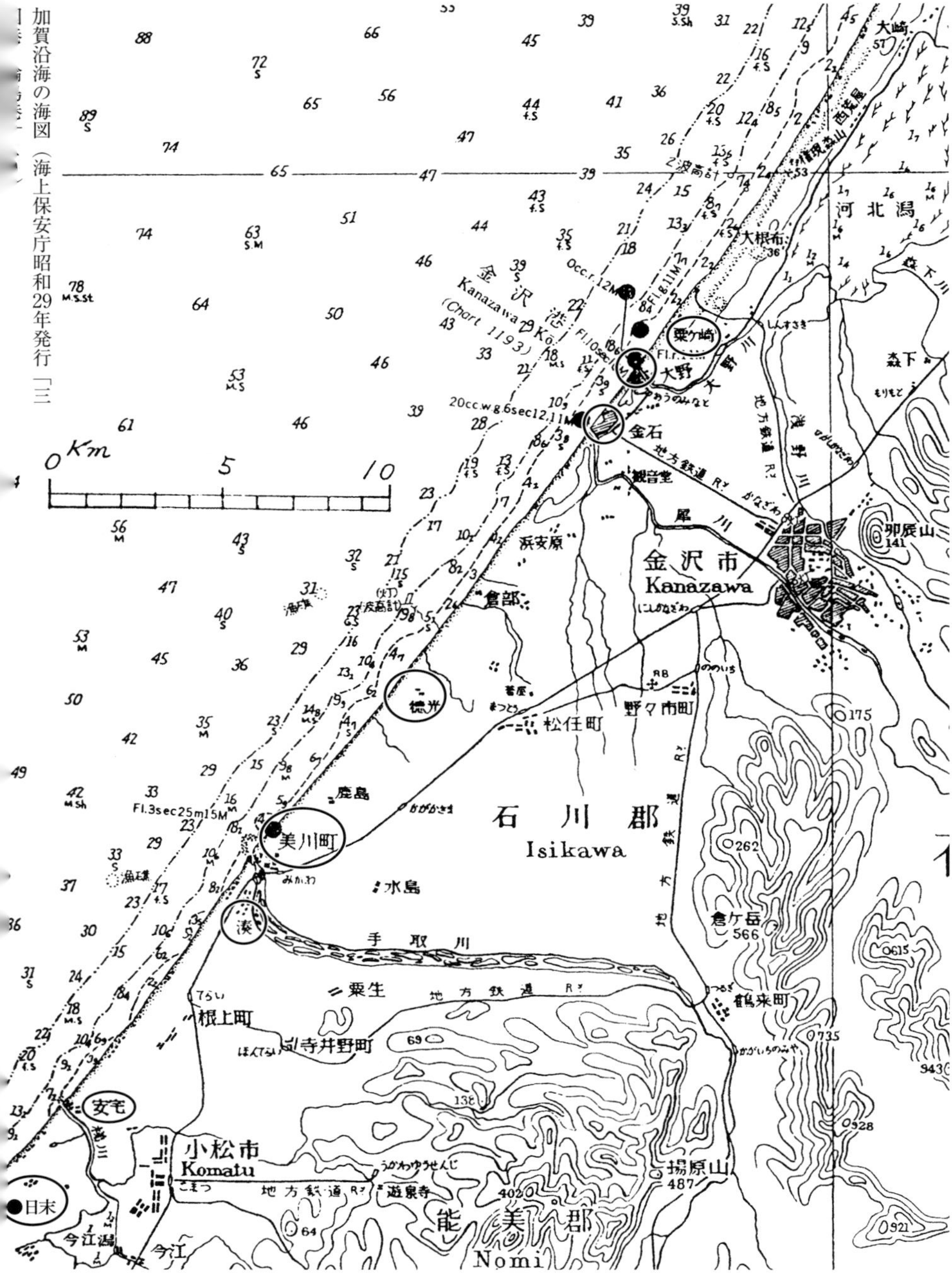

加賀沿海の海図（海上保安庁昭和29年発行「三

いが、「美川にて鯨漁」と明記する別史料がある。河波氏の友人・榊原守郁《しゅいく》という人が明治二十二年まで三十二年間を記した日記※で、美川の鯨漁のことを次のように記している。明治二十一（一八八八）年のこと。

「二月二十五日　美川にて鯨漁、九尋なるを得たり、風味甚だ悪し。
三月八日　美川にて鯨漁し得たり。
同二十二日　美川にて鯨漁、二十九日又得たり。風味至極善良、柔美脂肪同断」

まるで自分が鯨漁して九尋の鯨を獲たような書き方である。榊原氏は元百三十石取り藩士で、幕末に小松の銃卒奉行・町奉行を勤め、明治二年には能美郡の郡宰を務めた人なので美川の捕鯨者たちと親しい交流を持つことは想像できるが、この記述の時、七十二歳の高齢、自身も鯨漁に参加したということではもちろんないであろう。この前年四月に「河波より鯨白肉恵まる。一日猟し得たり」とあり、金沢町から二十キロはあろう美川へ出向いて鯨漁を見、分け前をいただいて帰り、榊原氏にお裾分けする河波氏の様子が分かる。近くの金石の捕鯨はもう行われていないので、美川まで出向くのであろう。四歳ほど年下の河波氏との交際から榊原氏も鯨漁見学に出向くようになったことが偲ばれる。明治初期、河波氏の鯨漁の勧めを支えた一人が榊原氏とも推測していいのだろう。

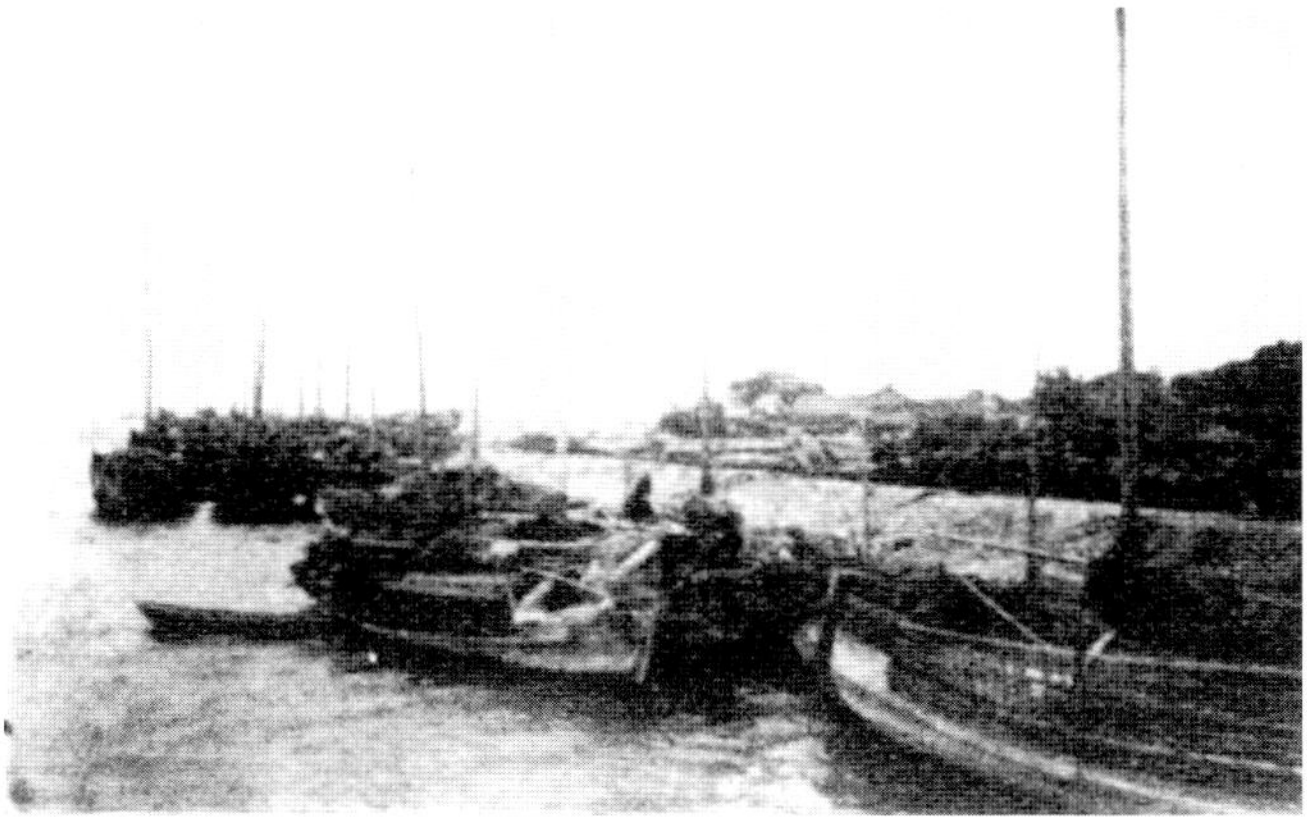

美川港（『石川誌』大正四年刊に載る写真だが、明治期の地理誌にも載るので、明治期の光景である）

※　ヨシコ・N・フラーシェム編『榊原守郁史記』二〇一六年・桂書房刊。加賀藩士の安政五年（一八五八）～明治二十一年の日記。注解が付されるので面白く活用できる。

河北郡の《向粟ヶ崎》は初めて出る地名だが、他書に「嶋元四朗」という人物が「内灘」で幕末の安政期から捕鯨に携わっていたとある、それを云うのであろう。河北潟と日本海を隔てる内灘砂丘の潟側にいくつも村が連なって内灘村と称されてある。向粟ヶ崎はその西端の村。嶋元氏のことを含め「内灘の捕鯨」の項で触れよう。

よく捕鯨の業を継続した《日末》には河波氏の功績をたたえる石碑が残されている。次項で述べよう。

日末村の突き取り捕鯨

明治十六年水産博覧会の審査報告によれば、能美郡「日末村」の人たちの捕鯨器は木嬰氏のそれと同種同法という。村の代表者《東野清四郎・高見清助》は木嬰氏の顕彰理由と同じ「捕鯨の業に従事し便益の器械を以て捕獲に利す其功労嘉章すべし」と四等褒状を授与されている。銛は木嬰氏が考案したものを購入して使っても、捕鯨には解体までにさまざまな機械や道具が必要で、その工夫改良に東野氏は精力を注いだことが偲ばれる。

東野清四郎と高見清助の四等褒状の理由（『水産博覧会審査評語』明治十七年・農務局刊より）。高見清助氏のご子孫、高見清祐氏をお訪ねしたが、記録や詳しい言い伝えはないとのことだった。

褒状　捕鯨器

石川縣下
加賀國能美郡日末村總代
東野清四郎
高見清助

捕鯨ノ業ニ從事シ便益ノ器械ヲ以テ捕獲ニ利ス其功勞嘉賞スヘシ

『日末町史』に載る昭和三十年代の日末の海と浜。昔から砂利浜であったといい、写真には馬車が写るようだから、浜砂利採取の光景か。現在は浸食に脅かされて護岸工事が施されている。

日末村と金石町は三十キロも離れるが、海の距離なら遠いものでなく、木嬰氏の捕鯨法を取り入れたと推察されるが、一九六二年刊『日末町史』を見ると、日末村にはそれなりの歴史があったようである。

「明治の初年に江沼郡矢田村の喜三平が日末に来て、村民を説得して日末捕鯨社を設け、東野清四郎をアドヤとしたのが、日末における鯨とりの始めであった」

『日末町史』の捕鯨の項は、いきなりこう始まっている。江沼郡「矢田村」の「喜三平」という人物の説明はない。江沼地方史研究会の牧野隆信氏は、日末南方四キロの矢田村に該当者はなく、大聖寺町の東三キロくらいにある「天日村」に「大沼喜三平」という人物がおり、彼ならば幕末に伊勢湾で捕鯨の経験をしたと伝える資料があって、日末村の明治初年の捕鯨話につながるようだと検証されている。資料は大聖寺藩の東方芝山という人物の小伝（昭和三年刊）で、芝山の子（室谷専一）が思い出として述べた部分に、次のようにあるという。

「芝山ある年、天日の喜三平をつれ伊勢湾に赴き彼の地の漁夫を使役して捕鯨に従事した。其の際芝山の考案したモリは非常に精巧なもので一度鯨身に打込むと決して抜けなかった。後年、天日の喜三平はこのモリを以て日末の海岸で捕鯨を試み数頭の大鯨を捕獲した」

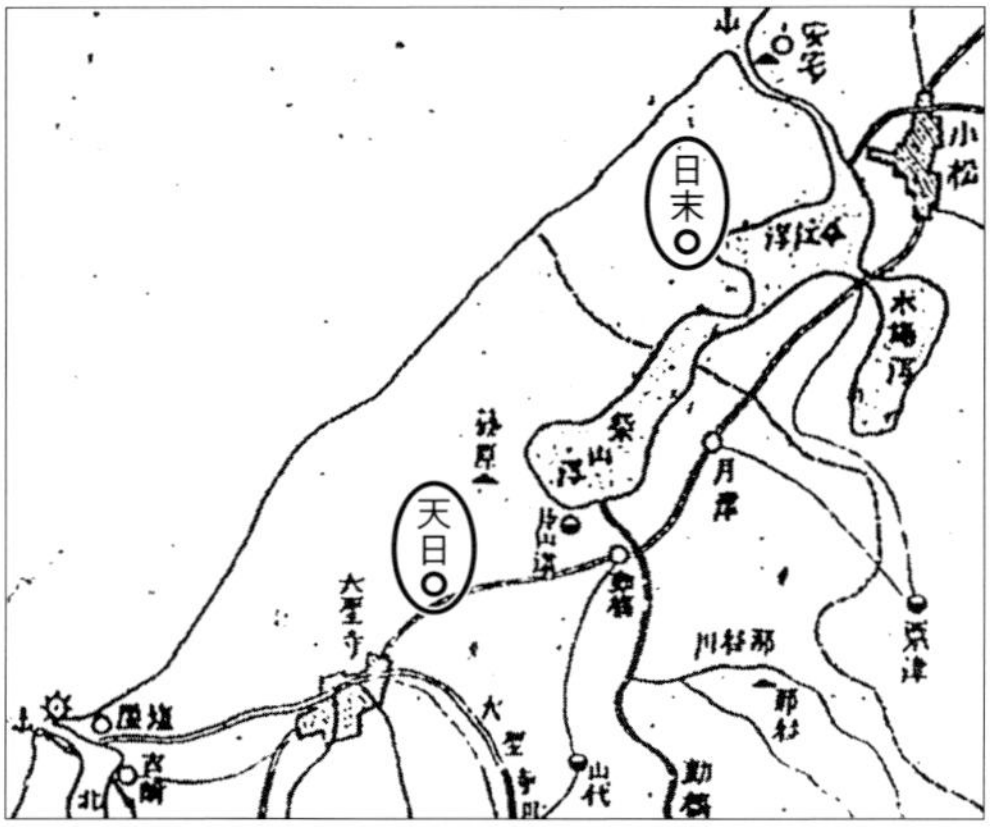

天日村は大聖寺町の東、旧北陸道沿いの村（明治二十七年『石川県地誌』所載の地図から）

伊勢湾は捕鯨の先進地である。水産博覧会の審査報告にも「尾張国に尾池政次なるものあり（略）党を率いて業を当国（土佐）の海に営む。実に慶安四年（一六五一）なり。これを土佐捕鯨の始原とす」と記して、伊勢湾捕鯨の先進性を伝えている。知多半島の尖端、師崎などが拠点だったという。

その捕鯨を体験し、後年に日末の海岸で「抜けないモリ」をもって数頭を捕鯨したというのだから、『日末町史』の「喜三平」は天日村のこの人に違いない。木嬰氏の突き取り法では抜けないモリが絶対に必要であったが、どこであれ、捕鯨においてそれが必要条件であることはよく理解できる。

『日末町史』によると、喜三平氏は村民を説得して日末捕鯨社を設けたという。海の利用について漁民たちは寄合を持ったことであろう。沖の殿様といわれている鯨を捕獲していいものか、ほかのイワシ漁やアジ漁に支障は出ないのか、そういう疑念に答えねばならないし、捕鯨は多人数の参加によって初めて可能になる生計法であり、村内の伝統的な階層差を超えたチーム作りが必要である。説得が必要だったろう。捕鯨による利潤の村民間の分け前についても事前の協議を要したはずだ。続いて『町史』は次のように記す。

「明治十年頃に日末の沖合に鯨の回遊が多かったので、東京の業者は山本嘉太郎を日末の駐在員とし東方長作方に事務所をおいて鯨を捕っていた。後に、北村源造・円居半助が共同して、北村源造をアドヤとして出来たのが、新気捕鯨業であった。この日末網と新気網とのあった頃の捕鯨法は、非常に原始的な幼稚なものだった。」

明治十年頃に《東京の業者》が日末村に事務所を置いていたという。福岡県宗像の大島沿海を漁場とする「大島捕鯨商社」という会社が、東京の鯨漁会社からアメリカ式捕鯨用具一式を借り受け、技術者も同社から雇い入れていると分かる明治十七年の史料※があるので、有望な捕鯨地に事務所を設ける企業が存在することは確かであるが、明治十年という早期に日末にきた業者の名は不明である。

アドヤは網問屋、あるいは網宿の意か。捕鯨社といえば、先に述べた河波氏の会社設立との関連を思う。『町史』も河波有道氏をもちだしている。

「そのうちに円居半助の尽力で、嘗《かつ》て金沢で武士であった河波有道から資金の融通を受けると共に、その世話で捕鯨技術を習得している斎藤氏を招いて、漁具の改良や漁法について教えを受けたのであった。」

明治十年頃創業の捕鯨社《新気網》は、河波氏の資本金「四千円」から融通を受けるだけでなく、漁具や漁法の改良について教えを受けている。《その世話で》斎藤氏という人物を村に招いたという《その》は、事業責任者の円居氏のことではなく、融通をした河波氏をいうであろう。後述するが、斎藤氏は若い失業士族

※　鳥巣京一『西海捕鯨の史的研究』は「明治十年代の捕鯨会社」という項を立て、福岡県宗像郡の大島捕鯨会社のことを紹介、３７０頁に当会社が「東京に本社をおく鯨漁会社からアメリカ式捕鯨用具一式を借りうけ、この用具を操作する技術者をも同社より雇入れている」と記述している。その会社のことはそれ以上記していないので詳細は不明である。

「鯨取りの書類入れと茶釜」として『日末町史』に載る写真。村挙げての捕鯨であったことを偲ばせるものだ。

の斎藤知一氏のことで、彼なら、各地に捕鯨業を起して士族の果たすべき役割をよく顕現している河波氏に師事していておかしくない。河波氏の紹介で日末村を訪れたと理解すべきであろう。

村々に捕鯨を起こしその進歩を図ってきたという河波氏の事績について、『日末町史』は次のように記している。

「河波有道は遠江に生れ、太平洋沿岸の捕鯨法について充分の智識をもち、廃藩後に日末に来って住み、日末の人々に捕鯨法につき、非常に貢献した人であった。」

河波氏は「遠江《とおとうみ》」の生れと記されるが、『加能郷土辞彙』[※1]には一八二二（文政五）年、加賀藩の重臣・本多家に仕える家に生まれたとある。遠江はご先祖の出身地か、捕鯨先進地をいう何かの間違いであろう。金沢町から日末村に移住[※2]という。たしかに現在の金沢市内に河波の姓を電話帳で見ることはなく、県内では小松市内に数家あるのみ。試みに電話をおかけした河波忍氏は筆者と同じ一九四三年生まれの方で、「曽祖父がクジラをとっていたとは聞いている」とおっしゃった。捕鯨の記録はもちろん、写真も何も残っていないとのこと。体の大きな人だったと伝え聞いておられる由。

明治十年頃には東京の業者が進出するほど、日末の捕鯨は活発になっている。

※1　旧加賀藩士の日置謙氏の編になる九八〇頁余の大部の加賀藩に関する辞書で、一九四二年に金沢文化協会により刊行された。

※2　美川町の鯨漁を記した先述の「榊原守郁日記」の書きっぷりは、河波氏は金沢市内から美川町に出向いたり、同じ金沢市内に住む榊原氏に鯨肉を届けたりする風であるから、移住は一時的なもので、晩年は金沢市に居たように推察されるが…。

石川縣下
金澤區下本多町五番町
河波有道

四等　捕鯨器

懇ニ居民ヲ勸誘シテ捕鯨ノ方法ヲ授ケ爾來漸ク各村ニ傳播シ新ニ一産業ヲ開カシム其功已ニ多シ加之平素思ヲ器械ノ改良ニ凝シ尙該業ノ進歩ヲ圖ル其勞亦尠カラス頗ル嘉賞スヘシ

河波有道の四等褒状の理由（『水産博覧会審査評語』明治十七年・農務局刊より）

まず試されたのは次のような生け捕り法であったという。

「一番最初に行われたのは、生捕法であって、太い長い竹で直径七メートル、長さ二十メートルに及ぶ大きな籠《かご》をつくり、両端に魚返しをつける。これにおもりをつけて、鯨の通り道に数個をおいて、籠の中に入った鯨をとるという方法であった。このやり方で二頭を捕獲したが、何分にも経費がかさむので、この方法は間もなく廃《すた》れてしまった。」

巨大な竹籠を鯨の通り道に置くという。定置台網に入る鯨から発想されたのであろうか。垣網のように誘導する仕掛けをもたなくとも、先述したように加賀沿海は遠浅で、しかも浅い瀬が二列、海岸から距離を置いてずっと平行する海底地形である。瀬と瀬の間か、あるいは河口の延長線上の二つの浅瀬が攪乱されて鯨をよく通す深みを形成しているところか、観察力にあふれた漁師に「鯨道」はよく見えるのかもしれない。

「次に行われたのは網獲法で、細い藁縄を何本も合せて太い綱とし、これで大きな網をつくり鯨の通り道に張るのであるが、荒天や潮流のために流されたりして、成功することは殆どなくて、中止となっている。」

この大網は先の竹籠の代わりのような存在である。木嬰氏が慶応年間に試みた「大曳網」捕鯨では堅靭な（苧麻製と推測）網が製作されたが、ここでは「細い藁縄を何本も合せて太い綱」にして大網を作るという。木嬰氏のところでは船をもって鯨を囲み大曳網で押し包んで浜へ曳くと想像したが、そうではなく、日末村のように鯨の通り道に網を張っておく法であったのかもしれない。鯨がこの網にかかり部分的に突き破ったとしても、引きずるまま泳がして、疲れ弱ったものを浜まで曳いて捕獲する――日末村の方法と木嬰氏のそれは同法と推定していいだろう。これが失敗する理由が荒天や海流で流されてしまうからというのも、木嬰氏が「業務を継続する能わざる」と表現していたのと符合する。

大網法は失敗したが、日末村の有志たち※は、明治二十一年以降、九州の五島や平島に視察したりして捕鯨法の改良を重ねたという。その捕鯨法を『町史』から引用して確認しておこう。

「鯨の来游を確認するための遠見が、午前一時頃から浜に立って見張っている。そうして鯨を見つけると、お宮の板木がけたたましく打ち鳴らされる。これと同

※『日末町史』に、松原久市氏（一八五九～九九）は明治二十一年、単身で九州五島列島に赴いて捕鯨法を視察、河波氏と協力して捕鯨法改良に尽くしたとある。県会議員・郡参事会議員などを歴任、日末・浜佐美・佐美・末佐美の四村が合併して「末佐美村」になるとその初代村長も務めた。

『日本山海名産図会』寛政11年（1799）刊・第五巻に載る「鯨突船」図でも、銛が鯨の背に垂直に落下するように描いている。

時に漁師達は、いずれもサックリ姿で、メンツを肩に浜へ駆けつける。（略）漁場に着くと漁師は、裸となるが、いずれも六尺褌《ふんどし》をしめている。（略）出漁の命令一下、各船に漁師が乗込んで海へ漕ぎ出す。数艘の船が鯨の浮上する時をねらってこれに近寄り、槍投げのようにして、綱のついた本銛を空高く投げ上げる。中空で逆転した銛は、加速度をつけて落下して鯨の体に命中する。かく最初に命中したのは、一番銛と言って、銛士のこの上もない名誉とされている。鯨は綱を曳きつつ、逃げ去らんとするが、この時の綱の長さ加減が中々むつかしい。もし短ければ、鯨の海中にもぐり込む時に、船が転覆する危険があるし、鯨が浜と反対の方へ逃げんとすれば、船は綱を切って鯨を見放さねばならない。

右に左に逃げんとする鯨は、二番船から二番銛をうけて、重い荷物を重傷の上に曳かねばならぬので、次第に弱くなってくる。船からは、かねて用意の石袋を沢山銛についた綱につけて海中に投げ入れたり、或は水かき板を竪横に並べて、鯨の逃げ道をせばめる。かくて三番銛・四番銛と銛数が多くなるにつれて、益々鯨は弱まってくる。こうした時に、多くの殺し銛を打ち込んで、最後の止め銛を心臓に打ち込んで、仕とめるのである。一番銛を打ってから仕とめる迄に、十時間もかかるし、時によっては沖合二十里も引っぱりまわし、二十時間もかかることもある。」

紀州や長崎など他国の伝統捕鯨においても、銛は鯨に向け水平直線的に投げるのではないという。揺れる舟の上に立ちふんばり、槍投げのように綱付きの本銛を空高く投げ上げる。銛に加速度をつけるためだ。その放物線が目に見えるようになるまで投擲《とうてき》にどれだけの習練が必要なことだろう。鯨にどれほど近づいて投げるかと云えば、ある書に[※1]「八、九メートル程度と、極めて近距離」とある。当たったとたん鯨の尾ひれの一打ちをくらうかもしれない距離だ。

銛打ちだけで網を用いないこと、銛綱に結んだ舟を曳かせて鯨の弱りを待つこと、石袋を投げ入れて鯨（あるいは舟）を重くすること、いずれも金石町の木嬰氏の方法と同じである。明治二十一年刊行の『日本捕鯨彙《い》考』は、次のように記す。アドヤの東野氏が木嬰氏の突き獲り法を導入したことが明確である。

「（段谷氏は）…木嬰氏と謀《はか》り、金時銛、燕《つばめ》銛などを作り、突き捕りをなす。後、明治十一年、同国東野清四郎氏、この方法をもって業を起す。これ実にこの国捕鯨の創始とす。以上大日本水産会報告を引く」

日末村の「東野清四郎」は水産博覧会の記録に「捕鯨具雛形」を出した「末佐美村」の「捕鯨組総代」と出ていた。『日末町史』には捕鯨社の《アドヤ》をしたのが東野清四郎とあった。東野宅をお訪ねすると、ひ孫の方は二年前に亡くなられた由で、奥様とご子息が表彰状しか残っていないと見せてくださった。明治三十（一八九七）年の第二回水産博覧会のものだった。「捕鯨業　猟法軽便にし

※1　中園成生・安永浩『鯨取り絵物語』弦書房・二〇〇九年刊・105頁

※2　聖徳寺19代住職・上杉文秀は慶応3年（1867）三河国生まれで明治22年に養嗣子として入寺、「鯨浦」と号されたというから、当時の捕鯨の盛んだったことが偲ばれる。師は大谷大学学長を務め、1936年に僧正となられた。所蔵の985年成立の源信著「往生要集」は天下一本と言われる。

東野清四郎の表彰状（第二回水産博覧会のもの）

て地方沿岸の状況に適す其功労嘉すべし」と記されている。網を用いず銛打ちだけの小チーム編成のことを《軽便》と評価しているのだろう。

日末の「本銛」の構造は木嬰氏のものとよく似ている。

「図のようにイ字型になっていて、尖端は両刃で鋭くて鋼鉄製で、鯨の体内にささると、イ部の細い竹棒が折れて、銛はイ字型に体中に開いて、抜けぬようになっている。銛の胴部は機械体操の金棒くらいの太さで、長さは二メートルほどもあった。その先の輪には綱がつけられていた。本銛そのものは、鯨の体につきささると自由に折れ曲るように出来ていて、日末大綱社という銘が入れられていた。綱は麻縄で随分長いものであった。」

イ字型の銛は、木嬰氏が西洋銛を模倣して造り上げた「金時銛」であろう。日末村の聖徳寺[※2]（真宗大谷派）角に残っている、河波氏を顕彰する碑を訪れた折、お

聖徳寺に残る銛をもつ上杉豊明住職（銛の長さは二メートル強と分かる）

寺に伺い、上杉豊明住職から見せていただいた。錆びついてイの字の部分は動かないが、その刃先の鋭さは驚くほど残されている。小さな穴は細い竹釘でも差し込んで、鯨体に打ち込む前にイの字が開かぬようにしたものだろう。

水産博覧会報告書に載る「金時銛」とまったく同形であることが分かる。鯨体に刺さってから鯨が逃げようとしたら右図のように銛先が動いて開き、抜けないようになる。上図は『日末町史』に載る図。

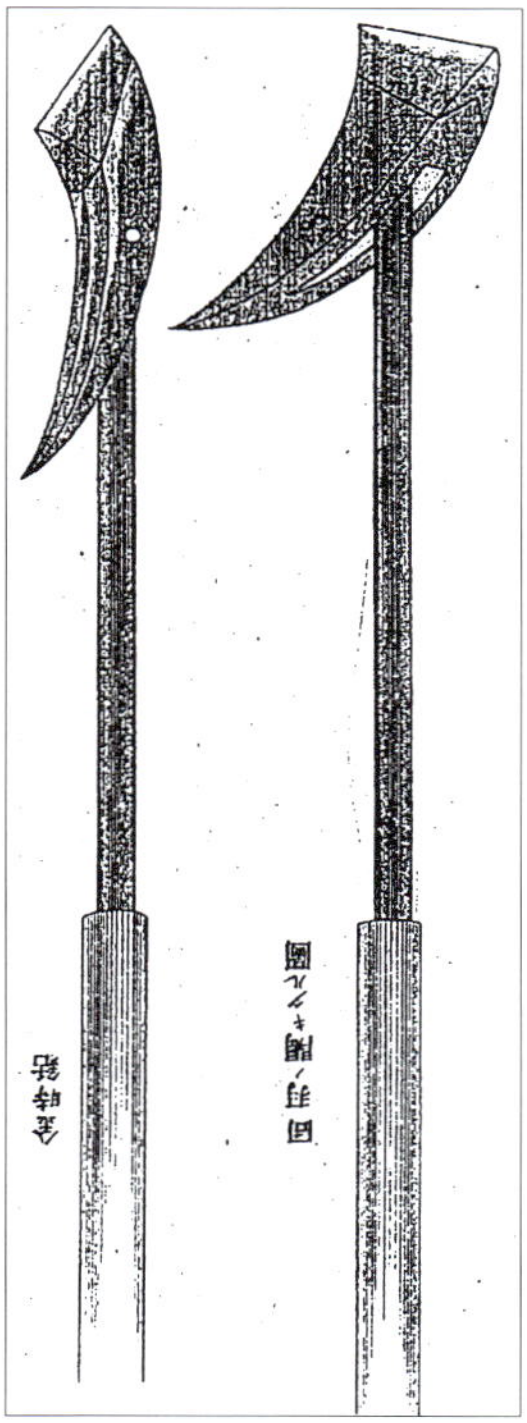

こんなに仕掛けのある銛だから地元ではこしらえられない、金沢で製作したものだろう━上杉住職の話。明治十二年『水産物取調』の金石捕鯨でも「漁器製方」欄に「銛は金沢区冶工の製造品を買い入るるなり」と記してあった。33頁注に記したように、木嬰氏の捕鯨銃製作には同町内居住という縁で稀代のからくり師・弁吉の協力があったと思われ、銛の鍛冶細工についても彼の弟子グループが携わっていたと推測される。

左図は米国製「投射銃とポンプランス」（『捕鯨志』大日本水産会編・嵩山房・明治二十九年（一八九六）刊）。２１６頁の説明によると、北極海ではポンプランスを打込まれた鯨が氷下に潜り込むため諦めることがしばしばで、最初の手投げポンプランスで鯨を死亡させる必要が生まれ、発明されたという。「通常の銛柄（ロ）に炮銅にて造りたる銃筒（イ）を付したるものにして銃台を有せず、その一側には突出せる二個の真鍮製の環あり、この環に捕鯨縄を結び付けたる銛（チ）を緩く刺し込み、銃筒には火薬包子とポンプランス（ヌ）を装填し鯨を目掛けて投射するなり。而して鯨体に命中する時は銛は脂肪皮中に入り、長き鉄竿（ル）は鯨体に触着す。この鉄竿は即ち銃機の作用をなすものにして、為にポンプランスは自ら鯨体に突入す。是において鯨は譬え死せざるも気息奄々として如何ともする能わず捕鯨者の手中に帰す」と説明する。

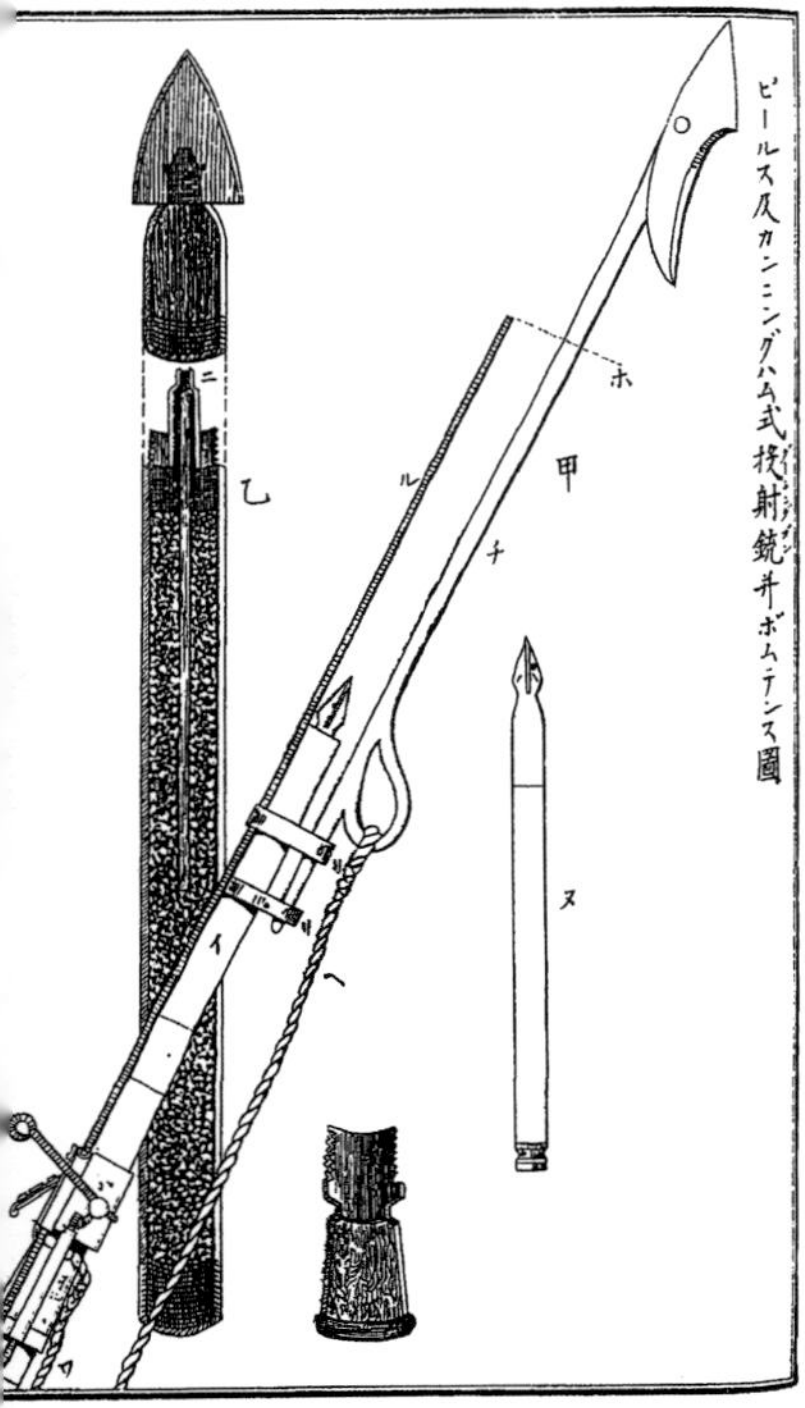

「次に殺し銛は、⇧形の両刃付で、長さは七〇糎《センチ》位で、縄はついていないものである。これを船から鯨めがけて投げつけるのであるが、命中しない時には海底に没し去る消耗的な道具である。綱は鯨をしばり曳いてくるためのものであり、綱曳き轆轤《ろくろ》は、鯨を浜辺に曳き上げたり、肉を裂き割ける時に用いられるものであった。これらの中で、本銛や殺し銛は、今も聖徳寺や河端宗貞・西方長松・吉中富次郎などに保存されている。」

綱の付いていない《殺し銛》は一度の捕鯨で何十本と消耗する—当然と思って、右記述にある吉中七郎氏の所蔵される「殺し銛」を拝見したのだが、どうも合点がいかない。三本とも銛尻に鉄の円環が設けられるか、突起が付いている。綱を結ぶか、何かに縛り付けるための細工で、いろいろ史料を見るうち、これらとそっくりの銛図が出てきた。明治二十九年（一八九六）刊『捕鯨志』に載る米国製「投射銃（甲）とポンプランス（乙）」。これはそして、先に紹介した関澤明清氏使用の手投げポンプランスの銛図（33頁）ともそっくりである。関沢氏が金華山沖のマッコウ鯨に対して試したのは米国製を模した投射銃としていいだろう。そうして日末の吉中氏所蔵の銛はこれと酷似するもので、投射銃に装着日末在住の吉中七郎氏所蔵の三種の銛。関沢氏の試したポンプランスの説明図に「銛は全長三尺、銛頭は長さ五寸、その刃は鋼鉄を用ゆ、棒は強靭なる凡そ三分五厘径の鉄をもって製す」とあり、実際の銛が長い方で79センチであるのと大差がない。上は金時銛と似る左端の銛先を拡大した。このポンプランス銛が木嬰氏や弁吉グループ製作のものかどうかは、その鉄分などの分析でわかるだろう。地元製作のものでない場合、62頁注にあげた松原久市のように九州捕鯨を学んで県外から仕入れた可能性もある。長崎県平戸の瀬戸植松の銃殺捕鯨は有名で、『捕鯨志』に「総人員五十五人にしてその中支配人一人、沖支配人一人、銃手五人、羽刺六人、加子四十一人、炊夫一人にして船五艘を用う。爆裂銛（ポンプランス）及び捕鯨銃を用う」とあり、爆裂銛は当地の人が米国製に倣い改良したもので明治十五年より使用とある。

した銛である可能性が高い。日末でポンプランス（破裂矢）が用いられたことになる。当地は木嬰氏の突き取り法をとりいれており、氏が捕鯨銃を用いたことに連なる遺品として矛盾はない。『日末町史』を続けよう。

「二艘の船が鯨を浮き吊りにして、赤旗を立てて浜辺に近づくと、浜辺に待ちかねた老若男女は、この赤旗によって、曳き上げ轆轤や綱の用意をする。《鯨とれたぞー》の叫び声も勇ましく、桃色の褌をした子供達が、二キロの松原の白砂をけって、村に駆けつける。お宮の板木があわただしく打ち鳴らされる。家々から、田圃から、畠からも、人々が浜へ浜へと走り集まる。※」

日末周辺の明治期の様子。日末村の寺記号が聖徳寺（五万分一「小松」大正二年より）。

※『日末町史』の文章は生き生きとした描き方である。執筆は石川県史編集にかかわった川良雄氏。明治三十六（一九〇三）年に今江に生まれた人で、多くの市町村史を手掛けられた。

日末の浜。現在、浸食が続いて護岸のテトラポットが積まれている。

明治末の地形図を見ると、日末村から浜辺まで二キロ、一直線の道が点線で記されている。松原であったそこは現在、小松空港や自衛隊官舎、新道路に埋め尽くされているが、聖徳寺の上杉住職は「その細い道は、私が少年時代にはまだ残っていた。空港のところで金網に隔てられたけれど、クジラ道と私たちは言っていた。浜辺には船小屋が残っていた」とおっしゃった。

《二艘の船が鯨を浮き吊りに》は、先の木嬰氏の《綱を二隻の舟に繋ぎ、頭部に鉤を掛け、一船の舳に結い、共にこれを曳て渚に》というのと同じ。赤旗を立てて渚に曳いてくるというのが目覚ましいではないか。浜辺に据えられた綱引き轆轤は、鯨体を浜へ揚げるのに用いられるのはもちろん、解体作業の際に分厚い鯨の肉を捲りはがすのにもつかわれるようだ。

「大きな鰭《ひれ》骨、小さな眼、美しい筬《おさ》のような歯波。梯子をかけて鯨の解剖が始まる。太い長い腸、汲めども尽きぬ油、血潮で浜も海も赤く染まる。鯨の皮の部分は塩につけて、皮鯨として夏の食用に残し、肉の部は身鯨として売却した。内臓は肥料に、骨は細工物や肥料にむけ、筋と言われる神経筋は、自家用として漁師は塩につけてやく。焼く時に流れ出る脂は行燈《あんどん》の油とし、焼けた筋は副食物として、あますところなく利用された。」

鯨の解体には伝統的な順序があるだろう。天保三（一八三二）年刊の九州生月

『日末町史』一九六二年刊に載る「鯨捕りのもりと庖丁」。庖丁は現在、見失われている。

の捕鯨図『勇魚取絵詞』を分析、ていねいに解説されている中園成生・安永浩『鯨取り絵物語』から、解体の最初のところだけ紹介しよう。

①潮吹（鼻）の後ろから下の両耳に向かって、まず皮脂の部分に切れ目を入れる。②胴と尻尾の境の皮脂部分にも切れ目を入れ、そこから背の頂上部分に沿って潮吹に向けて切れ目を入れ、次に平行して胴部の背と腹の境に切れ目を入れる。そうしておいて左右の背中の皮の尻尾側に鉤を付け、轆轤で綱を引っ張りながら包丁で皮脂と赤身を切り離して皮脂肉を剥がす―。

鯨の値は「なかなかの金高になった」けれど、漁師はほんとうに儲《もう》かったかといえば、「荒い仕事ゆえ、とり損ねたと言っては酒を呑み、獲れたと言っては祝い酒に酔いしれ、天気が悪い頃には連日寄合と称して、集まって、酒宴を開いたので収入は凡て飲み銭と道具代になって、金は全く残らなかった」とある。

儲かったかと近代人に問い、何も残らなかったと記したのは現代人である。残すつもりなど始めからないであろう。捕鯨組という命を預け合った共同体が金を残そうというような個人など輩出しないだろう。自分の命というものに対する感覚も今とは大きく異なり、死をいたって気軽なものとみなし、時に冗談の種にさえしていた。明治中期に富山市のお葬式に参列したアメリカ人がその陽気で明るい雰囲気に息を呑んでいる記録※がある。クジラに銛を投げろと言われて、筆者ならこんな危険を冒さねば命は永らえてもっと多くの可能性と出会えるのにという、未来と今を天秤にかける危険性を感じるけれど、江戸期から明治にかけての

※　C・L・ブラウネル著・高成玲子翻訳『日本の心―アメリカ青年が見た明治の日本』二〇一三年・桂書房、46～59頁

地引網をロクロで曳く漁夫たち。撮影＝荒木健氏（昭和四十年代の富山湾岸にて）

近代人の死の感覚は、もっと淡々とした、天秤にかけるようなものではなく、いつ死んでもいいというものであったらしい。今より他人との結びが強いというか、他人を楽しませるためにたえず心を砕くといった他人本位な生き方からもたらされる態度といっていいであろう。クジラを捕り損ねたといっては飲み、獲れたと言っては飲むという、刹那的な生き方とも見えるそこに、現在ただいまを全身で生きようとする、現代人とかけ離れた生命観を感じさせられる。

「イワシ鯨・セミ鯨・ナガス鯨・マッコウ鯨・ゴンドウ鯨」が獲れたという日末村であるが、『日末町史』にはほかに聞くことのない捕鯨についてのいくつかの話も載っているので、転載しておく。

「鯨は、全身に付着した富士壺《フジツボ》という貝殻《かいがら》虫を、砂浜の浅瀬にこすりつけてとり去るために、朝なぎの頃に海岸近くまで泳ぎ寄ってくる。これをとる漁具には、木造和船と銛と綱と、綱曳き轆轤の四つが、どうしても必要である。船は紀州の新宮などで用いられていたシバという堅牢な、しかも船脚の早いもので、二本櫓で八枚か六枚櫂の細長いものであった。中心に一本の帆柱があって、始めは莫蓙を帆としていたが、後には白帆が用いられた。この船に十人が乗組んだが、こうした船が七八艘もあった。」

紀州新宮のシバと呼ばれる船のことは、調べてみるが不明である。船脚の早い

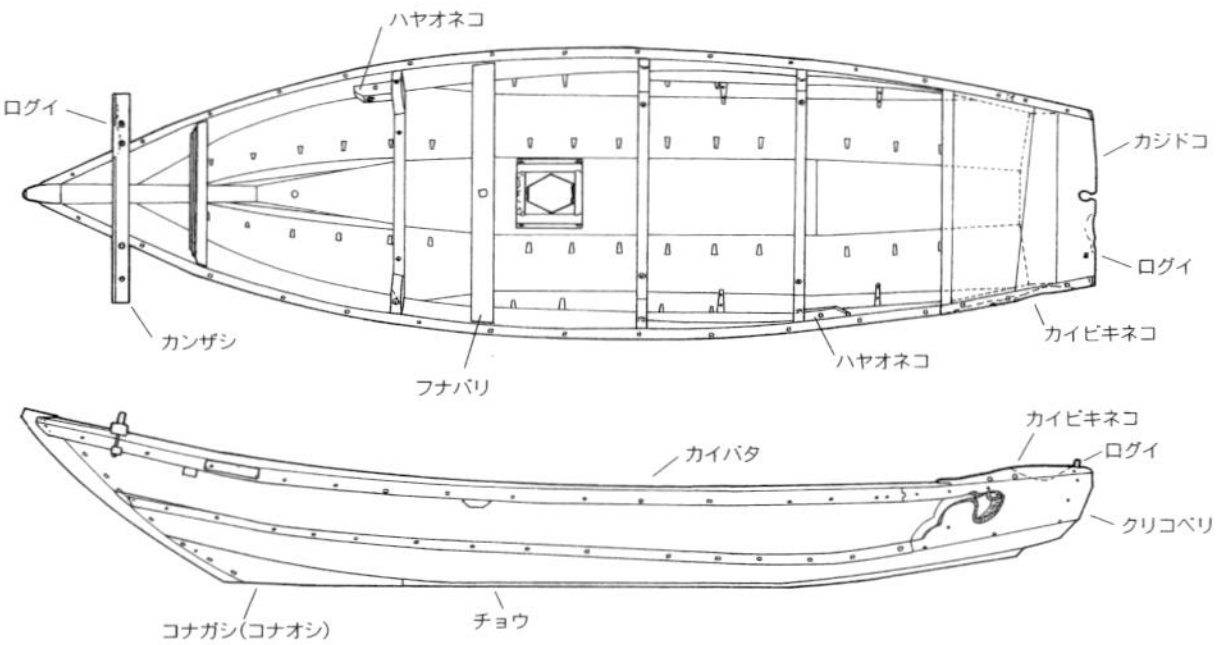

テンマの図（和船建造技術を後世に伝える会（連絡先＝富山県氷見市立博物館）編『氷見の和船』より。各部の名称は氷見地方のもの）

のが特徴という。遥か沖合に来た鯨を見付けたら浜で船に飛び乗り鯨に追いつかねばならない。八挺櫓で漕ぎに漕いで、江戸期の生月島捕鯨では勢子船などは「九ノット」は軽く出たという。一ノットは時速一海里（一・八キロ）、時速十六キロである。日末村を訪れた際、上杉住職に村人の吉中七郎氏を引き合わせていただき、日末の漁師たちが用いていた船について次のようなお話を聞くことができた。大正十五（一九二六）年生まれ、八十九歳だが、元気なお方であった。聖徳寺のすぐお隣の家なので、銛を三本、持参して撮影に供してくださった。

「鯨を捕っていた船はテンマと呼ばれていた。大きさは三間（約十メートル）ほどで、先が三角でずんぐりした形をしていた。真ん中に帆柱の穴があった。三人ずつ座って両舷六人で櫂をこぐ、艫《とも》でも二人で櫓をこぐ。テンマより細長くて四間（十二メートル）ほどのベカと呼ばれる船があった。これも六人櫂だが、船脚が早いのに驚くほど安定していた。昔の捕鯨で、船が鯨に対してどんな配置になるか示した図があったのだけれど、だいぶ前に棄ててしまった。調べようとする人が現れるなんて思いもしなかった、うろ覚えもなく図示できない。残念だ」

捕鯨の経験はもちろん持たれないが、第二次大戦の時は千葉県にいたし、漁船に乗った経験はあるので海のことはわかる、『日末町史』の編集に協力したとおっしゃる。明治二十七年の石川県内務部が行なった『水産事項特別調査』の中

吉中七郎氏と櫂

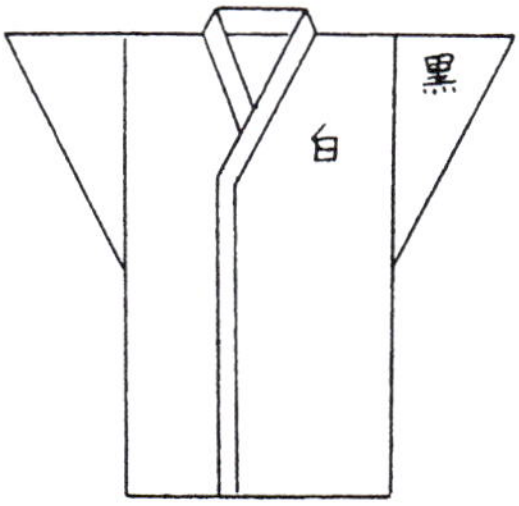

（『日末町史』一九六二年刊より）

に「漁船」調べがあり、各郡にどんな船があるかを一覧にしている。吉中氏の云われるテンマ・ベカも能美郡の所に「伝馬形　小テンマ・四十三艘・価格一艘九円八十六銭」「伝馬形　方言ベカ・十七艘・価格一艘四十五円」と載っている。テンマで使った櫂も残っていると、納屋から出してくださった。撮影していると、「いや、ちょっと短いな。テンマでなくて川船の櫂だ」と訂正された。同型であるといわれるので掲載しておく。

『日末町史』の引用を続ける。先に、漁師たちが浜へ駆けつける際「サックリ姿」で「メンツ」を肩に、と書いて説明部は略したが、次のようである。

「サックリとは、麻布でつくられた仕事着で、半纏《はんてん》のことである。胴体が白いさしこで、袖は黒か紺色で、北海道のアイヌの服装を思わしめるものであった。

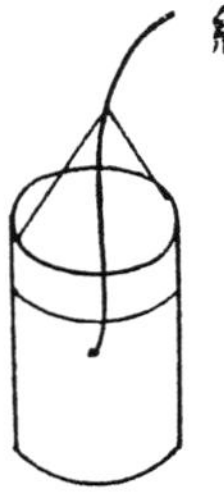

（『日末町史』一九六二年刊より）

吉崎別院（大谷派）福井県金津町。本願寺派の別院もある。文明三年（一四七一）蓮如上人が北陸布教の根拠地とした。

メンツはシントクとも言って、桧桶《ひのき》の弁当箱である。蓋《ふた》をとると、中に一重の入れ子があって、これに副食物があり、下には一升位の飯が入っている。蓋の上に紺糸の紐が三方から集まって、ひっ下げられるようになっている。これは昔は本吉《もとよし》と云った美川《みかわ》の特製品で、モトヨシのシントクとも呼ばれていた。漁場につくと漁師は、裸となるが、いずれも六尺褌をしめている。ちなみに大人は白褌、若い者は赤褌、子供が桃色の褌ということになっていたが、もとより子供は船に乗る訳ではない。」

吉中氏は面白い話をしてくださった。日末のものがクジラの紋を入れた揃いのサックリ姿で蓮如上人ゆかりの吉崎御坊※参りにいくと、ヒズイの鯨組がきたといって人々はザッと道を開けたもんだ、ヤクザが通るように畏《おそ》れられたと聞いた―。網をかぶせ暴走できないようにした鯨に投げるのではない、当たったとたん猛り暴れる鯨の至近から銛を投げる。鯨に引きずられるまま綱を離さないで数時間も耐え続ける日末のクジラ組の勇猛ぶりは誰も認めるものだったことが分かる。『日末町史』捕鯨の項は、最後に次のように記している。

「一春に十頭もとる年もあったが、明治三十四五年頃から潮流の変化で、鯨の回遊も少なくなり、たまたま通り鯨があっても、はるかの沖合であるために獲ることができず、しだいに不振となり、明治四十四年三月に長さ九間のものを一頭

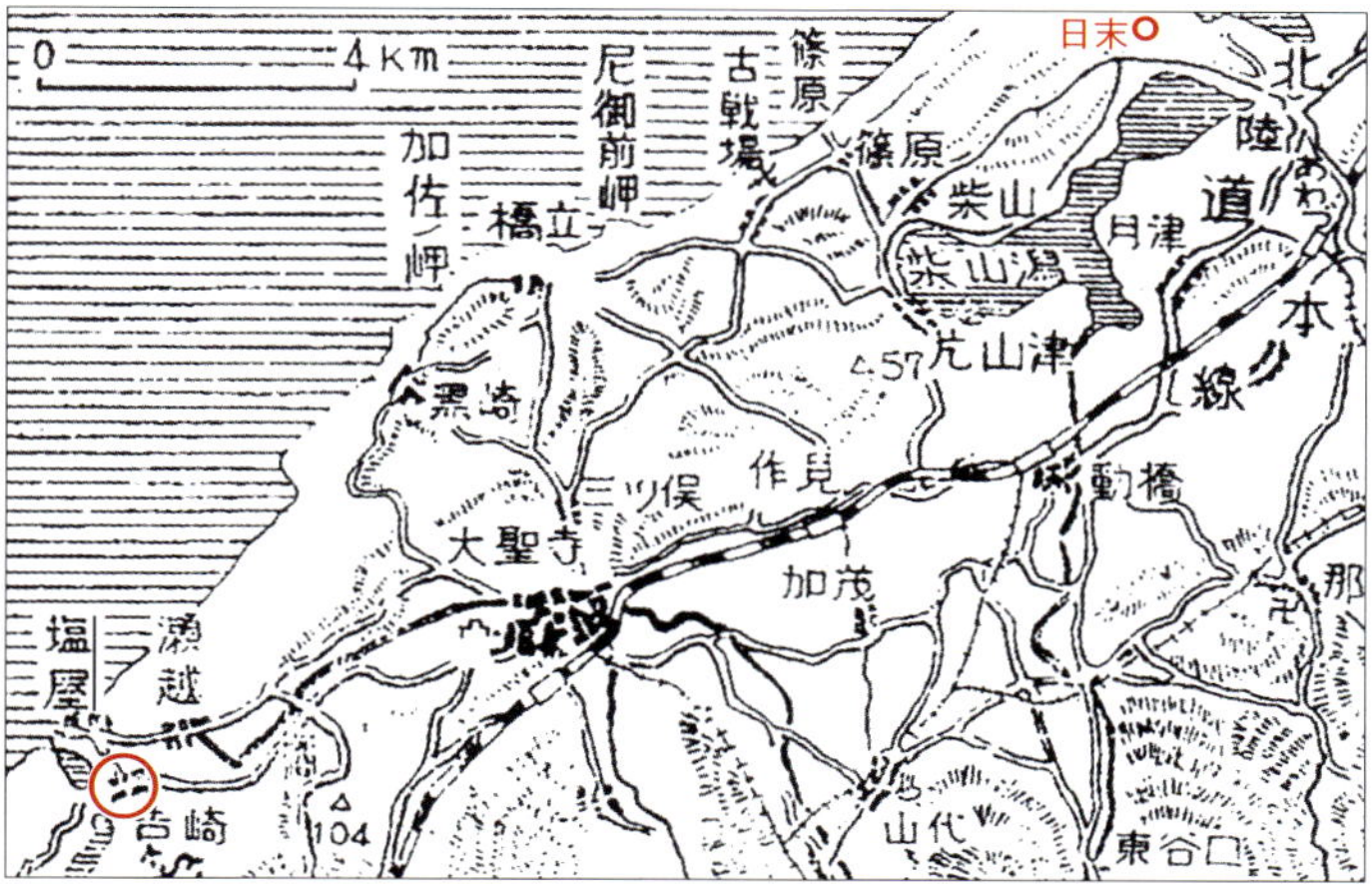

日末村から吉崎へは陸路はもちろんだが、海路もあっただろう。図は昭和34年刊『日本地理風俗大系』6より。

> とったのを最後として、日末の捕鯨業も廃止になってしまった。（略）
> 日末で獲れなくなると、近くは塩屋の浦、遠くは天の橋立・伊勢湾・三保の松原などにも出かけたこともあったが、あまり成績はよくなかった。また、北市藤七・東方長作の如きは、多くの若人を連れて北海道の稚内地方にも出漁したので、これが縁となって、日末から稚内に移住して、捕鯨やその他の漁業に従事する者も多くなった。」

来鯨が少なくなったのは《潮流の変化》としているが、ノルウェー式捕鯨船が日本海にも進出してきたことが大きいと思われる。その実態は終章で記す。とにかく日末の海の捕鯨は明治年間に終わりを告げ、大正年間に入ると捕鯨の出稼ぎにいったという。《塩屋》は日末から南西十八キロの吉崎御坊近くの江沼郡「塩屋」であろう。《天橋立》は若狭湾の丹後半島だから直線でも百五十キロのところ。《三保の松原》は五百キロ以上離れる島根県の益田の近くだ。何日もかけて遠征をしたのだろう。そして《伊勢湾》。舟を回していくには遠すぎる。捕鯨の手伝い人足として出稼ぎしたのだろうか。鯨のいる海をどこまでも憑かれたように出ていく漁人の魂を見るようである。

一方、北海道の海に明治二十一年、日末で鯨捕りをしていた人たちが出漁している。日末で捕鯨をしていた東京の業者が調査して宗谷の海に鯨影の濃いことを知り、日末の人を赴任させることとし、それ以前からすでに小樽に出稼ぎしてい

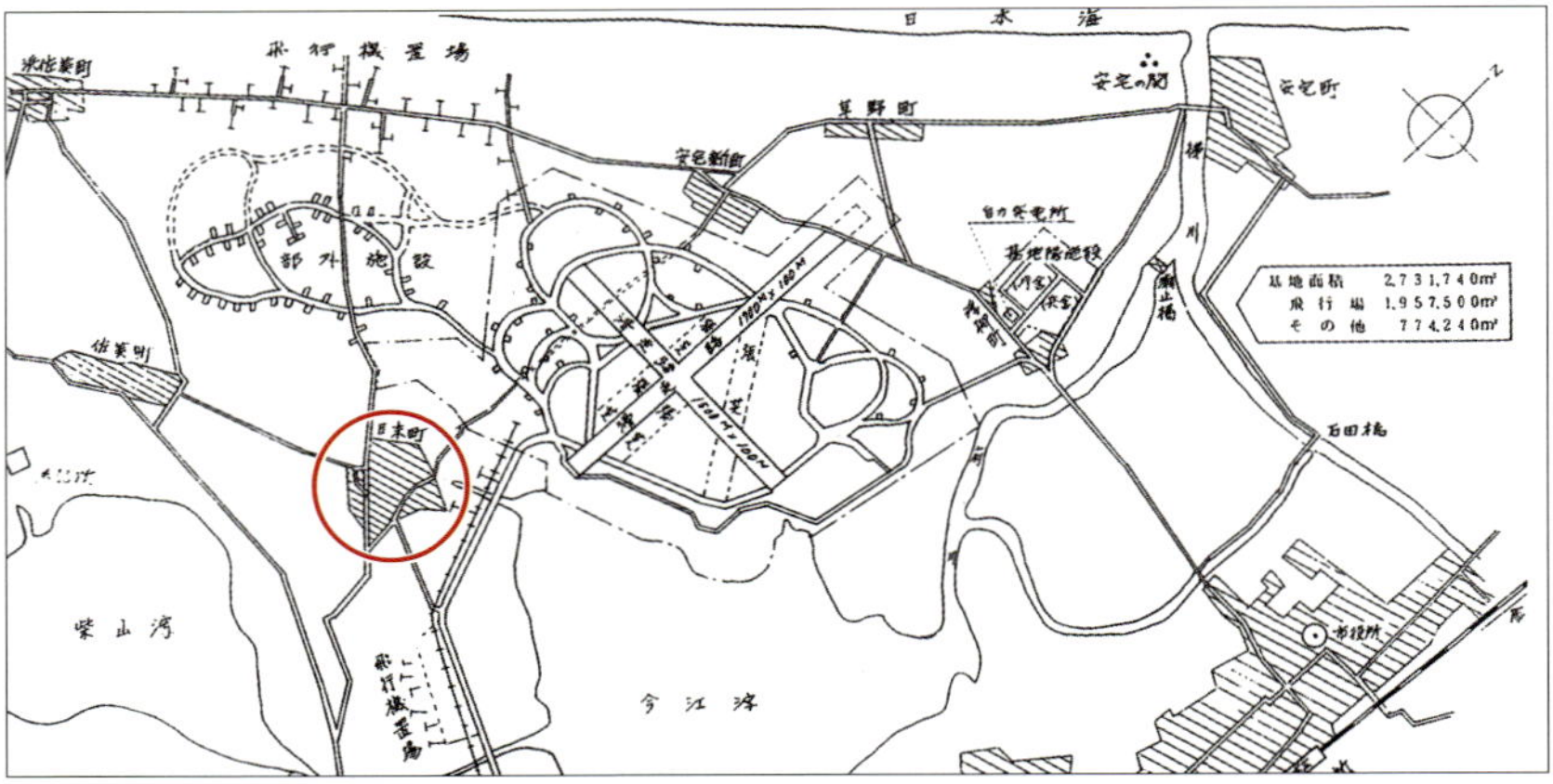

昭和の戦前期の小松飛行場と日末（住田正一編『年表小松の空』昭和六十三年刊より）

る日末の人たちも連れて稚内地方に行き、捕鯨を始めたという。明治三十年ころから後を追って次々と移住していき、『日末町史』が刊行された一九六二年頃には百所帯を超えているとある。

現在、日末の海辺には北陸自動車道の上を高架道で越えてようやく出ることができる。村の家々は海辺との間を小松空港によって切り離されている。

「河波有道」の名前と住所「金沢市下本多町五番町」を刻んだ石碑は「鯨道のあたりに」建てられていたが、耕地整理の都合で今は聖徳寺の角地に移されている。建碑者は「新気鯨社中網問屋北村源造」で、「明治二十二年六月上旬」とある。河波氏死去の前年の日付だ。

河波氏が徳光村の成功を経て日末村に現れたのは明治十年ころと思われる。日末村では突き捕り法がずっと用いられた。アドヤの東野氏が最初に導入したのが木嬰氏の法だったからもあるが、河波氏の網かぶせ法が知られてきても、網の製作には新たな資金を要する、危険や労力は多いが捕鯨ができるのだからと突き捕りが続けられたのではないか。そういう突き捕り光景が伝統化した日末でも、経験を積んだ河波氏の提言助言は有効であったろうし、また氏は惜しみなくそれらを村人たちに与えたのであろう。

河波氏の名を刻む石碑は、白ふんどしに赤ふんどしの壮年青年らが海へ躍り出て勇者となっていく姿を思い起こさせ、日末の村人の心映えを象徴するものであ

河波有道の石碑（日末・聖徳寺脇にある）横の道の先は海、まさに『クジラ道』である。

内灘の浜と海

る。ただ、とどめを刺された鯨が海を血で真っ赤に染め、断末魔の咆哮を上げるとき、その姿は人間もまた生き物であると教えずにいないので、人々はひとしく胸を詰まらせてきた。村民たちは詰まったそれをどこにしまい込んだのか。この地に鯨のお墓と呼ばれるものは全くないという。銛を打ち込んだら半日でも鯨に引きずられるのに耐え、それこそ死にもの狂いに闘ってやっと獲るのだという、鯨とヒトの対等性が明白なので、その霊は慰めてやらねばという人間中心主義的な念は起こらないのかもしれない。あるいは、モリを大切に保管なさっていた吉中七郎氏が語られた先の話、日末捕鯨組の吉崎詣は、勇壮ぶりをたんに伝える話ではなく、その詣でこそ当村の人々に仏前にうち広げたくなる捕鯨における煩悶があったことを明かすものとみるべきであろうか。

内灘の捕鯨者たち

金石の東、内灘・向粟ヶ崎で「嶋元」という人が捕鯨業に携わっていたことは二冊の書物に紹介されている。天保十年（一八三九）生まれ、安政年代（一八五四～）から鯨を捕っていたという嶋元四郎氏である。二冊とも、北海道に渡られた氏の曽孫・正武氏から一九八一年に聞書きされたもの。一冊は矢代嘉春『日本捕鯨文化史』で、内灘に居た頃のことを正武氏は次のように話されたという。

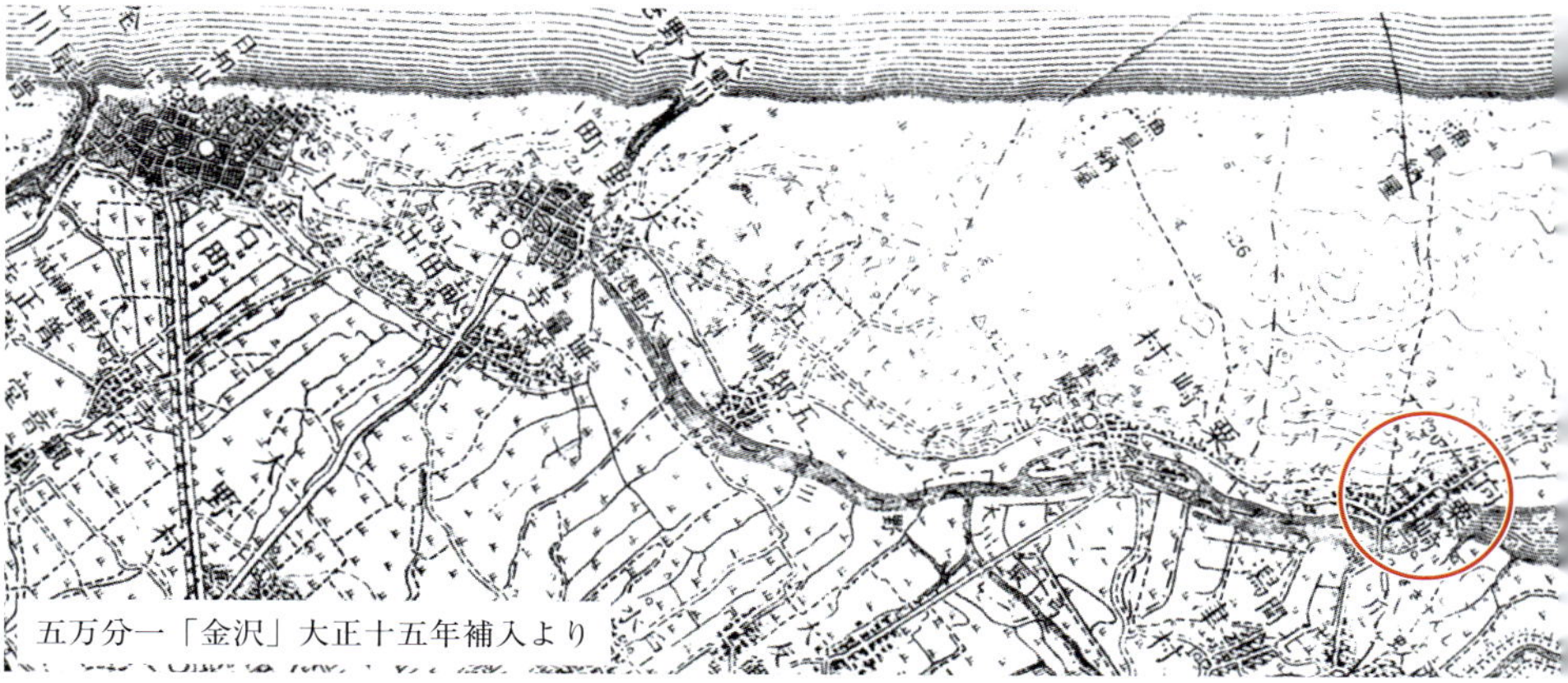
五万分一「金沢」大正十五年補入より

「私の家は今から四代前ひいじいさんの四郎が安政年間から金石―内灘、日末の隣村だが、この辺の中心漁港であり、河波も木嬰もここで活躍した。加賀捕鯨地の代表地である。銭屋五兵衛の根拠地でもあった―の海で鯨を獲っていたのです。ところが明治に入り鯨が少なくなり、二十年近くになると獲れなくなってしまい、どうしようかと思っていたときに士族の斎藤知一さんがやってきて、北海道の羽幌《はぼろ》で鯨を捕るからといって、うちで使っていた船頭や若い衆や、舟、網、道具一切まとめて斎藤さんが引き受けた。それから鯨捕りを始めた…」

金石と内灘は五キロと離れていないが、金石から三十キロも離れた日末を隣村というのは、遠く北海道から見ての言い方である。天保生まれの四郎氏が安政年間、十五歳を超えてから捕鯨に携わっていたという。聞書きしたもう一人、斎藤知一氏が自分の大叔父という中村春江氏もだいたい同じような聞書きを著『北海道で鯨を捕った男―斎藤知一伝』に記される。

ただ、正武氏の父・与三松氏（明治十七年生）の証言は少し違う。羽幌にいる与三松氏を訪ね、故郷の「向粟ヶ崎《むかいあわがさき》」のことを聞いた同級生・中山又次郎氏が編著『内灘郷土史』一九六三年刊にその話を載せている。二番目の引用はそれを踏まえた中山氏の記述である。

「明治三十三年十七歳の時初めて来た。向粟崎で鯨捕りを始めたのが明治二十年だという、網が藁製で駄目である、県の勧めで九州へ見学に父は出かけて麻網に改良した、金沢出身の斎藤友一（北海道一の大親分になった人）氏に誘われて北海道へ渡った。」四九八頁
「北海道渡りの元祖は島元四郎右衛門父子かと思っていた。この人は明治二十年留萌《るもい》に至り捕鯨業に就いた。」四六三頁

与三松氏が北海道羽幌に渡ったのは明治三十三年（一九〇〇）という証言は、彼の父や祖父が明治二十年に渡道したという正武氏の証言とくいちがうけれど、与三松氏はまだ三歳の幼子で故郷に保育のため置かれたと考えれば矛盾しない。

また、向粟ヶ崎の捕鯨は明治二十年に始まったというのは、安政期から島元一家は捕鯨に取り組んできたというのと真っ向から衝突するが、島元家の捕鯨は個人性が強いもので、日末村のような村民あげての捕鯨組ではなかった、北海道へ行く斎藤氏が《若い衆》を引き受ける姿を見て、利潤源として村人が捕鯨を見直し、島元氏をリーダーに村人チームが組まれたという可能性はある。

明治十二年（一八七九）『水産物取調』は漁村の旧慣を調査[※1]してまとめているが、内灘を含む河北郡は「向粟崎浦より高松浦にて漁場六十三統（一統とは一八〇間なり）と旧藩より定め、地内の広狭に応じ漁村十五か村へ分割し、曳網場何統と唱え各村相互に規約し、一般施行し来る曳網漁のうち鮒・鰯並びに高網漁に限り企業相互に漁場の自他を論ぜず各障害なきよう随意に業をなす。（略）近来

※　嶋元四郎氏が安政年間から捕鯨をやりだしたということについて（前頁）、次の話はその背景を物語るものかもしれないので紹介しておく。天保年間（一八三〇～四三）の加州（石川県）から長州（山口県）にわたる北陸・山陰沖は世界有数のセミ鯨の漁場で、アメリカ・イギリス・フランスなどのアメリカ式帆船式捕鯨業者の注目するところとなり、年々数十隻が当海で盛んに操業したので、逐次セミ鯨は減少、ついに枯渇したと、東洋捕鯨会社の社長・岡十郎は語っているという（近藤勲『日本沿岸捕鯨の興亡』二〇〇一年・山洋社・２８５頁）

※１　「各郡慣例並旧税の状況（水産物取調表甲号より）」。秋田俊一『漁業における許可制度に関する研究―明治・大正期石川県漁業許可の生成過程について』18～19頁、水産庁・研究資料第１２９号・昭和32年3月。この表の石川郡の欄には「金石鯨魚業Ｍ７創業、昨一一年に至る盛大に至れり」とある。

捕鯨口許可のものあり、試験上漸次盛業に至らんとす」と記して、他村のほとんどが「隣村ほぼ業を同じうすれども各村独立稼ぎ」とし、「村」が村人を仕切っているのと対照的で、島元氏が個人業として捕鯨に携わることを向粟崎浦は許す素地のあったことがうかがえる。また、その島元氏が止めたのを機に、替わって村が主体的に捕鯨を始めるということもあり得たように思われる。

中村春江氏は正武氏に聞いた話として、四郎右衛門が県の勧めで九州の長崎に出かけて「鯨の加工」を習ってきたのは父四郎が内灘にいる時分としているが、孫の与三松氏は、九州に行って「ワラ網を麻網に改良」したのは明治二十年以降といい、ここでも食い違いがある。これらのことを矛盾なく整理するには、個人捕鯨から村捕鯨への移行と考えるほかないようである。[※2]

江戸期の鯨漁のことは島元家の史料が出てこなければ確かめようがないが、明治二十年以前の捕鯨については『内灘郷土史』に次の史料が載る。明治八年（一八七四）の「捕鯨仮規則」に応じ、各漁村は捕鯨の分配などについてどのような申し合わせをしてきたか、村々が提出した明治十三年の回答文書である。

一、明治八年乾第七百十六番捕鯨仮規則御達以来捕鯨の分配方等に付目下漁村申合せたる者左の如し
甲の漁業者に於て已《すで》に銛等を打込候歟《か》或は網を打廻したる鯨を若し乙の漁業者に於て捕獲するときは該所得の七分は甲へ其三分は乙へ収むるものとす

※2　長崎県に石川県勧業課が捕鯨技術の伝習生を派遣していることを示す史料「明治十七年勧業課農務係事務簿」が長崎県立図書館に残っているらしい（鳥巣京一『西海捕鯨の史的研究』３５０頁・一九九九年・九州大学出版会）ので、メールで長崎県立図書館に問い合わせたが、返事が来ていない。明治十七年の伝習生の一人が島元四郎右衛門氏であった可能性はある。

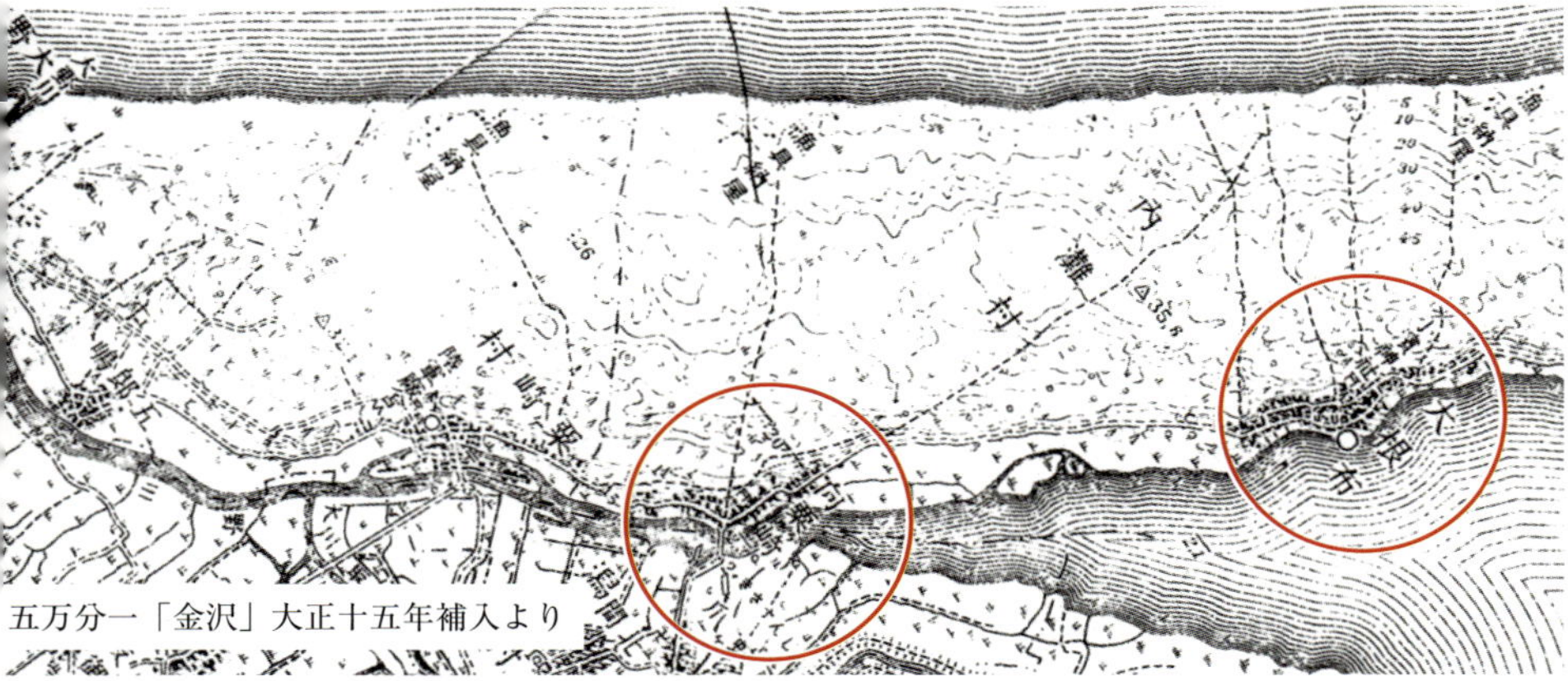

五万分一「金沢」大正十五年補入より

但甲乙の漁業者同時に捕えんとするときは双方の協議に任す
曳網営業人に於て曳網漁を取行居候ときは捕鯨漁業人に於ては決して曳網の障碍に不相成様注意すべきものとす
以上
右今般坤第六十八号を以て捕魚等営業上に付旧藩取締方法等取調方御達之趣了承則取調候処前記の通に有之候間此段及御届候也
河北郡木津村外五ケ村戸長
□木　薫
明治十三年　月　日
郡長代理河北郡書記　三好　亘殿

漁業者甲が銛を打込んだか網を打ち回した鯨を、漁業者乙が捕獲した時、分配は七分を甲が、三分は乙がとるという申し合わせは、明治八年の捕鯨仮規則の第二条にあるものだ。甲乙どちらかが捕鯨組、他は一般漁業者という場合があり、双方が捕鯨組という時もあろう。銛から逃れても《網を打ち廻したる》鯨を捕えたらというのは、河波氏の網かぶせ法を前提にしている証である。この文書は内灘より北の河北郡木津五ケ村のもので、明治七年に成った河波氏の法が沿海一帯に採用され、翌八年の「捕鯨仮規則」につながって各漁村に申し合わせを生んだと推測していいものである。

「向粟崎」の「漁業の義に付取調書」という文書が同書に掲載されている。捕

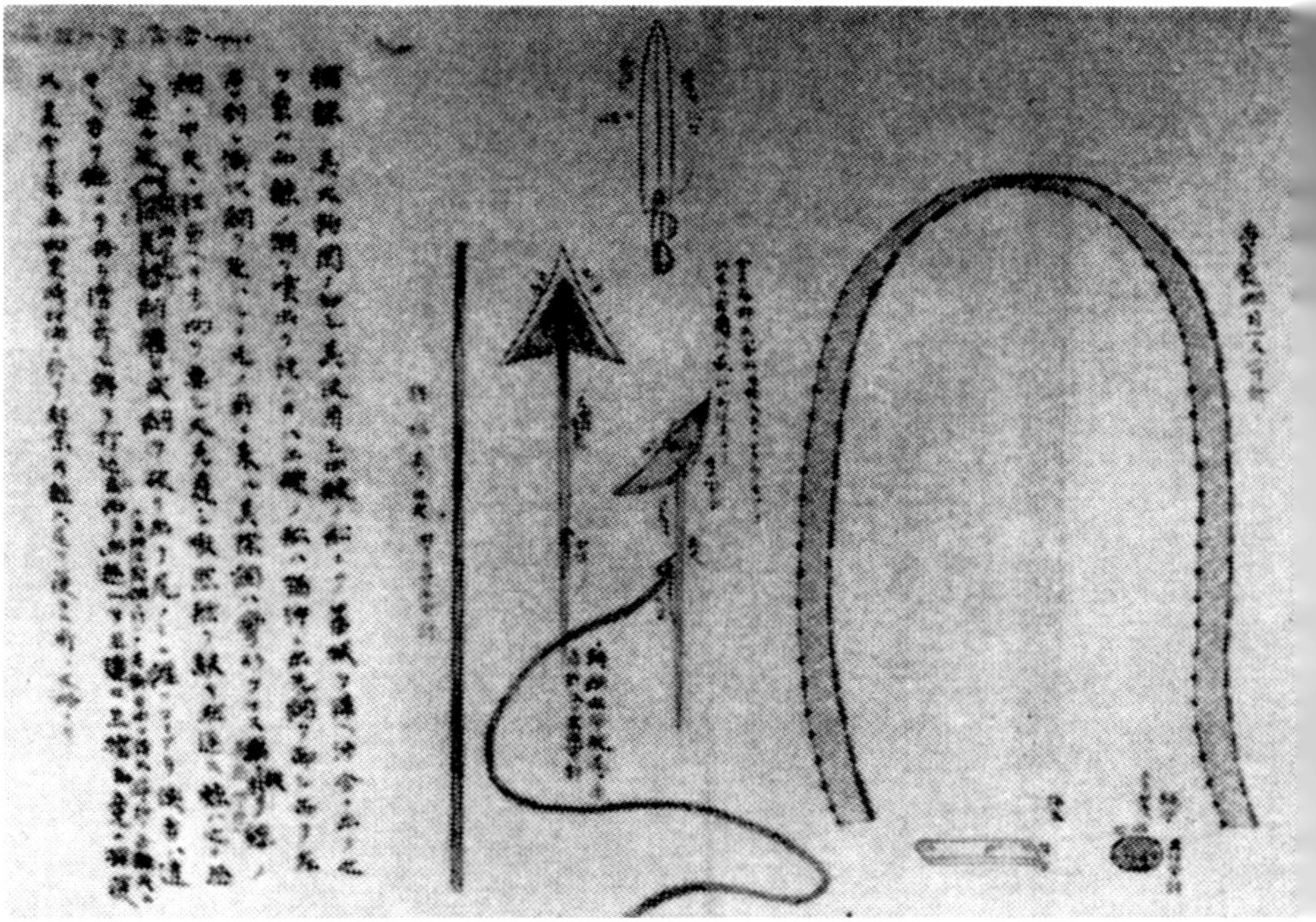

「捕鯨之具」（向粟崎区有文書）＝『内灘町史』一九八二年刊・三六三頁

魚採藻については旧藩の取締りはないと答え、最後に「八年乾第七百十六番捕鯨仮規則および十二年百三十一番捕鯨魚採藻取締規則施行以来捕鯨分配方等に付漁村申合せたる方法無し」と記している。明治十二年以降も捕鯨分配に関して申し合わせはないというのである。

向粟ヶ崎の東隣り、《大根布村》の同類文書には「捕鯨仮規則御施行以来該業漁場係り村々保証の外敢て申合せたる方法無之」とある。《該業》は捕鯨をいうから、捕鯨の漁場になっている村々が保証している以外に申し合わせはないという文で、《保証》は捕鯨によって他の漁に被害が出ることを想定するものであろう。こういう村保証に支えられて捕鯨はなされると考えられる。島元与三松氏の《向粟ヶ崎に捕鯨が始まったのは明治二十年》という証言は、そういう村捕鯨を指すものとして理解できるものである。

『内灘町史』は三六三頁に向粟崎区有文書とする「捕鯨之具」という図版史料を載せているが、年代

写真説明に「この堂は元村長中島四郎兵衛氏等捕鯨につきその霊をなぐさめるため建立という話であった」とある（中山又次郎『内灘郷土史』補遺版40頁・一九七二年刊より）

※1　寒水石は茨城県日立市助川付近に算出する大理石の石材。一般には純白の石をもいう。

不明、字は小さくて読めない。ところどころ「四艘の舩にて」とか「網の中央へ」とか読める語句から推測するに、寸法や名称はもちろん、捕鯨法を具体的に語る貴重な説明のようである。しかし、当該公民館に出向き、島田紀好区長にも書庫を探していただいたが、見当たらなかった。右側に長大な網、左側に銛を描くので、やはり河波氏の捕鯨法かと思われる。網の付く銛はその独特の形から木嬰氏の金時銛であろう。網の下の左は胴舟か。

大根布村が捕鯨に携わっていたことは『内灘郷土史』巻末補遺版三七頁に載っている。内灘村を内七塚と言い習わしたことがあり、その所以の一つに「室村の海辺にある青塚」を挙げて、大根布村の斎藤義基老（小濱神社宮司）が青塚について次のように言っておられたという。

「…（青塚の）頂上には二尺四方位の寒水《かんすい》石※1の小祠があって前には鯨の骨頭蓋骨などがあり、むしろうす気味悪い位であったが、亡中島四郎兵衛氏にきいた処では、アノ祠は自分達が捕鯨をやってゐた後にその霊を慰めるために建立したものである、ということであった。今は写真で見るように草茫々、アカシヤ、ハマグミをと茂って足もうくわつに入れられないようである」

草ぼうぼうの写真は『内灘郷土史』に載っている。中島四郎兵衛氏は大根布村の人で、嘉永三年（一八五〇）生まれ、明治二十六年（一八九三）から四十二年

※2　鯨の「眼球」について、元禄十年（一六九七）刊『本朝食鑑』は「鱗部之三」の鯨の項で「眸は水晶を磨いたようで、人間が佩飾にするものとはいえ柔らかい。昔、但馬の国から鯨珠を献上したという」とした後、少し飛んで他書を引いて「（鯨は）死後に目は化して明月の珠となる」と記す。秋道智彌氏はこの記述から、鯨の目玉は明月珠とよばれ、千里までも光がとどく珍しい宝物と考えられていたと解釈されている（『クジラとヒトの民族誌』一九九四年・東京大学出版会、127頁）。室の青塚の場合、二度と捕鯨はしまいと誓いを立てた人が鯨に自身を見張ってもらおうと眼球を埋めたというのだから、彼らも『本朝食鑑』を読んで千里も見通すという格別の意味を与えているかもしれない。

（一九〇九）まで内灘村長であった。氏の三十代壮年期にあたる明治十年代、捕鯨にたずさわられたことが偲ばれるが、『内灘郷土史』補遺版から十年後、一九八二年に出た『内灘町史』は、室の青塚について西荒屋の人の伝承として次のように記し、捕鯨者の何人かの名前を出している。

「明治時代には、よくこのあたりの日本海に鯨が回遊してきた。大原と四ッ井という人達もこの時代、西荒屋、室の海を舞台に捕鯨を行なったが失敗し身代を潰《つぶ》す破目となった。彼等は二度と捕鯨は行うまいと、青塚に鯨の眼球を埋め、小祠を建ててこれを祭った。この土地に何時頃から捕鯨が行なわれたかは解らないが、藩政期も末頃に、荒屋の財閥デンニョンサ（屋号）の団九郎爺が、捕鯨の根拠地として海が一望できる青塚に網場を置いた。室部落では室の青塚を勝手に使われては困るといい、それ以来両部落は青塚の所有をめぐって対立し、明治になり遂に裁判となった。…」（『西荒屋小学校校下史』・西荒屋の浜田喜三松氏〈昭和五五年歿・七四歳〉）

捕鯨に失敗して二度と行うまいと誓いを立てた小祠で、鯨の眼球[※2]を埋めたという。海をにらんで埋められたであろう、小高い砂丘上から見つめるその眼球に、人々は漁猟の営みのすべてをさらし、誓いを破った時は神罰をうけてかまわぬという心映えであったと見える。中島村長が鯨の霊をなぐさめるため祠の前に骨・

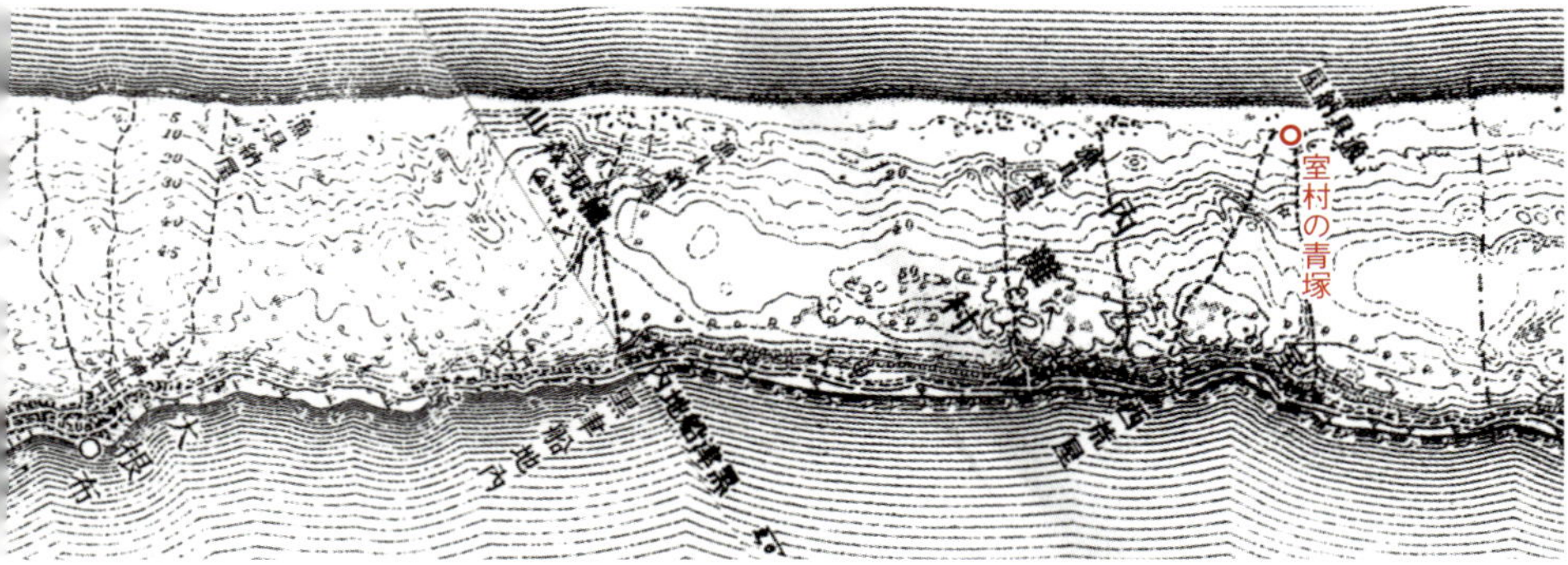

五万分一「金沢」大正十五年補入より

頭蓋骨を置いたというのと異なるけれど、人々が鯨に霊をみる共通の心意をくみ取ることはできよう。

藩政末期の捕鯨についても言及する伝承であるが、続けて「団九郎爺由来」という項を立て、その捕鯨法を具体的に次のように語る。

「凡そ百四十年余り前、荒屋村に団九郎爺という人がいた。近郷近在にない大金持で、世間では高と言い、前の西荒屋小学校付近にあった。（中略）

やがて爺はその金力を擁して捕鯨に着手した。漁夫を川北村、木越、東蚊爪より雇ったが、デンニョンサの雇いならと忽《たちま》ち集まった。さて愈々《いよいよ》漁期になると海岸の一段高い丘に浜小屋を作り、毎朝明け方より鯨群の来るのを見張るのである。権現《ごんげん》森沖合から真白に潮を吹きつつ、ヘタ（岸の方）へ入る鯨を発見すると、用意してあったドンネ（網船）二隻を下し各隻七～八人の若衆が乗組み矢の様に漕ぎ出す。続いてサンバ（モリ船）一隻も波を切って進む。ドンネは鯨が沖へ逃げないよう南北に別れて網を下し、そこへサンバがヘタから鯨を追い込んでモリを射るのである。射手は爺の一人息子才一で、すばらしい腕前でよく鯨の急所を射とめたという。こうして鯨が捕獲されると、村人老若男女挙《こぞ》って浜に出て、ワッショ、ワッショと祭りのような賑いで陸揚げされる。鯨肉は白身と赤身に分け、赤身は即時浜で分売し、白身は尾山（金沢）方面へ出荷された。」

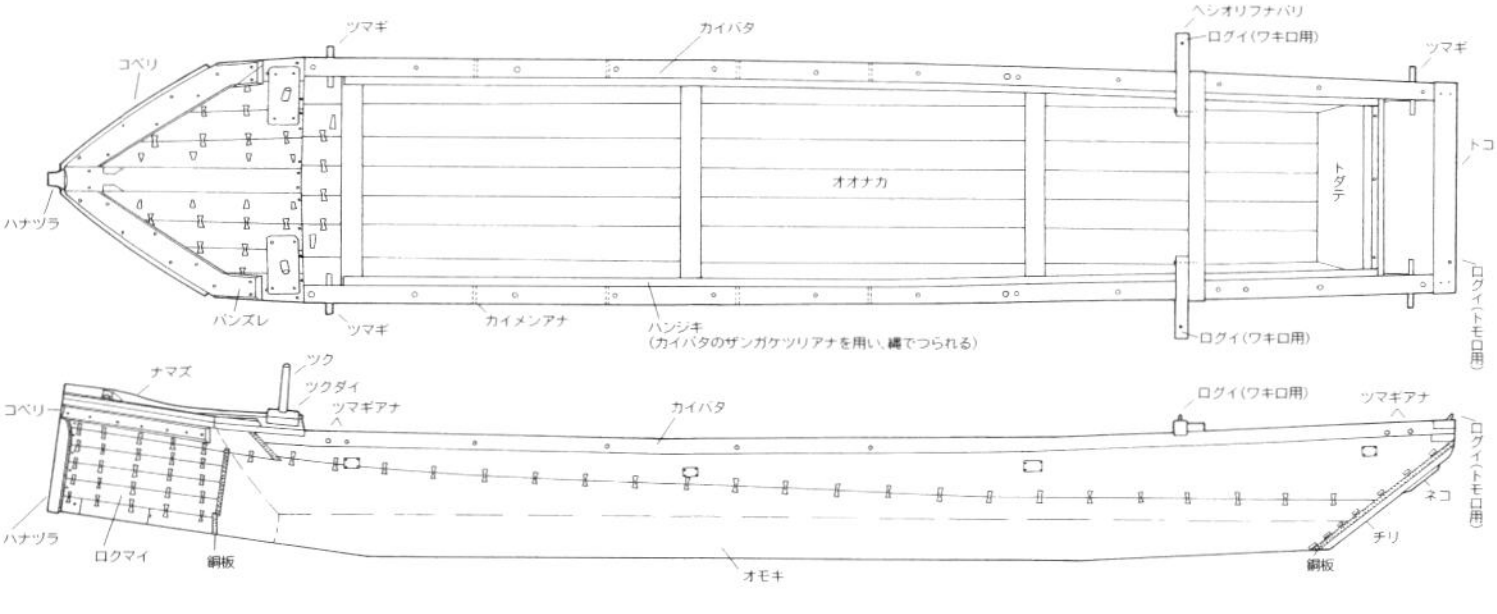

「ドブネ」の図（和船建造技術を後世に伝える会（連絡先＝富山県氷見市立博物館）編『氷見の和船』より。全長14メートル、3丁櫓・八丁櫂）

町史の刊行は一九八二年、それより「百四十年前」は天保末年あたりになる。天保年間は加賀から山陰にかけてセミ鯨の密度が世界有数だったという記録がある。セミ鯨は死んでも沈まないから銛を沖合で打っても浜揚げに大きな苦労は要しない。近隣の村から雇い集められた漁夫二十人余、二隻のドンネ・一隻のサンバという鯨組の構成は、事実を伝える可能性もあるが、河波氏が明治七年に創業した網かぶせ法とあまりに酷似する。明治期の河波氏の仕法をもって江戸期の捕鯨光景を描いた可能性が高いだろう。

ドンネの呼称は、後述する文化九年（一八一二）「能州鯨捕絵巻」の中の捕鯨図に「トウ前舟」や「筒舟」と記される《どうぶね》が《ドンネ》に訛ったものであろう。研究者の濱岡伸也氏は「先端を三角形にした箱型の船で、安定がよく足場を広くとれるので網漁の船としてよく利用された」と解説され、能登宇出津町の民俗資料館に一艘だけ保存されている。

モリ船とされる《サンバ》の呼称については、明治二十七年の石川県内務部が行なった『水産事項特別調査』の中に「サッパ」という名の船が出てくる。三間以下の船で、能美郡・石川郡・珠洲郡に各七・四十一・三十七隻ある。一隻当たり価格が各郡六十七円・二十一円・三十七円。捕鯨の行われていた郡のみ出てくるので、サンバはサッパの言い換えかもしれない。「胴舟」も五間以下（三間以下）として石川郡一（三）・河北郡五十二（五十五）・珠洲郡九隻が出ている。各七十円（四十円）・五円・百四十九円の価格。とにかく石川郡に胴舟・サッパの

内灘の海

名があり、そして「鯨舟」という名の二隻が石川郡だけに出てくることに留意したい。三間以下の船で六十円するという。

ドンネが網船、サンバがモリ船。明治十三年『石川県勧業年報』が「沿海漁船数」の表に「鯨網船」の欄を設け、「越中三五、能登二二、加賀三四」としていたが、ドウブネはどうみても船脚は遅く、速いサンバの方が鯨船の特徴が強く出ていようから、鯨網船はサンバを指すのではなかろうか。

鯨を見つけたら水深三十メートルくらいの網代に向けて追い込む。鯨が網代に入ると確信できたら、網を大きく急いで張り巡らさねばならないから船にはスピードが求められる。また、巨大な鯨、しかも泳ぎ回る鯨にかぶせようとする網だから長大で重量も嵩もかなりのもの、その運搬と網おろしに機動的な船体にせねばならない。スピードか運搬性か機動性か。鯨種や捕鯨法にしたがって船体は特化していくのが普通である。加賀沿海から富山湾にかけ用いられている各種網船のうち、『石川県勧業年報』が「鯨網船」と特定するのをみれば、捕鯨特有の形に進化している網船と考えられる。

解体については鯨肉が赤身と白身に分けられるというにとどまり、詳しくないが、冷凍氷をふんだんに使うことのできなかった時代、保存する場合は塩蔵されたと思われる。鯨は外皮、七～八ミリの黒皮があり、その下に三十センチほどの脂肪層がある。白身はこれを云うのか。そのままでは食べられないほど脂分を含む（これを煮沸して鯨油を得る）層で、その下から赤黒い筋肉の部位が出てく

室の青塚がにらむ内灘の海

る。赤身はこれであろう。生でも食べられて美味である。白身は大釜などのある施設で加工される必要があり、人手も要るから金沢方面へ出されるのか。

「団九郎爺由来」は「しかしこの団九郎爺の捕鯨も、費用の嵩《かさ》むのと家運の衰微に煩わされ、僅か二年であえなく姿を消した」と続く。

室の青塚の前に立つと、標高が十メートル以上ある砂丘上のため、かなり眼下に、北陸自動車道を越えてすぐの汀までずっと密生した灌木類の緑が続くのを見渡せる。その向こうに広がる波静かな夏日の内灘の海。ジッと眺めていると、かぎりない遠くに黒い鯨影がポツリ見えたような気がした。

『内灘郷土史』に載る捕鯨に関する史料はあとわずか、皆みておこう。明治八年の捕鯨仮規則に続いて十二年にも規則が出ているようで、『内灘郷土史』四〇二頁に、その存在をうかがわせる記録がある。

「明治初年に於ける石川県文書中抜抄（水産庁資料館蔵）
雑第五号（朱書）
捕鯨採藻営業上ニ付□□（虫食）旧藩取締方法等取調ノ義水第八十二号ヲ以テ御照会ノ趣了承不取敢相達置候処別紙写ノ通リ届出候ニ付尚取調候処外申合セノ慣例等無之旨申答候条御了知相成度此段御回答御乞置候也
明治十三年七月九日
郡長代理　河北郡書記　三好　亘　印

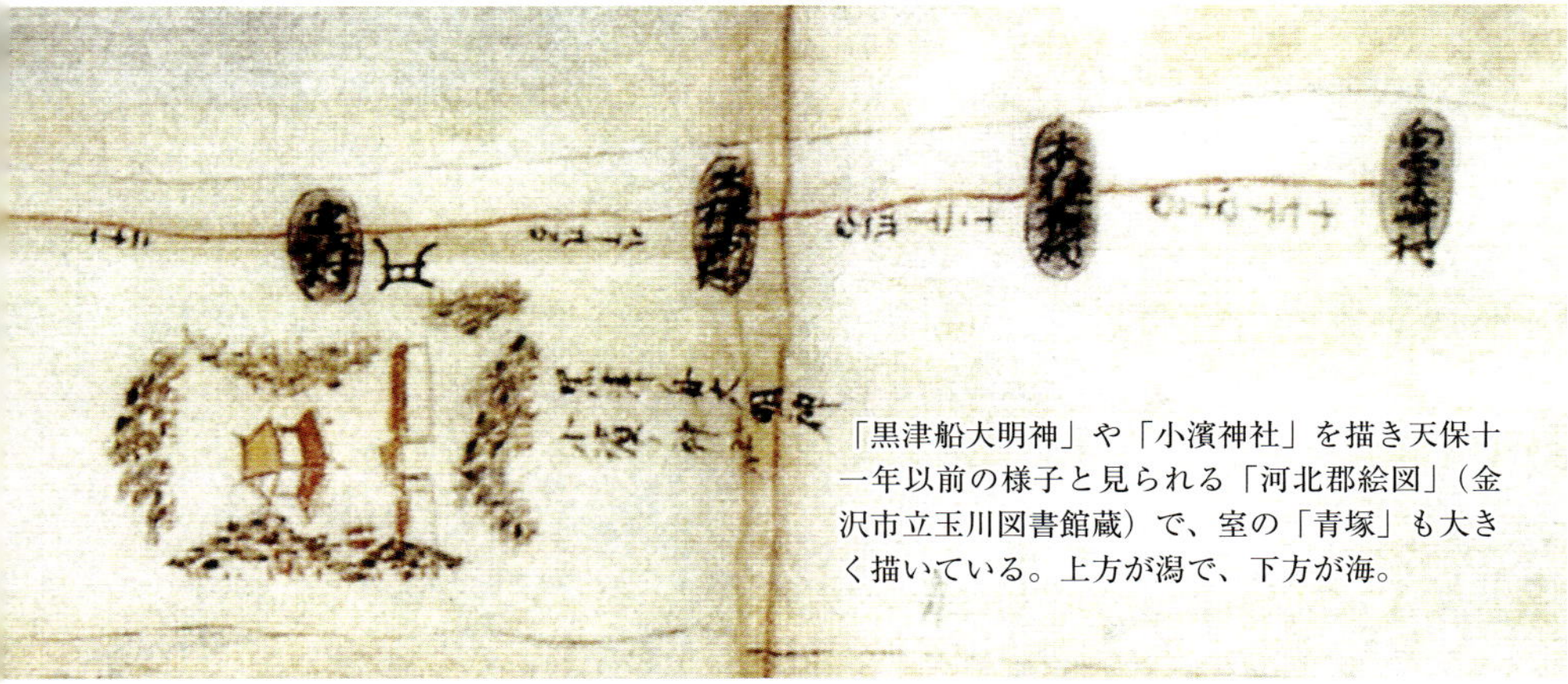

「黒津船大明神」や「小濱神社」を描き天保十一年以前の様子と見られる「河北郡絵図」（金沢市立玉川図書館蔵）で、室の「青塚」も大きく描いている。上方が潟で、下方が海。

勧業課長
石川県八等出仕　大越　亨殿

捕鯨採藻《さいそう》に関して旧藩ではどんな取締りがあったか調べるよう国から「水第八十二号」の照会令が出たが、申し合わせの慣例はないので了知されますようにと郡書記から県課長への届け書である。政府が、海面の官有と漁業の許可制を宣言、太政官布告をもって公布したのが明治八（一八七五）年で、これと連動する照会令と思われる。《別紙写し》は先に挙げた木津村五ケ村のもの、向粟ヶ崎のもの、大根布のものを指すと思われる。

『内灘郷土史』四三七頁に、これと別史料が載っている。「一、石川県水産課」として次の史料。「二、内灘捕鯨者」は斎藤氏の業績の説明が主で、鯨網の寸法などを記すが、北海道捕鯨の仕様であり、内灘の仕様とは言い切れないので、次項の斎藤氏のところで挙げる。

なお、次史料の「……」は筆者の略ではなく『内灘郷土史』がそう略記する。

「明治十三年五月二十八日
　捕鯨取締規則起案の処……
水第八十二号
捕鯨取締方八年乾第七百十六番ヲ以テ加能両国へ……

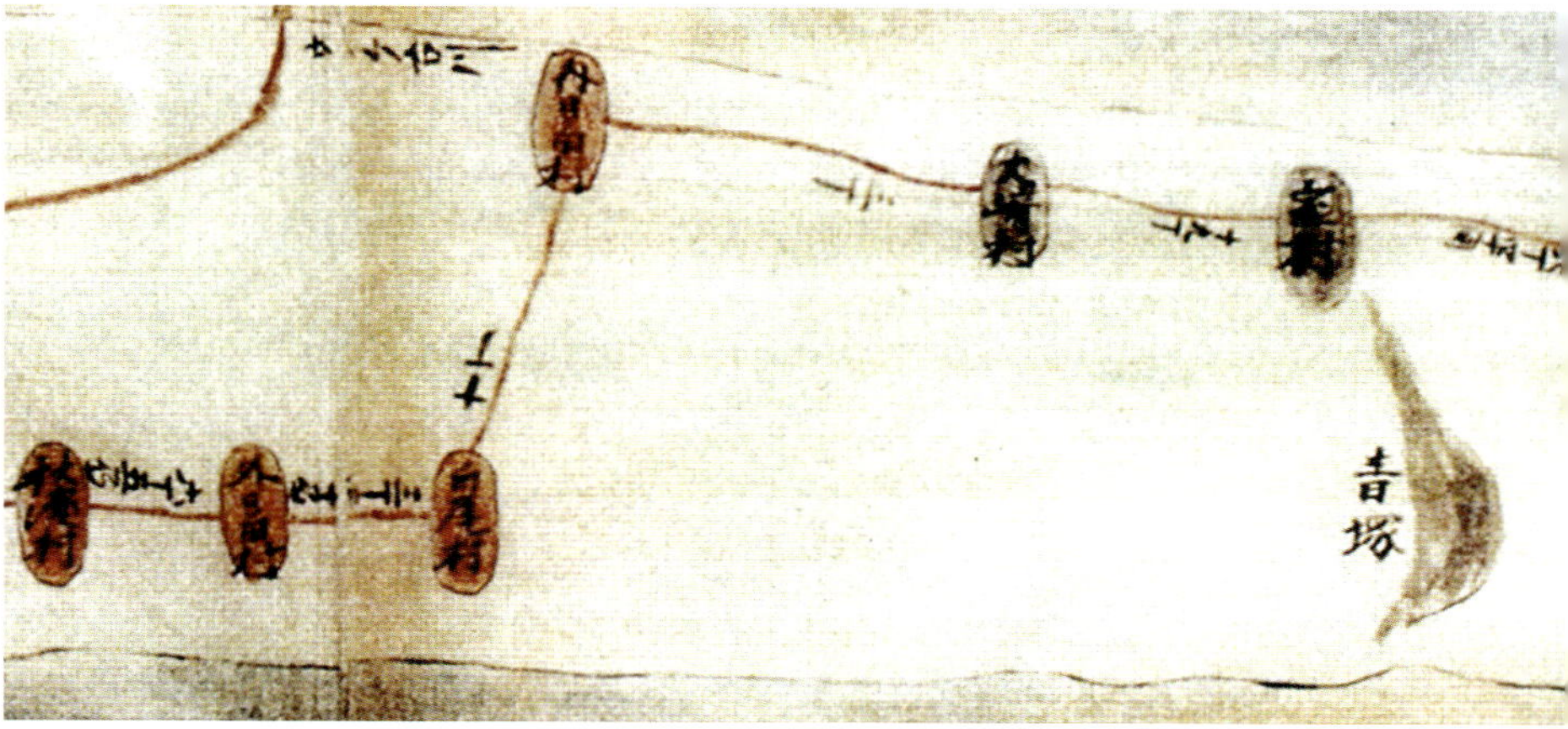

六月九日
江沼、能美、河北、羽咋、鳳至、珠洲、鹿島各郡長殿
水第八十二号　捕鯨取締方ニ付取調度義……
捕鯨ノ盛衰、昨十五年中日末、浜佐美、両村ニ於テ鯨四尾ヲ捕獲セシヲ本年ハ更ニナシ。且海上少シモ見ル事ナシ。」

《昨十五年中》とある。加能七郡からの報告を受けた明治十六年六月の内部文書のようだ。十五年に捕鯨のあったのは《日末・浜佐美》の二村、四尾しかなかったという。内灘は明治二十年近くなると鯨影が薄くなったと島元正武氏の証言にあったところだ。

『石川県勧業年報』はその「明治二十年」について「加賀においても春来鯨鯢の遊泳多く既に能美郡日末沖及び石川郡美川等に於いて十数頭を捕獲せり」と記している。この久しぶりの多数捕鯨を原料にしてのことらしく、金石亀齢町・浅勘七という人が製油業の改良拡張に努めたので、地方賞金五十円を補助したと、二十五年『勧業年報』が記している。

『勧業年報』は捕鯨について詳しい情報は載せないようになり、明治二十一年は「捕鯨」として「石川郡一頭、能美郡三頭、鹿島郡五頭」と数字をあげるだけ。だが、河北郡の『石川県高松町史』がその年の捕鯨を記している。

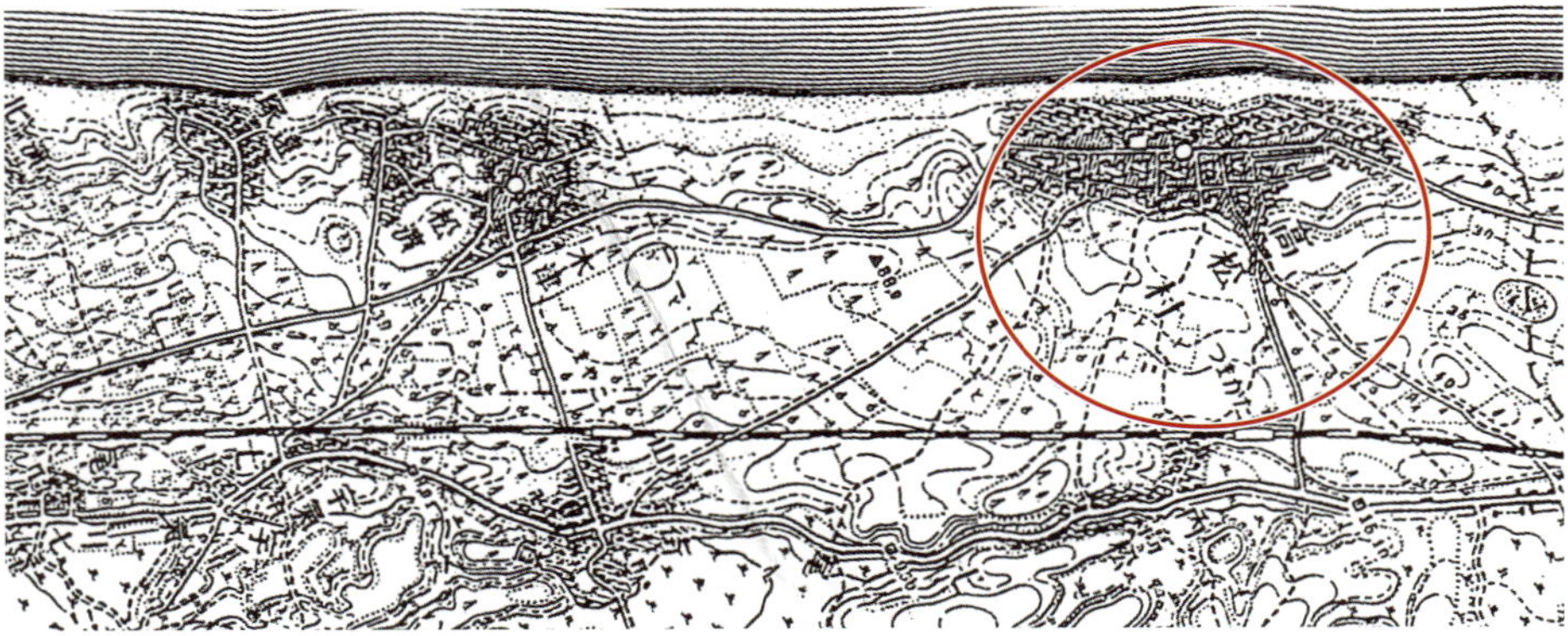

五万分一「金沢」大正十五年補入より

「明治二一年、浅野順平は、村内一二統の網元を集め、自ら社長となって捕鯨株式会社を設立した。当時五～六頭の鯨が、鰯を追って高松沖合へきて、潮を吹き上げている光景に刺激をうけたのであろう。翌二二年の寒明の日初出漁した。沖合一里半くらいの所で、三〇尋余の鯨を発見、一番銛は、長谷喜左衛門が打ち込み、土佐から雇入れた銛打が二番銛を打ち込んだ。逃げる鯨は、俵を積んだ重い胴船を引いたまま潜行したが、遂に力尽きて陸へ引上げられ解体された。しかし組合はこれだけの漁獲で解散してしまった。大正の初期からは、遂に鯨の姿は高松沖に見られなくなった。」

三十尋余といえば四十五メートルもの巨鯨である。《俵を積んだ重い胴船》は石を俵に詰めた例の錘を積んでいる。突き捕り法に見えるが、土佐の銛打ちがいるのを見れば、網かぶせも行っているだろう。捕鯨社はこれだけの漁獲で解散してしまったという。捕鯨の業容のあまりの凄まじさに、危険性を思わないわけにいかなかったか。一番銛が競われている事からの想像だが、個人プレイが目立って統率が難しいと判断されたか。それは伝統の人間関係にヒビを入れ、浜浦の地域共同性を損ねかねないもの。高松町だけでなく、加賀沿海の浦々で捕鯨業の持続が諦められた所以の一つはこれであったであろう。

最後に、明治二十六年刊の『水産規則全書』。明治二十一年の県令「漁業採藻取締規則」で、その第二章が「鯨猟」である。列記の四条は次の通り。

第九条　銃砲火薬を用いる鯨漁の如きは日の出より日没までの時間に限る且つ該砲は三里（海里）以内又は船舶に向い発射する事を禁ず
第十条　鯨を捕獲したる時は直に郡区役所へ届出づべし
第十一条　他人の殺せし確証ある死鯨を獲たる時は売却代価十分の五又は負傷の生鯨を獲たる時は十分の三を証跡ある殺傷人へ分与すべし
第十二条　捕鯨の際他の漁具毀損《きそん》し又は妨害したる時は相当の弁償をなすべし

三海里は約五キロ半である。明治十二年の金石捕鯨場は海岸から一里半、六キロ沖合と指定されていたから、それと整合するのであろう。

五章「罰則」によれば、九条に違反した時は二十銭以上一円二十五銭以下の科料。富山県のも明治十八年に出された同規則が載っているが、鯨に関する条項は見当たらない。そのことは、石川県に比して富山湾における鯨漁が小規模であったことを反映するとは限らない。かなり盛んであっても、鯨漁ルールが伝統化していれば明文法は不要という場合はあろうから。

斎藤知一と北海道捕鯨

斎藤知一という人物に関しては、『石川県史・第四編』三一一頁に「斎藤知一が幾分の経験を有するを以て」明治十八年の春、北海道岩内で捕鯨事業を担任す

斎藤知一（『内灘町史』より）

ることになったと記し、四一八頁で「斎藤知一は金石町に根拠を置きて捕鯨業に従事したるが、一頭だに得ること能わずして北海道に去り」と記している。

中村春江氏の著により経歴をみてみよう。六十石という小禄陪臣の長男として文久元（一八六一）年に生れ、廃藩置県の直後に父が早世、失業士族となり、母の手で育てられた。明治十三年（一八八〇）十九歳のとき、若い失意の士族たちの集まり「盈進《えいしん》社」を結成、リーダーの一人となった。士族授産運動として、先述した天日村の「大沼喜三平」が起案した富山県大沢野村の原野開拓事業を支持するが、旧藩主らが北陸を縦貫する東北鉄道事業を選択するなどあって断念、ただし旧藩主から「十万円」の資金提供を受け、明治十六年、北海道の開墾と捕鯨というテーマに取り組むことになる。当時すでに着手されていた岩内郡の開墾事業はうまくいかず、エトロフ島を根拠とする漁業も思わぬことが次々と起きて失敗していた。十万円をつぎ込んだ「前田起業社」の社運挽回をかけて知一氏は渡道。「幾分の経験を有するを以て」岩内港を根拠にする捕鯨業を託されるのは明治十八年、二十五歳のことという。

斎藤知一の捕鯨法習得に関して中村春江氏は、斎藤家当主が家伝の「斎藤知一略伝」を昭和十二年（一九三七）原稿用紙に書き写したものを見つけて、当該部分を次のように引いている。カタカナは平仮名にした。

「氏の捕鯨に対する知識は其少年時代縁戚某が郷里沿岸にて捕鯨業に従事せるの

明治期の金石港（平岩晋『金城勝覧図誌』明治二十七年刊より）

時、之が見学に名をかり自ら鯨舟の舳先に跨《またが》り、舟暈《ふなよい》の為め顔色蒼然として幾回の嘔吐にも屈せず歯を喰ひしばりつつ其壮観と猟法とに見入りたるに始まれり」

文中の「縁戚某」とあるところ、当主「直正」は消して「大沼喜三平」と書き入れているという。この喜三平とは誰かと中村氏が江沼地方史研究会の牧野隆信氏に問い合わせ、天日村の「喜三平」という人物のようだと牧野氏から返事が来たことは先述した。

知一氏は少年期に鯨舟に乗ったことがあると家伝はいう。十歳頃として明治二、三年、ちょうど木嬰氏が活躍を始めたころ。その《壮観》は武士の子を虜《とりこ》にするに充分であっただろう。青年期になって盈進社の運動に没入していく彼の姿は石川県政治史を彩るものだが、運動が士族授産にしぼられた明治十五年、自らの生計自立を果たさねばならず、捕鯨の海が視界に入って、水産博覧会に木嬰氏が出陳することやその突き獲り法に触れて、金石に根拠を置くことにしたものと思われる。河波氏の紹介があったかもしれない。

前述のように「明治二十年近くに」斎藤氏は向粟ヶ崎の嶋元氏を訪ねてきたという。この証言は、明治十九年に斎藤氏が留萌に来たという『羽幌町史』に合致するもので、舟や道具一式だけでなく《船頭や若い衆》まで譲ったというところは、斎藤氏の創業状況と合う。斎藤氏の下で働いた渡辺渡という人から明治三十年に聞書きをした河野常吉という人のメモ史料でその創業状況はうかがえる。

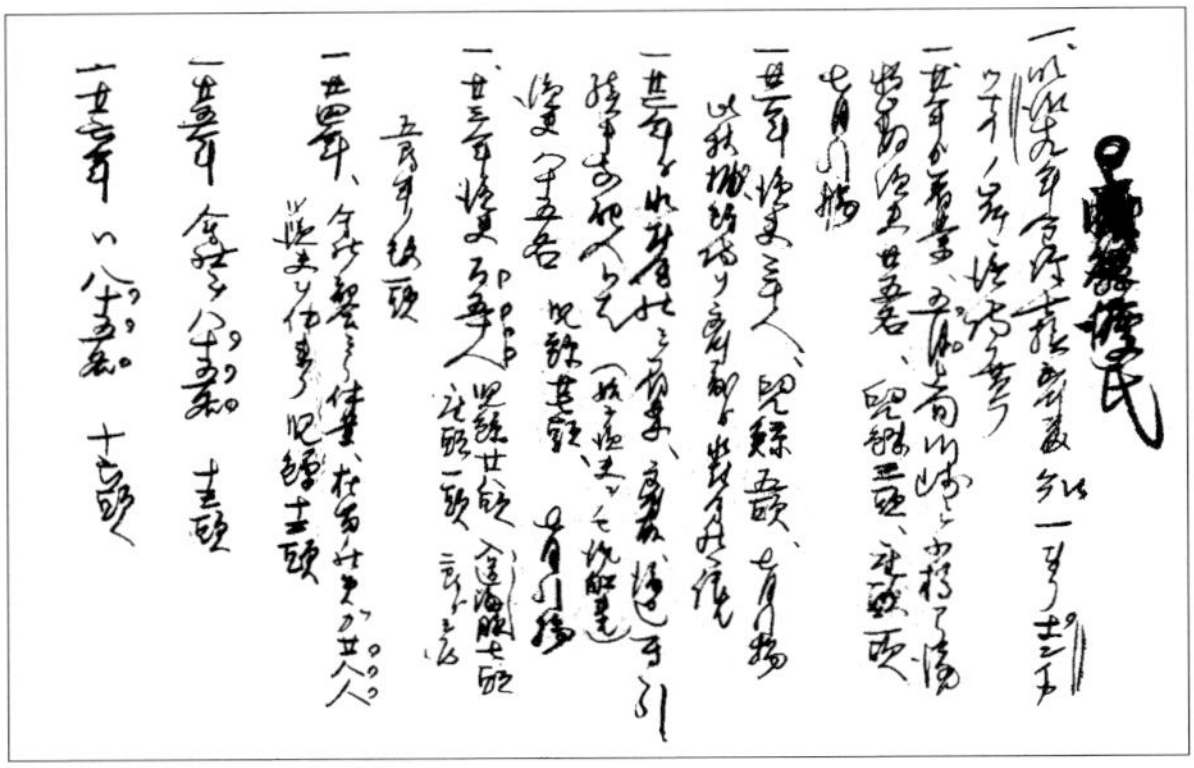

渡辺メモの本文引用の一部（「河野常吉のフィールドノートと地域史研究」講師・関秀志氏より＝『資料で語る北海道の歴史』北海道立図書館江別移転40周年記念講演会記録・平成20年発行）

一、明治十九年　金沢士族斎藤知一来り。ポンイカツナイ岸に漁場を貰《もら》う。
一、廿年より着業。五月上旬、川崎にて小樽より渡る。惣数漁夫廿五名、児鯨三頭、座頭一頭、七月引揚ぐ。」

ポンイカツナイは羽幌市街の北方高台の麓を流れる小さな川。《川崎にて小樽より渡る》は、漁夫たちが小樽から「川崎船」で羽幌へきたという意。前述の明治二十七年『水産事項特別調査』に石川郡にのみ「三間以下、七十円」の船として「川崎舟・八隻」が出ている。川崎の呼称由来は不明である。

斎藤氏が島元氏から引き受けた加賀沿海の若い衆の出稼ぎ先は羽幌の海であった。粟ヶ崎や金沢近辺から渡道する時は、北陸道へ出て倶利伽羅《くりから》峠を越えて石動《いするぎ》に至り、そこから小矢部川を船で下り、伏木港に至って汽船か北前船に乗りかえて小樽というのが当時の通例。ほかの経路としては、汀沿いに高松へ出て、今浜へ出て、東北方向へ斜めに飯山に着く、そこから山越えで富山県の氷見へ、そして伏木へという道筋。これを北陸本街道という言い方もあるという。

渡辺氏聞書きメモを続けよう。

廿一年　漁夫三十人、児鯨五頭、七月引揚。此秋捕鯨場を斎藤より水産会社へ譲る。
廿二年より水産会社にて着業。斎藤、渡辺等引続き支配人となる。始て漁夫をの

札幌から留萌へ（『北海道殖民論』二十一年刊より）

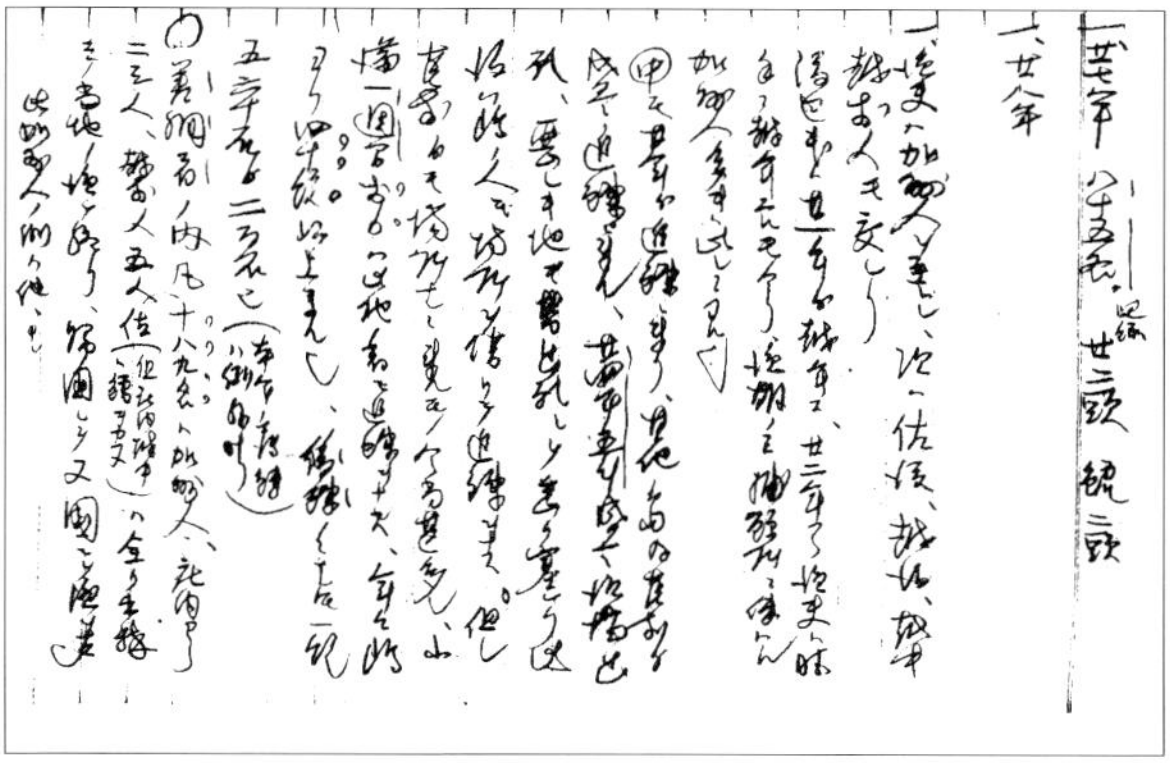

渡辺メモの本文引用の一部

せ汽船来る。漁夫八十五名。児鯨廿七頭、七月引揚。

廿三年　漁夫百五十人、児鯨廿八頭、座頭一頭、入道海豚七頭（二尋より三尋）、五尋半の鮫一頭。」

児鯨はコククジラのこと。小型のひげ鯨で体長十二―十五メートル。背は青灰色、淡灰色の斑紋がある。口中のヒゲは黄白色で約百五十枚という。背びれはなく、小魚・蟹などを食べる。

座頭はザトウ鯨のこと。体形が盲目座頭のつま弾く琵琶に似ていることからついた名という。ナガス鯨の一つで体長十五メートル。胸びれが極めて大きい。背とヒゲは黒色、オキアミや小魚を食べる。

コク鯨が五頭、廿七頭、廿八頭と順調に捕獲数が増え、漁夫も廿五名、三十名、八十五名、百五十名と増える。加賀沿海のつつましい鯨漁に比較するなら、これは素晴らしい成績である。コク鯨の大なるもの十三尋（一尋五尺）、通常は八尋九尋。一頭の値は八尋のもの白肉八百貫で、一円に二貫目なので四百円。九尋なれば九百五十貫、十尋なれば千二百貫とメモ史料の後にある。

「漁夫は加州人を主とし次は佐渡、越後、越中、越前も交れり。渡辺氏は廿一年より越年す。廿二年より漁夫は勝手に越年するものあり。漁期のみ捕鯨所に使わる。加州人多きは此れによる也」

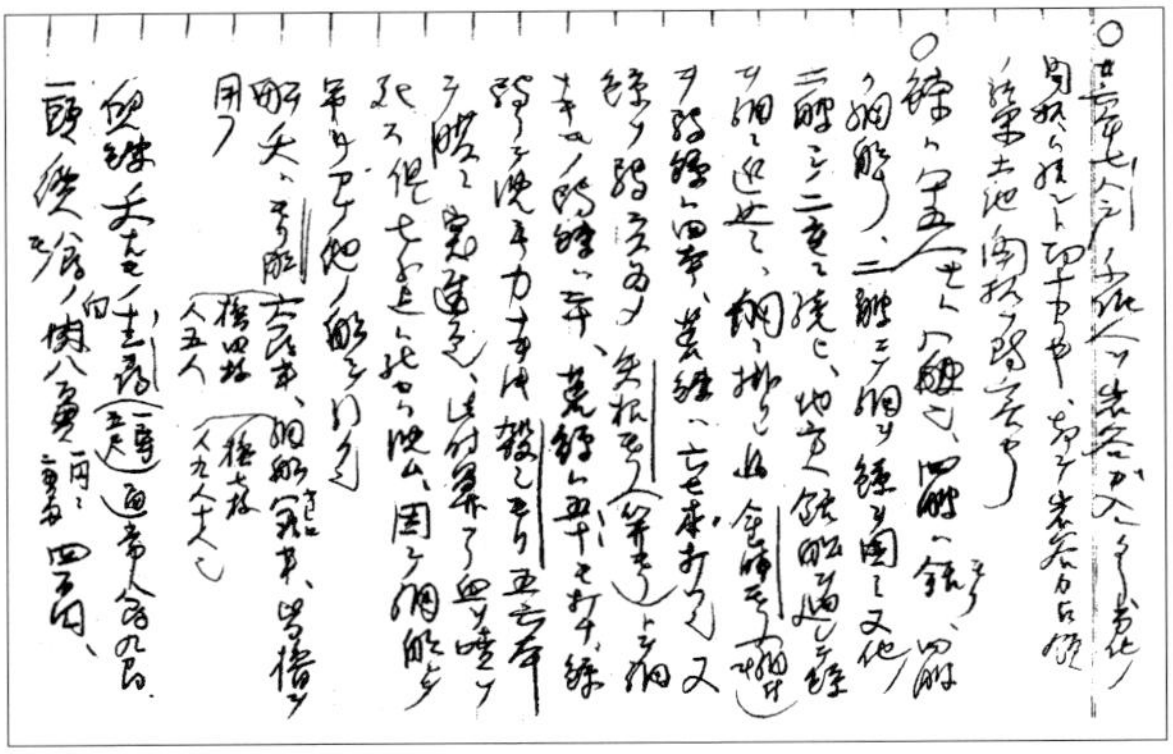

渡辺メモの本文引用の一部

この漁夫加州人の中に嶋元四郎父子はいない。彼らは斎藤氏に捕鯨具一式と漁夫たちを預けた手前、羽幌にはどんな鯨がいるのか確かめたくて弁財船に乗り羽幌を訪れたと中村春江氏は著書で記している。羽幌で嶋元四郎氏はアイヌの人たちのニシン漁をみて「ほう、こりゃ面白いと感心して見とれ」、斎藤氏の番屋に泊まって捕鯨のアドバイスをしながらニシン漁の出稼ぎを思いついた、そちらに人生を賭けていくことになったという。渡辺メモの続き。

「鯨は八十五人なれば、八艘也。四艘は銛、四艘は網船也。二艘にて網を鯨を囲み、又他の二艘にて二重に繞《めぐら》ひ、地方へ銛船を廻して鯨を網に追い込み、網に掛りし後、金時モリ（綱付モリ）を弱鯨は四本、荒鯨には六、七本打つ也。又鯨を弱らす為め、矢根モリ（笄《かんざし》モリ）とて綱なきもの弱鯨は二十、荒鯨は五十も打ち、鯨弱りて沈み、力なきとき殺しモリ五六本を腹に突透す也。此時鼻より血を噴きて死す。但し七分迄は死せば沈む。因って網船にて吊りあげ他の船にて引く也。」

網船四艘のうち、まず二艘で鯨を囲み、他の二艘でまた囲んで二重に網を鯨の周りにめぐらす。そこへ鯨を四艘の銛船で追い込む。網にかかった鯨に金時銛を打って船ごと引きずらせ、弱まるのを待ってから、矢根銛を何十本と打ち込み、力を失ったら殺し銛を打って死なす。網船にて吊りあげ浜へ引き上げる。

※ 同書は漁夫雇用について（解体や塩漬けを仕事にする）五十人の「陸夫は本道内にて雇入れ」、艪押し・銛打ちにかかわる「漁夫は網船一隻につき十二人、銛打船七人とし、…内地沿海にて艪押しに練達なるものを要す」ので陸夫に比して倍余の給金を与える、と記すから、斎藤氏の捕鯨法にほぼ準じた記載である。

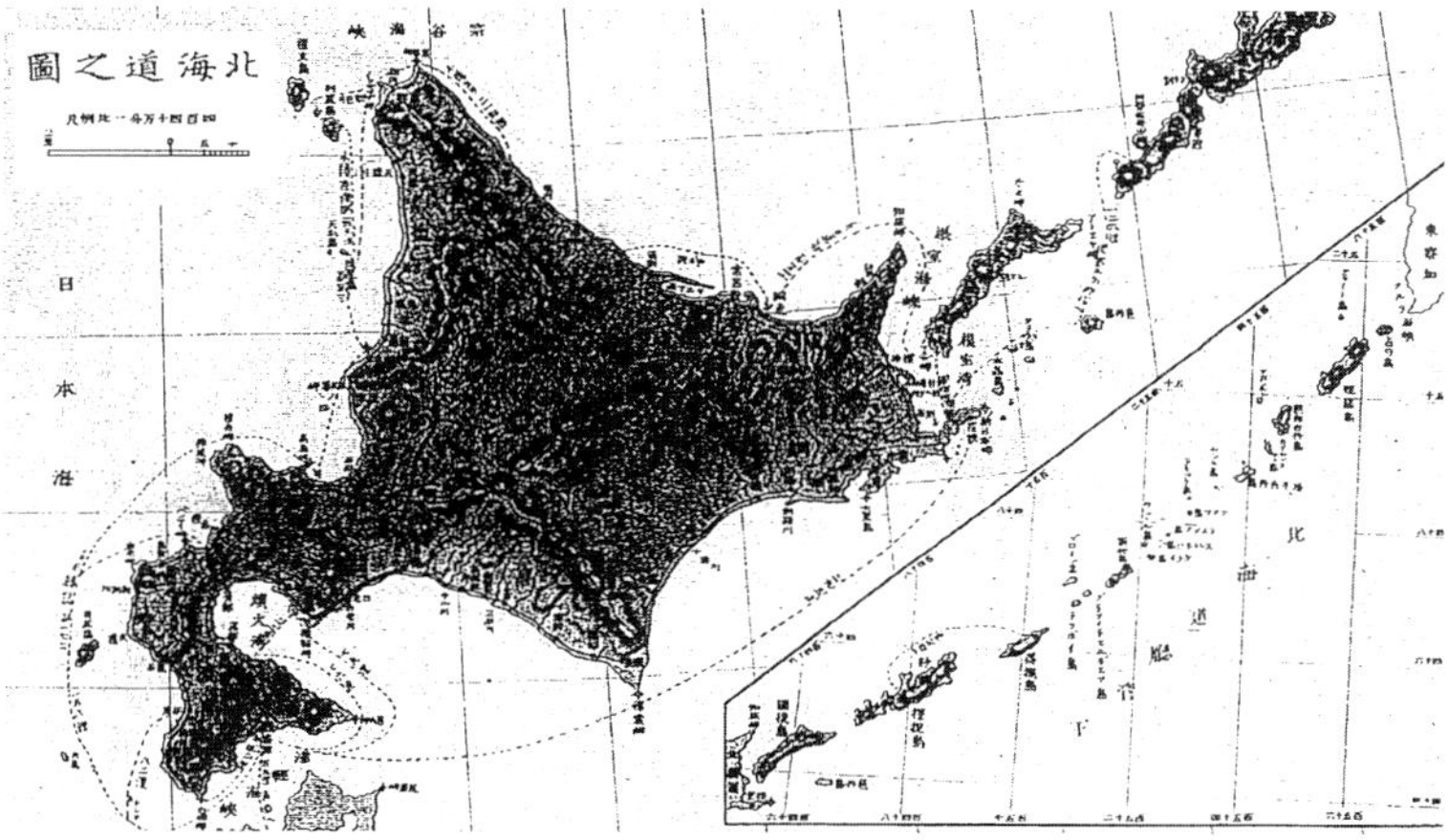

「北海道之図」（『新撰日本地図』明治二十八年刊より）

これは船数を二倍にした河波氏の網かぶせ法である。網を二重にするのは、北海道の特異なところらしく、明治二十六年刊『北海道水産全書』※の二二〇頁に捕鯨法として「最初に細き網を建て鯨を網中に追い入れ、一応その網を破らしめ、再び太き方の網をもってこれを囲み、銛を撃ち銛身と舟と繋ぎ、舟は鯨の進退に追従す。しかして刺銛を投じ鯨体疲労しその勢力の衰うるに及んで金時銛を潮吹孔の下部に刺し、その紐を舟に繋ぎこれを曳いて屠場に至る…」と記す。細い網の方は鯨の遊泳を遅くして銛を撃ちやすくするため、太い網は弱った鯨体を沈めないようにするためと推測される。

メモ史料は船の大きさも記している。モリ船は六尋半（櫓四枚・五人）というから十メートル弱の船で、四人が櫓をこぎ、一人が銛打ち。網船は八尋半（櫓七枚・九人十人）というから十三メートル弱の船、七人で櫓をこぎ、二人か三人が網卸し役になることが分かる。加賀から持ち込んだ船であろうか。

『内灘郷土史』四三七頁に斎藤氏の捕鯨網や船のことがメモされて載っている。

1、日高・十勝・石狩。三月中―六月中。
2、綱一束径六分の麻縄。網目四尺、長十五尋、巾十三尋。目七寸、長巾上同。九十束。留銛五〇挺、殺銛三〇〇挺、剣銛二〇挺。五間引七間の船で櫓八枚。
3、資本金四千円位。漁夫五十人内銛打七人、一隻十二人乗り。

「留萌港におけるニシン漁刺網の景」（『北海道留萌線全通記念』明治四十三年刊より）

これら斎藤氏に関するメモは、「北海道では泣く子も静まるといわれた侠客でもあった由」と伝聞を含み、「向粟崎の島元四郎右衛門氏が指導を受けて操業したのである」と末尾に記すので、編者・中山又次郎氏が同級生・島元与三松氏から聞書きされたものと思われる。《侠客》とはまた懐かしい民俗語である。自由民権運動から士族授産運動へ、さまざまな個性が衝突と合従をくり返した時代の人にはふさわしい形容かもしれない。

斎藤氏の名を捕鯨史において高くした「鯨一頭の腹にニシンが四石もある」という有名なフレーズもメモされている。明治二十年に捕獲した児鯨三頭の腹を裂いてその食餌を調べたところ、平均一頭に付きおよそ四石内外の鰊を呑食しており、一昼夜に一回これを消化するものと仮定すれば、その食餌がどれほどになるか計り知れない―斎藤氏は捕鯨に反対するニシン漁地元民[※1]たちに鯨の害たるをこう説いたと、『北海道漁業志稿』は記している。

網目は四尺というから一・二メートル。先に長崎県捕鯨組の用いている網目は五尺二寸と紹介したが、それよりかなり細かい。長さや幅は、長崎など先進捕鯨地は十八尋四方＝一反が通常と紹介したところ、羽幌の海では「長さ十五尋、巾十三尋」と、これが一反とすればやや小さ目である。船の大きさ「五間〜七間」「櫓八枚」なども渡辺氏メモとほぼ同じ。『北海道漁業志稿』から引用しているようである。加賀沿海と同じである可能性は高い。これをもって内灘捕鯨の網を類推していいであろう。

渡辺氏メモの方は、明治二十四年＝児鯨十二頭、二十五年＝十三頭、二十六年＝十六頭、二十七年＝二十二頭と記して終わっている。加賀捕鯨の羽幌での展開はここまでのようである。斎藤氏は明治二十一年、大日本帝国水産株式会社に雇われている。当時の日本領・千島列島に生息するラッコ・オットセイの密猟をはかる諸外国に対抗する国策会社である。天塩に捕鯨場を設ける企画もあり、近くの羽幌で捕鯨する斎藤氏が適任とされたようだ。明治四十二年には日本水産の専務となっていく。[※2] 斎藤氏のことはこの辺にしておこう。

能登の捕鯨

前述したように、明治八年『鯨漁仮規則』前文は「旧藩治の日に在て管内の鯨漁を業とするものは僅に能登国宇出津近海に止り」と、能登国宇出津では捕鯨業が成り立っていたことを明記している。

また、明治十二年『水産物取調』には能登・鳳至郡の捕鯨が出ている。昨十一年「九月より三月頃まで」の捕鯨について指定書式で回答しているそれを載せよう。魚器の欄に《網・モリ》とし、捕魚法は次のようだ。

「沖合より鯨入り来るを見付け候と、一村の漁業者残らず出で、男子は漁舟に乗り、数艘にて魚を取り巻き、太鼓あるいは艘端を叩き鯨波の声を上げ、追々渚際

※1　地元民が捕鯨に反対することは明治二十六年刊『北海道水産全書』でも、「常住漁民にして毎年鰊漁に従事する者の如きに至りては鯨を神と唱え鯨の郡来を見ざれば鰊の漁なしとて鯨を神に祭る如き有様なれば、漁民また捕鯨の業に従事するもの殆ど稀なり」と記している。

※2　斎藤知一氏は大正期に入って栃木県下にマンガン鉱の採鉱を始めて脳溢血で倒れ、静岡県三保村に静養、鉱山の廃坑によって多額の借金を抱えて大正十二年（一九二三）に病死した。墓は生前に金沢市材木町に一族菩提のために建立した慈船寺にある（荒井雅子「加賀の国の捕鯨侍、日本の捕鯨とロシア」参照、『ドラマチック・ロシアin Japan Ⅱ』二〇一二年刊より）

能登国鳳至郡水産表		
名称	通名	鯨
	方言	ナシ
	捕魚地名	各村沖合
季節		九月ヨリ翌年三月頃マテ
漁器		網　モリ
捕魚法		沖合ヨリ鯨入来ルヲ見付候ト一村ノ漁業者不残出男子ハ漁舟ニ乗リ数艘ニテ魚ヲ取巻太鞁或ハ網端ヲ叩キ鯨波ノ声ヲ上ケ追々渚際ニ至リモリヲ打込磯辺ニ引上ルナリ
数量		四尾
	生魚	弐尾
	製魚	弐尾
製方		皮身両様ニ捌キ二〆目計ニ切分ケ又二三寸切目ヲ入大桶ニ塩漬ケ
売路		自国或ハ越中越後等ヘ
価直		壱尾二百円五十銭
	生魚	一尾百八十円
	製魚	一尾二百廿円五銭
漁器製方		網モリ等自村ニ製ス　網ノ薬ハ自国苧ハ七分自国三分ハ越後等ヨリ買入
漁場区分		網口凡ソ百間ヨリ五百間余モアリ
漁場距離		隣漁トハ其町村ニヨツテ百間或ハ七八百間余モ隔ツルアリ又五百尋以下三百尋モ隔ツルアリ
漁業盛衰		盛衰原因年ニヨリ漁不漁ハ有之ト雖トモ其年追フ事確定ナラスナレトモ五六十年前ニ比較スレハ少々衰ナリ

明治十二年「能登国鳳至郡水産表」のうち「鯨」を記す部分（古島敏雄・二野瓶徳夫『近代漁業技術の発達に関する史料』一九五七年刊より）

に至りモリを打込み、磯辺に引き上げるなり」

沖合より入り来る――、台網にとは記さないので、沖合から渚に向かった鯨を云うのだろう。説明文はモリをつかうことは記し、網を用いることを記さないが、追い詰めてモリを打ち込む前、おそらく《数艘にて取り巻》いたときに網をかぶ

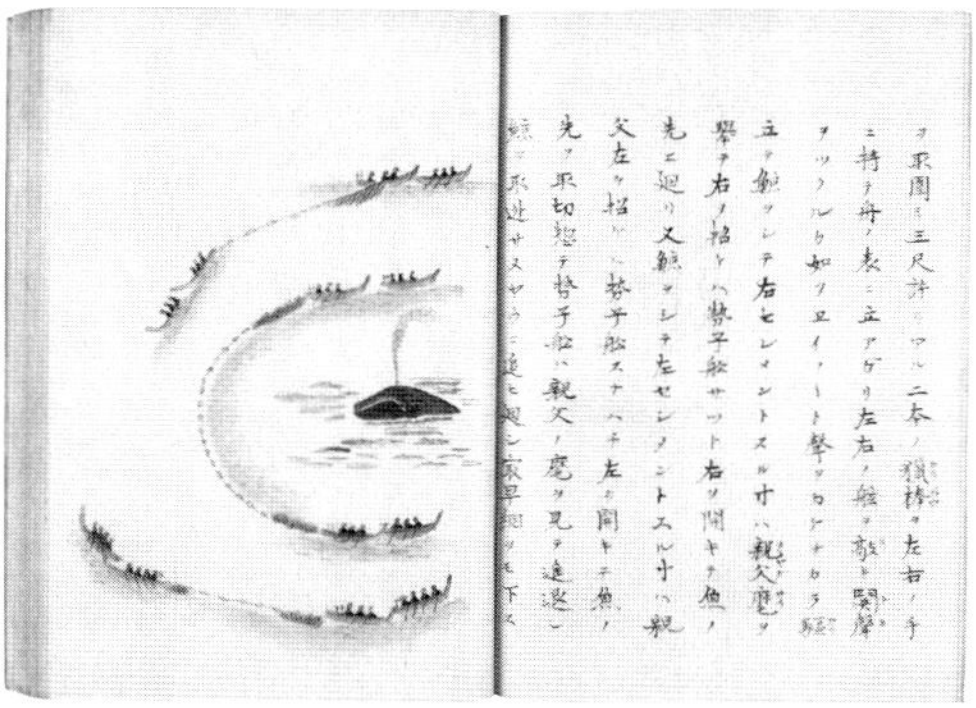

『鯨史稿』の六巻、生月島の捕鯨法についてこの頁は「二本の狩棒で舷をたたき…と記す個所（国文学研究資料館所蔵「祭魚洞文庫旧蔵水産史料」より）

せるのだろう。漁場区分の欄に「網口およそ百間」とあるのは、数隻の船が網を結び合って大きく弧状に取り巻く形を想像させるもので、張り巡らした網に鯨を突っ込ませ、遊泳力を弱めた鯨を渚へ追い詰め、銛を打って仕留める。ミンク鯨は死ぬと沈んでしまうので渚近くまで追い込む必要があった。

太鼓をたたき船端を叩いて鯨を渚へ追い込むという。モリ船あるいは勢子船が鯨を網代へ追い込む一般的な方法である。長崎生月島を実見した仙台藩士・大槻清準の『鯨史稿』は、ハザシ（捕鯨組リーダー）が鯨の進行方向を見定めて采配を振るっていく様子を次のように描いている。鯨が右に曲がれば勢子船は先回りして右をふさぎ、左に行くと左側に先回りして行く手をふさぐ。そのとき、ハザシは狩棒で船の外側の舷をたたき、《エイエイ》と声を張りあげて鯨を脅して駆り立てていく、当初は狩棒ではなく太鼓をたたいて追いかけていたが、音が水中に響かず鯨が怖じけづかないので、狩棒に代えた、と。河波氏の仕法に近く、網外へ捕りに出る捕鯨である。だが、『水産物取調』の翌年、明治十三年『石川県勧業年報』は「冬春、宇出津近海鰤を捕うるの際、偶然鯨を獲ることあり」と記す。同じ明治十三年、旧藩取締りに対する村々申し合わせを鳳至郡長に報告する波並村戸長の「租第六十一号に基づく取調結果」も、次のように記している。

「捕鯨法従来漁業上につき村内漁者の申合せたる法、大小鰤を限らず大漁業者の共有器械を以て捕鯨いたし来るを以て、干今その法を守り営業まかりあり候」

※『能都町史』二巻・資料集八四三頁

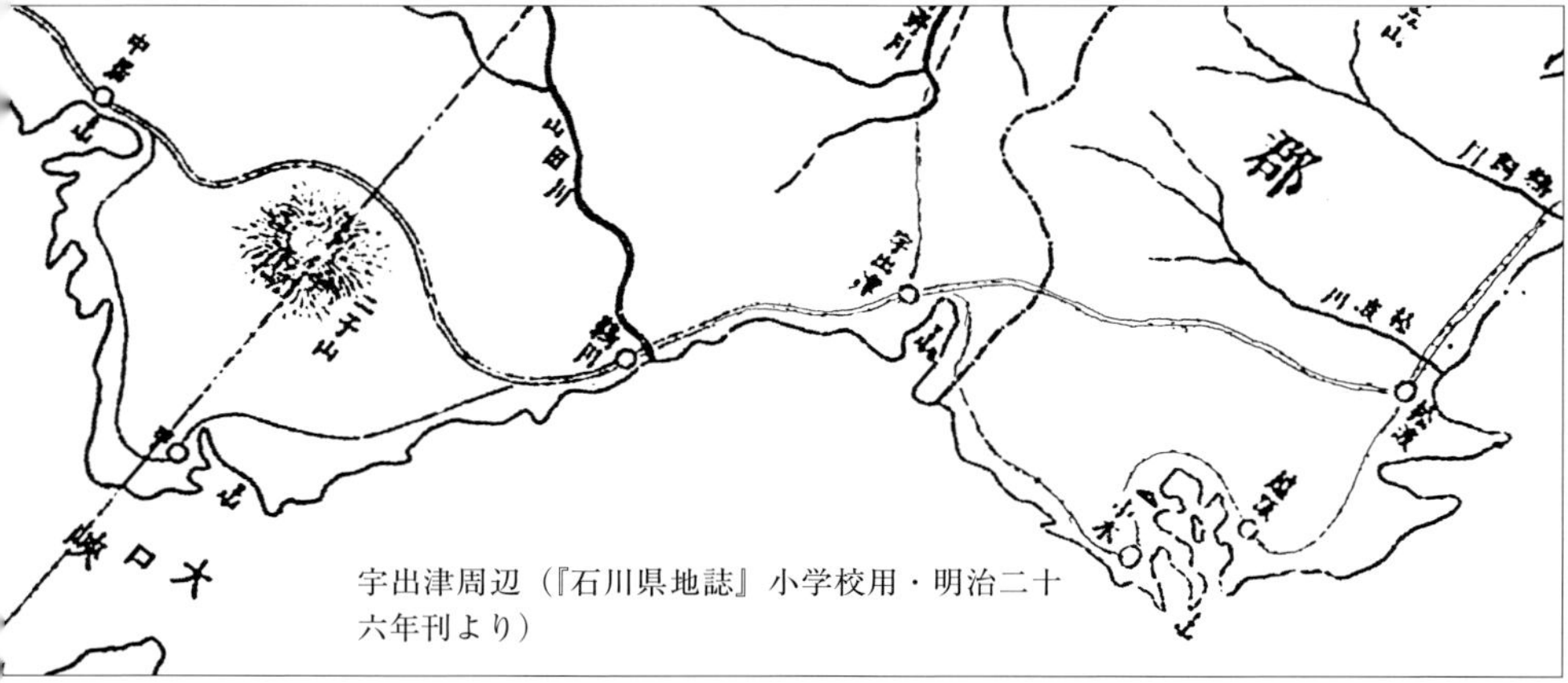

宇出津周辺（『石川県地誌』小学校用・明治二十六年刊より）

鯨を捕る方法には村内漁者が申し合わせてきた法がある、《大漁業者たちの共有器械》がある、今もその法にて捕っているというから、これは台網内の捕鯨であろう。共有器械が何を指すのかについては、明治十六年史料と思われる「鳳至珠洲郡水産物及漁業景況調査概目」の「著名の漁具及漁法」という項目に、次のような記述があり、ヒントになろう（『能都町史』二巻・資料集八四四頁）。

「著名と言うには非《あら》ざるも、鯨漁には格別の大芋網并打鍵等を用工漁浦は新古敢て異なるなしとて旧慣法に拠る」

奥能登の鯨漁は格別の《大芋網》と《打鍵《うちかぎ》》を用いるという。大漁業者がそれを単独で持たないのは、鯨が毎日台網に迷い込むというわけではないからだろう。この史料の「捕鯨の盛衰」という項でも「捕鯨は概して宇出津・藤波・波並の三ケ村にして一ヶ年間四五頭内外の捕獲、先ず盛衰なきがごとし」と、台網に入るのは年間四〜五頭と指摘する。浜小屋に共有して備えて充分なのである。打鍵は鯨の頭などに打ち込んで引き寄せる道具で、後述する。

先の明治十二年『水産物取調』捕鯨法は、翌年の史料、四年後の史料にもう言及がなく「新古」変わらないとされるのを見れば、台網の外に鯨を求めて打って出たけれど、ほんの数年でそれは止んだという理解が素直であろう。

そういう理解をもとにすると、明治二十一年（一八八八）刊『日本捕鯨彙考』

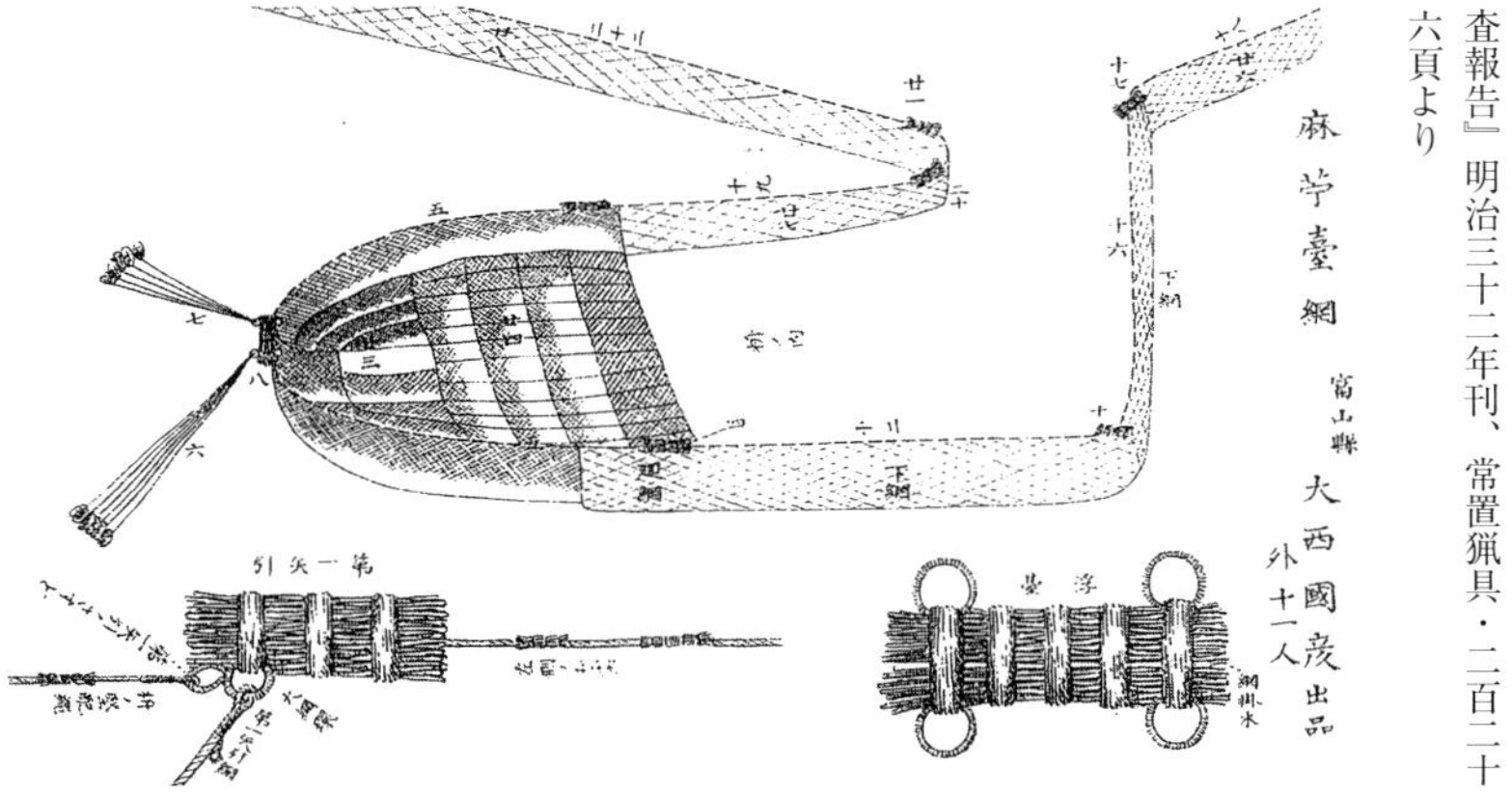

（本文は次頁）「麻苧台網」の図。富山県・大西国彦ほか十一人出品。『第二回水産博覧会審査報告』明治三十二年刊、常置猟具・二百二十六頁より

の次の記事はどのように考えればいいか。

「能登捕鯨法
能登越中には古来捕鯨の業をなすものなきにあらざるも、近来之を捕ることなし。河波某周旋する所あり近く業を能登江沼両郡の海岸に起す。其従来の方法は漁船五艘漁丁二十名を要す。其法鯨を波間に見るや直に漁船二艘に網を分載し鯨に近づけば、該網を継合せ左右に別れて之を囲むなり。是に於て他の三艘の漁丁は各銛を持ち鯨の網を被るを待ちて刺殺するものとす。水産博覧会審査報告」

能登で河波氏が周旋して《近く》捕鯨業が起こされるという。先の『水産物取調』の捕鯨法をもう少し明らかにする説明で、漁船五艘とあったのは網船二艘と銛打ち船三艘であること、網をかぶせてから銛を打つと明記している。

《近く》というのは、末尾に記す水産博覧会の明治十六年における近未来だ。『水産物取調』は奥能登では明治十一年、河波氏の網かぶせ法により網外捕鯨がなされていると記していたが、数年後に行われなくなっている様子なので、河波氏がテコ入れを謀っているという理解が適当であろう。《その従来の方法は》という表現もそれを裏付ける。定置網に入ってくる鯨が通年いる内浦においては「沖の殿様」という意識もなく、捕鯨のタブーはあまりないと思われるが、なぜ能登では数年後に台網内の捕鯨に戻ってしまうのか。

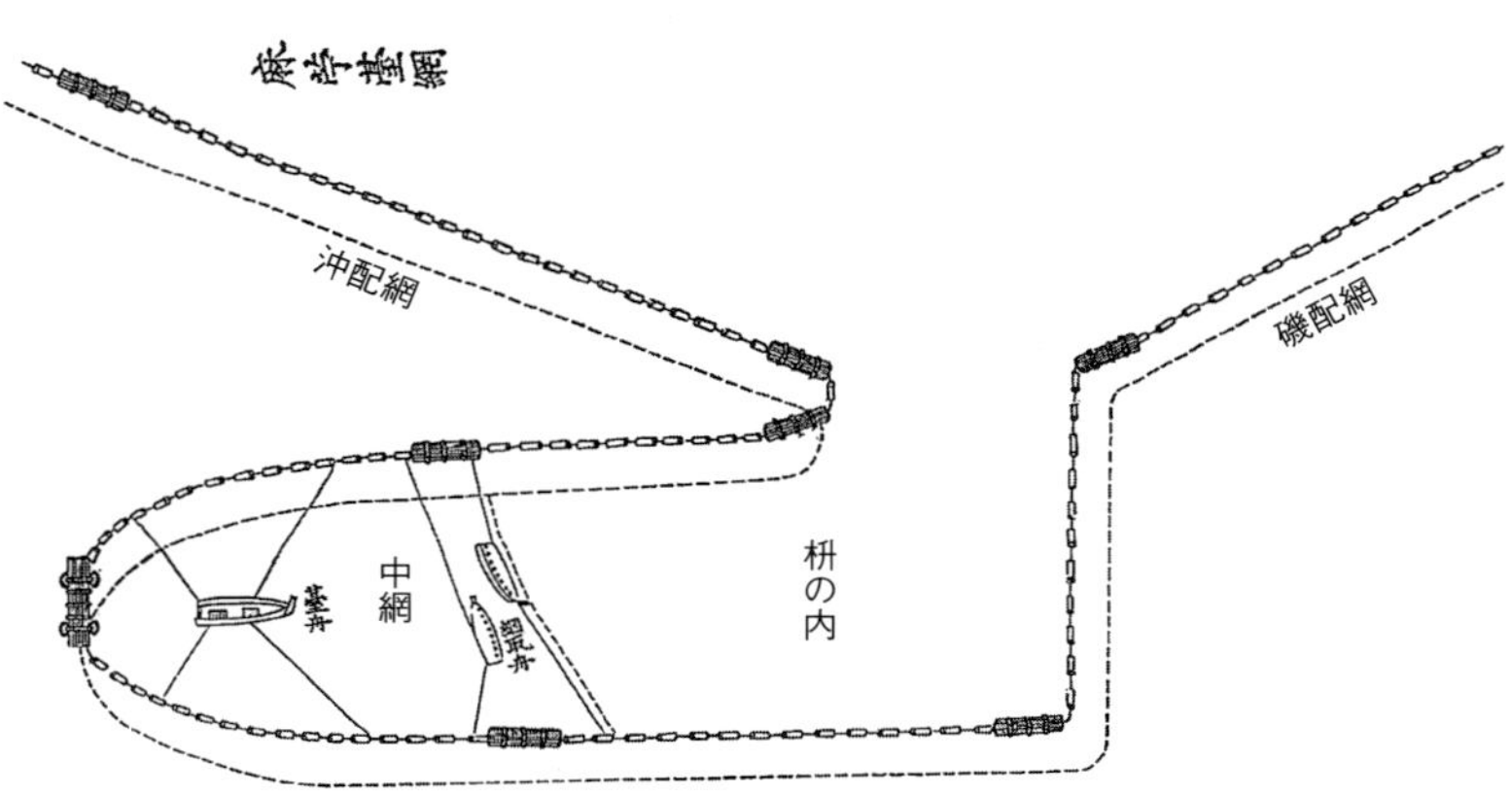

「麻苧台網」の図。「枡の内」などの書き入れは前頁図や本文説明の情報にもとづく。『第二回水産博覧会審査報告』明治三十二年刊、常置猟具・二百二十六頁より

それを探るために、台網による漁法をおさらいしておこう。上図は明治三十一年第二回水産博覧会に富山県から出品された麻苧台網。江戸期から氷見浦で存在が確かめられている台網である。海底十五尋（二十二・五メートル）ばかりの浅海に敷設するが、深海に遊泳するブリは数百、千尋の沖まで張られた「沖配網《はいのう》」に誘導されて枡の内に入ってくる。海浜の魚類は「磯配網」に誘導され入る。魚はやがて中網に入る。中網中央には六尋半（十メートル）の「台船」が陣取り、司考（指揮者）が乗って魚群を見張り、適度に入ったと思えば大声叱呼、八尋半の「網取船」に乗る八人に渡り口の網を揚げさせる。台船は中央を保持していた四方の網を解き、二艘の網取船の間を通り抜けて網の外に、網取船は左右に別れ艫を前にして中網の上部へ進み、側網外側にそれぞれ寄り添う。台船は中網に入った魚を追い集めつつ元の中央まで進んで左右の網取船に両端をつける。網取船の漁丁は中網の下部から順に上部へと網を繰り上げていき、最後は大たもにて魚をすくい船に移す。この網を使う時は払暁より日没に至るという。中網は苧麻製、網取船は「胴舟」と呼ばれ、風雨寒冷をしのぐ苫（屋根覆い）が付く…。

漁場ではこれを沖の方へと何網かさらに直列につなぎ、横にもこの直列体を並べるので広い海域がびっしりと台網で埋まる。一艘の台船と二艘の胴船で網揚げを毎日くりかえす漁であり、魚道をめぐる対立抗争は多発したようだ。そのため、台網設置場所に関して相互規制が発達し、十七世紀後半には隣接する網同士はもちろん、浦という広い単位の規約を定めて操業する体制が築かれたという。

上は右頁「麻苧台網」の網取船の苫の具合を示すとして同ページに載る石川県出品の「台網胴船」。葭のようなものを編んだ風よけ・屋根覆いか。船端に櫂が二挺見える。
下は「石川県管内海岸図」（『案内記』石川県水産組合連合会刊・明治四十四年の部分）。沿岸に台網の有無が記号で付く。外浦にまったくないこと、内浦は「大敷網」と「台網」の区別があることに留意されたい。

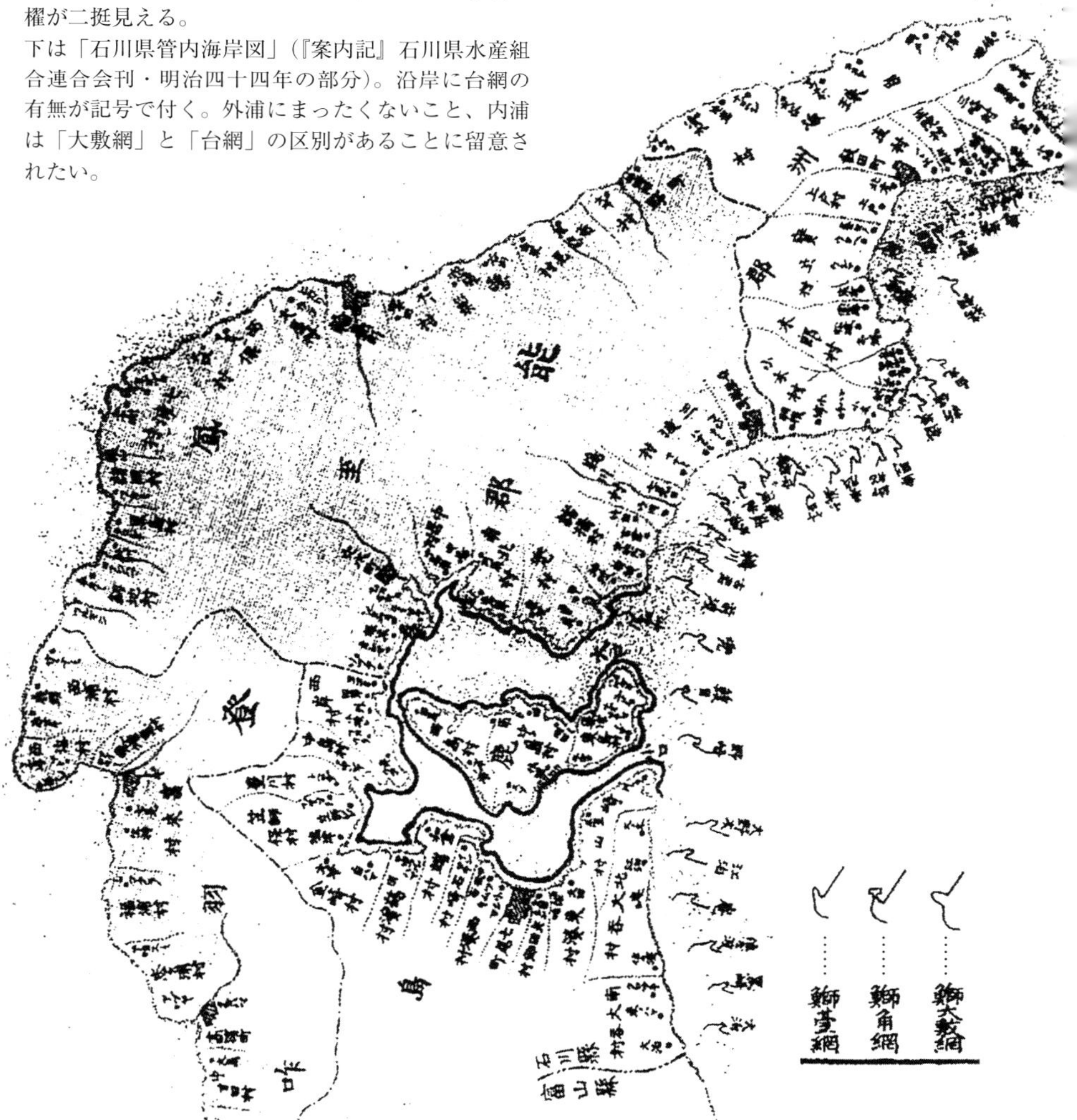

※1　明治十六年水産博覧会審査報告の記述。39頁に前掲。

※2　水産表から分かるものはほかにもある。網とモリは《自村》で製作しているというから、木嬰氏が製作したような抜けない銛でなく、鯨はもう渚近くまで来ているので殺し銛でいいことが追認される。網のワラは自国のもの、苧は七分が自国で三分は越後などから買い入れるという。苧麻とよばれるイラクサ科の草茎から取る麻繊維は、越後柏崎や直江津などが中世以来の産地、「青苧」と呼ばれて有名。

生地の恵比寿社にかかる「慶応四年」（一八六八）の交易船絵馬。ほかに「明治九年」「明治十四年」紀年などの北前船絵馬も存する。また、捕鯨の絵馬もあり、169頁で紹介する。

このような強い管理体制におかれる台網漁の沖合で捕鯨は行なわれるわけだが、ここの捕鯨は渚近くまで追い込んでから網と銛を打つ法である。そうすると、逃げる鯨が海面を覆う台網群と接触する事故は頻発するのではなかろうか。沖合で鯨を網に覆い銛を打って捕獲、沈ませないため《綱を二隻の舟に繋ぎ、頭部に鉤を掛け、一船の舳に結い、共にこれを曳て渚に》※1という木嬰氏の曳き方であれば、そんな事故は起きない。《一村の漁業者残らず出て》というのは事故を防ぐためであったかもしれない。専業の捕鯨組が出来ても、台網群の隙間を縫って渚へ追い込む捕鯨が常に実施され得なかった所以と理解することはできよう。

明治十二年『水産物取調』の水産表※2に戻ろう。昨年捕鯨数は《四尾》で、《生魚》二尾は三百六十円で近隣にすぐ売り、《製魚》二尾は《皮身両様にさばき、二貫目ばかりに切り分け、また二三寸切れ目を入れ、大桶に塩漬け》、塩代や加工賃を加えて一尾二百二十円で《自国や越中・越後》に売ったという。

鯨の諸産品は、越中や越後から能登通いの交易船が日常的にあり、彼らのリスクを負った売買に委ねられていたはずである。たとえば明治末の高岡新報は、能登と交易していた越中新川郡「生地町」の記録をひもといて寛政享和の頃（一七八九～一八〇三）まで振り返り、生地の船衆※3について次のように記している。

「船改めの記録によれば、寛政享和《きょうわ》の頃より七十石以上百石以下の小回り船六七十艘を有して、能登・越後・佐渡及び出羽等の諸国に航海し居たるが、毎年陰暦

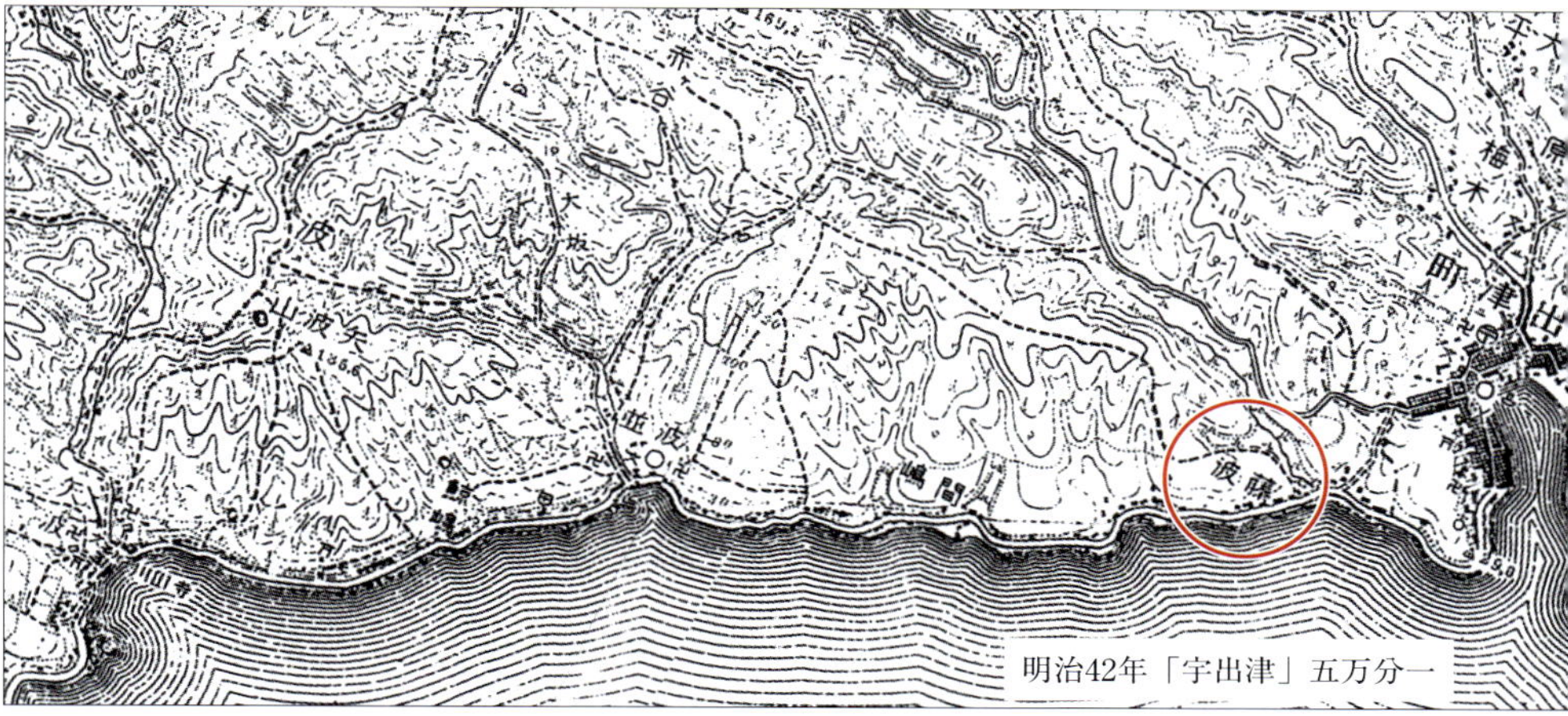

明治42年「宇出津」五万分一

十二月、北海の荒ぶる最中に能州各海岸に出てブリを買い積み、これを越後直江津等へ運搬して一航海に数百金の巨利を収めたれども、親不知・小泊・名立など危険の箇所あり、冬季は強風絶えず怒涛山の如くにして時としては吹雪のため咫《し》尺《せき》を弁ぜざる所も多く、百石以内の小船にて航海するとなれば年々幾艘の難船なきはなく、多数の人命を空しく鮫魚の腹中に葬らしめたり。しかるに後年、伏木・直江津間の汽船航海するに及び、冒険の値を失いたるが、生地の十貫命とて僅かの金銭のために大切なる生命を失うを嘲けるもの多かりき」明治44・2・19

《十貫》は銅銭「寛永通宝」一万枚のことで、天保期なら小判一両半に相当した。明治二年になると一両相当に下落、明治四年に新貨条例で一円は純金一・五グラムと定められ、一両は一円とほぼ等価に交換されたから、この明治十二年『水産物取調』にあるブリ一匹四十銭を参照すれば、漁人一人の命はブリ二匹ほどの値になってしまう。《生地の十貫命》はあざけりの意を強めているかもしれないが、何を暮らしの張りとするかは人それぞれの選択、江戸期の人びとの価値観がかなり多様であったことを示すもの。

　能登捕鯨の史料を先に進めよう。前述したが、明治十三年『石川県勧業年報』は能登国では依然としてブリ台網に偶然入る鯨を捕るとし、『能都町史』第二巻も、明治十三年六月、宇出津村外九か村の戸長が郡長に提出した「捕鯨採藻取締ノ義ニ付御届」を紹介して、捕鯨は宇出津・藤波の両村で行なわれてきたが、藩

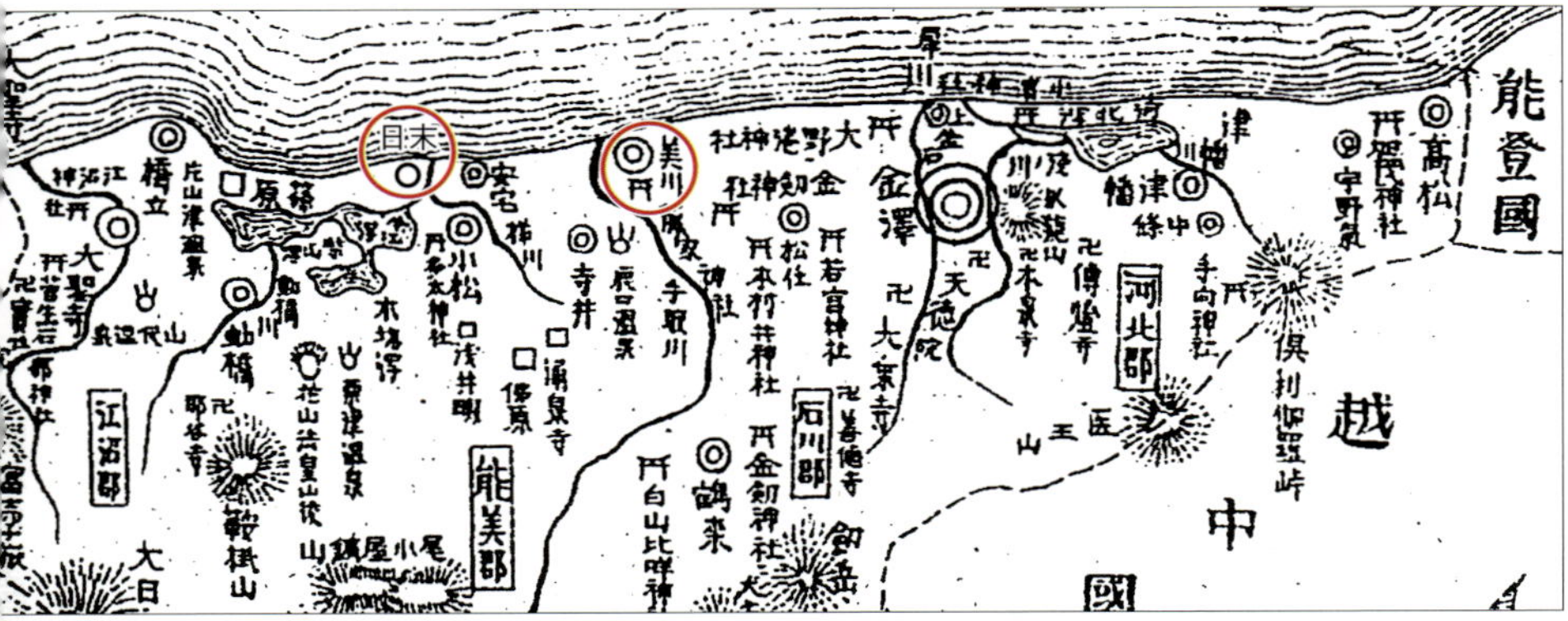

明治32年の加賀国略図（『北陸鉄道七尾鉄道中越鉄道案内記』明治三十二年刊より）

政時代の捕鯨には取締りといわれるようなものがなかった、鯨捕の網は旧高持に限って仕卸した、捕鯨収益は旧高に応じて分配したなどと述べて、台網の外に新たな鯨網をめぐらしている様子を描いていない。さらに『能都町史』第二巻は、明治十五年に藤波村の台網に二頭の鯨が入った記録を紹介するのみで、明治十二年捕鯨に触れないので、台網外捕鯨が行われていないことは確かである。

明治十五年の藤波にいくつか捕鯨に関する数字が出るので紹介しておく。

一月二十四日に小鯨が一本あがり、四月十五日に真鯨が一本獲れた。小鯨は百六円、真鯨はかなり大物で千五百一円、合わせて千六百三十九円。このうち百円は「まけ」、三十二円は水夫方に与え、残り千五百七円、昔の銭に直すと三万百四十貫文になるという。造用は締めて九千四貫三百三文。先の残額から造用を引くと二万千百三十五貫六九七文、これを上組・下組に平等に分割、各組一万五百六十七貫八四八文、約五百二十八円の分配となる。海辺で解体、一部は一般にも売られた。たとえば、四貫目の肉と一貫八百目の皮で二円九十銭とある。

次は明治二十年の『石川県勧業年報』。「鳳至郡藤波村において近年不猟なりし鯨二頭を捕獲し、宇出津においては海豚数十尾を得」と記している。台網に入った鯨と思われる。

明治二十七年『水産事項特別調査』には鯨に関する情報がいくつかある。石川県全体の「漁場採藻場」一覧表が載り、各漁村の重要水産物が記されているが、加賀で「鯨」と記されるのは能美郡の「末佐美村」と「美川町」だけ。金石も粟明治27年『水産事項特別調査』の中の「漁場採藻場」から鯨を重要水産物に揚げる地区だけ抜き出した。

町村名	里程	大字	里程	戸数	人口	戸数	人口	戸数	人口	戸数	人口	網漁	釣漁	生鮮物	製造物
末佐美村	廿四丁	日末	十一丁	四二	五九	―	―	―	―	四二	五九	五〇	九	鯨	
		佐美	十三丁	二五	三五	―	―	一五	三三	四〇	六八	二五	一〇	[illegible]	
美川町	十丁			二〇三	八二一	―	―	一六〇	二七三	三六三	一,〇九四	七三五	八六	金頭魚鯨[illegible]鯖鰈鯛等	[illegible]肥料
宇出津町	二十五丁	宇出津	二十丁	二二二	六六六	一九	六〇	三五	一五五	二七六	八八一	九一五	八〇四	鯖鮪鯨	鯨十鯖[illegible]
		宇出津新	三丁	五八	二五六	―	―	一六	二七	七四	二八三	―	二一一	[illegible]鰮烏賊	砂干鰮[illegible]
		宇出津山分	二丁	一八	三六	―	―	二〇	四七	三八	八三	一一	二三	鯛	仝
三波村	二里三丁	矢波	廿五丁	三八	一〇四	―	―	―	―	三八	一〇四	一三四	六	鮪烏賊[illegible]	[illegible]
		波並	二十丁	三九	一五八	―	―	―	―	三九	一三八	一〇八	三〇	鯖鯨鯛	仝
		藤波	三十丁	二四	四五	二	五	五	五	三一	五五	八六	三四	・仝	仝

崎も内灘も記されていない。能登内海では「宇出津」が「製造物」として「鯨」を記し、「波並」「藤波」が「生鮮物」として「鯨」を記す。漁獲物一覧では郡別に「総額」と「生売り額」が示され、鯨の項目は次のようである。

能美郡　三頭＝七五〇円　三頭＝一〇〇〇貫＝七五〇円
石川郡　一〇〇〇貫＝三三〇円　未記載
鳳至郡　六五六〇貫＝一八四七円　五五六〇貫＝一五七五円、
珠洲郡　一頭＝四四三円　一頭＝四四三円

能美郡の三頭一〇〇〇貫と珠洲郡一頭は全部が生売りされ、鳳至郡は全体のうち一〇〇〇貫ほどが加工に回されているのが目につく。「鯨油」という欄では鳳

宇出津港
鳳至郡に在り船舶の出入多くして繁盛の港なり其左の遠島山に城址あり天正年中上杉景勝の臣下長景連の居りし處なり山上の眺望大に佳し

（『石川県案内記』明治四十二年刊）

至郡のみ「三斗入り百樽＝百円」とある。鳳至郡が江戸期からの伝統を持っていて加工部門が地域に根を張っていることを示すのだろう。江戸期の鯨利用は、その肉ではなく、稲作の害虫駆除に珍重される鯨油に重きがあった。鯨油を主目的としたことは、米欧も同様である。

水産物種別輸出入という一覧表がある。「鯨」が「北海道」から「八〇〇〇貫＝五〇〇〇円」で入り、「塩鯨」が「直江津」に向けて「六五〇貫＝二二七五円」で出ている。貫目あたりの価格を想像すれば、生売りでなく加工して売ればずいぶんの地域経済になるのが分かる。それにしても北海道から入る鯨というのは、先にみた羽幌の斎藤氏らの捕鯨であろうか。

表外に「製造物売買の習慣およびその実況」と題する注釈がある。

「其一　加賀四郡の漁獲物は水揚げのとき直に魚商人に生売りし、また金沢市および大聖寺・小松・松任を首とし魚問屋などへ出し生販売とす。ひとり製造に付するものは鰮《いわし》の大漁ある場合は搾《しぼ》り粕《かす》あるいは乾し鰮に製し、また小鰮河豚《いるか》の筋は鰊と共に糟《かす》漬けとしあるいは干し鰮に製し自家の食料に供し、また山野各村へも販売す。

其二　能登地方にては鹿島羽咋の二郡は魚商の手に渡りたる後笊《ざる》詰めとし、金沢市魚問屋へ生売りし、製造の原料とするものは海鼠《なまこ》・烏賊・鱰《しいら》・鯖の類なり。また鳳至・珠洲両郡の如きは近来運輸の開発するに従い生魚のまま宇出津港より越後直江津へ和船を以て直送し、且つ四十物商は塩蔵物として桶詰めとして越中越後地方へ販売す。海参《いりこ》・鯣《するめ》※の如きは箱詰めあるいは筵《むしろ》包みとし、十六貫目ないし二十貫目を以て一個とし、大坂および神戸地方へ販売す。肥料は筵建てとし量目十貫目を以て一本とす。」

驚くべきは生魚が宇出津港から和船で直江津港まで直送されること。帆走の和船にとって、富山湾内はアイ（北東）の風が多く、南進するに都合がいいのか、その日のうちに直江津港まで行けるようである。鯨肉も直送されたに違いない。注釈「汽車汽船の開通により水産物運輸上に来したる影響」が付されている。

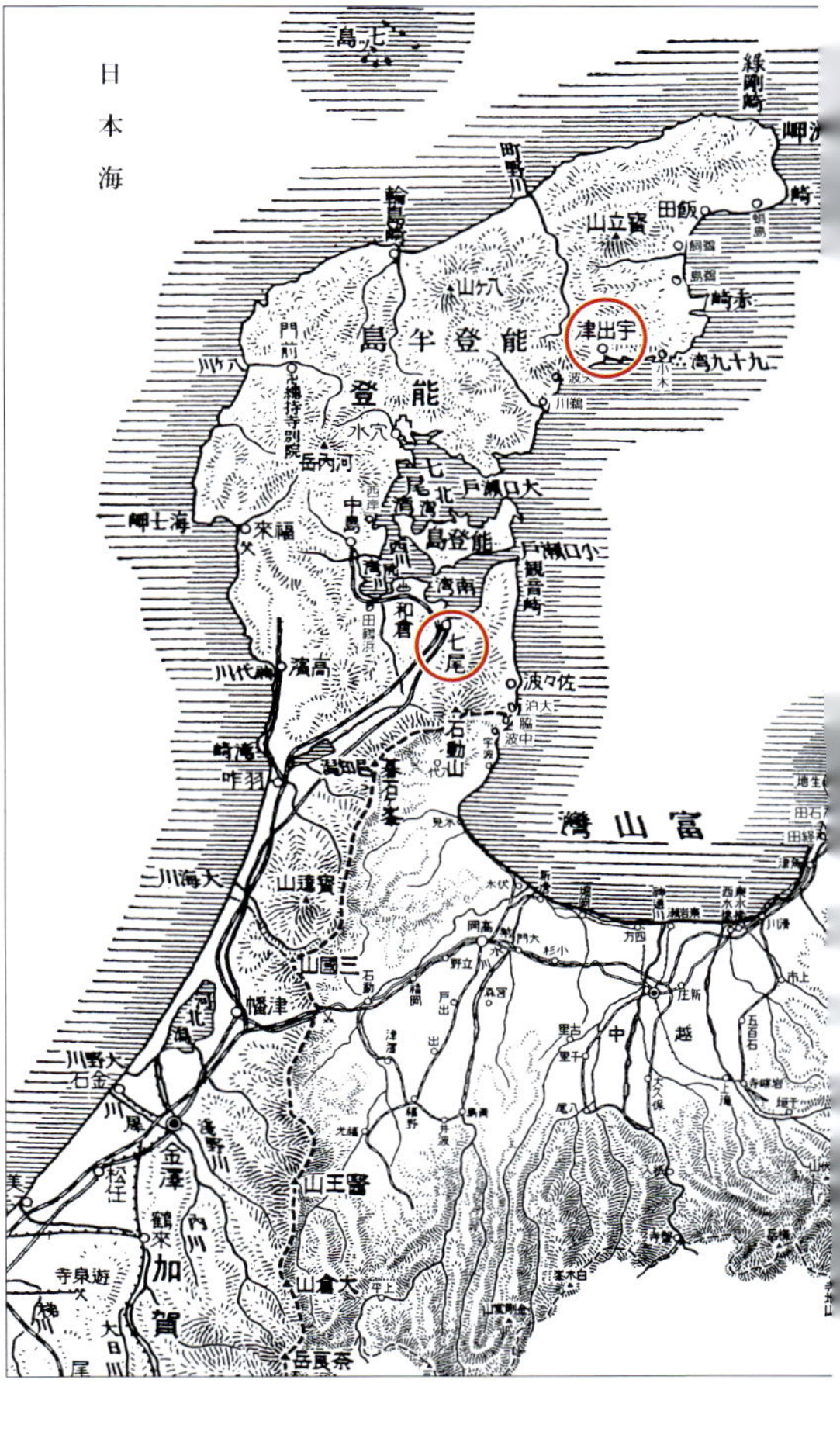

能登と越中をつなぐ富山湾（『日本地理風俗体系・中部編』昭和五（一九三〇）年刊より）

※ ナマコを干したイリコやスルメは江戸期、俵物と称され、清国に輸出された。十八世紀末に幕府直営の交易業となり、金銀の逆輸入が始まるとその対貨としてさらに重要度を増し、生産の中心であった東北諸藩のどこもが資源枯渇気味となってきたため、全国の沿岸から集荷されるようになった。明治期に入っても能登四郡のものは七尾町に集荷、大阪方面に出荷された。海鼠の生産法は、たとえば「七尾町石井為平」の場合、「海鼠の腸を取出し、空鍋に入れて約一時間煎り、次にこれを煮た後、再度煎って海鼠がまだ柔軟なうちに竹串に貫いた。これを炉に設けた棚に配列して、松材をもって約三日間燻製し、金色になったころさらに太陽に曝して乾燥させた。この保存には、快晴の日を選んで太陽に曝すことを何度も行った。」（小川国治『江戸幕府輸出海産物の研究』一九七三年・吉川弘文館、３４０頁）

小木港
珠洲郡に在り古來有名の港にして北海往來の船舶は常に風波を此に避けり

（『石川県案内記』明治四十二年刊）

文化五年（一八〇八）刊『鯨史稿』が挙げていた「能登国・小木ノ浦」だが、九十年後の明治二十九年現在、《廃業すること久し》である。

「其一　従来県下各浦の漁獲物は海陸不便のため販売も随《したが》って滑らかならざりしに、明治十八年、加能汽船会社を設置し、金石敦賀間の航通を開き、また七尾宇出津には明治十四年の頃より七尾町松井善四郎なるもの一己人的にて小蒸気の便を開きしより漸次航通を得、能登奥郡のものは一旦七尾へ出し、それより金沢地方・越中地方へ運輸し、また金石港よりは大坂への便を得たりしより、自然に捌《さば》き方宜しく幾分の価格を高めたるものの如し。」

明治二十年（一八八七）ころまでに、能登と加賀、越中、越後を結ぶ運輸の便が急速に整備されたことが分かる。笊詰め、箱詰め、桶詰め、筵建て——さまざまな梱包があった時代である。

さて、明治二十九年刊『捕鯨志』に注目すべき言が出てくる。

「能登国は昔時、小木《おぎ》捕鯨場ありしといえども、廃業することすでに久し。近年同国宇出津にその組立ありといえども、まだ甚だ盛んならず。時に鮪台網に入るものを捕獲するに過ぎず。」

近年、宇出津に《捕鯨場》の《組立》がなされたという。明治十二年『水産物取調』にあった台網外捕鯨を指すと思われるが、それは「一村の漁業者残らず出て」という村挙げての捕鯨だった。日本海を北上する鯨群からたまたま逸れて沖

真脇湾の海豚漁の様子（『石川県案内記』明治四十二年刊）。明治十二年「水産物取調」に載る鳳至郡の海豚漁は「三十余艘、毎朝五六里ばかり沖合出扶疎に漂流す該魚十分に入六七回海上に浮かむを見て番船互に声を上げ目印を以て陸地へ通知す。陸地には小高き所にて漁夫五六人交番望遠鏡を以て沖の合図を見留め、その景況を同業の者へ知らするを聞き、数百艘漕ぎ出し左右より追い回し湾内などへ追い込み捕魚す」、この年は四百六十尾、一尾九円で神戸や津軽・秋田・庄内へ輸出とある。一九七七年刊『水産小木のあゆみ』は、九十九湾の追い込みイルカ漁は詳述するが、鯨漁にはまったく触れない。

合に現れる鯨、これを渚まで台網に触れないよう追い込むには多数の船と人手が要ったので、明治十六年ころ河波氏がテコ入れを謀ったけれど村捕鯨がつづいて、《近年》ようやく専業の捕鯨組ができた—そう云うのであろう。捕鯨組としてなかなか成長できない問題点は、ミンク鯨は死ぬと沈んでしまうという点にあろう。生きたまま台網と触れないよう沖合からどう確保してくるかである。江戸期の漁人たちがどうやっていたのか、それを調べる必要がある。

同じ明治二十九年刊『第四回内国勧業博覧会審査報告・第4部』は、全国各地の捕鯨場はなお概ね「網を掛け銛を投じてこれを捕殺する」方法によって営業すれども、旧態を墨守するのみで器械の改良などに取り組もうとしないのか、当博覧会の出品が少ないと嘆いている。安房その他において爆発銛や外国捕鯨器を用いて沖取法を行なうものが二三いるけれど、金華山沖で関沢清明氏がマッコウ鯨捕獲の試験を行なって好成績を収めたのに継続者がいない。近来、鯨の来游が著しく減少し、有名の捕鯨場がほとんど廃絶せんとするのも自然の趨勢で、こうなっては沿岸から遠洋捕鯨に出るしかないという嘆き節がなされている。

宇出津における捕鯨組についてはこの後も詳しいことは出てこないので、本格的な捕鯨組はできなかったと思われる。理由は不詳である。当地は、台網に入った鯨をうまく浜まで揚げる方法のあったことが分かっている。その方法手順を見ようと思うが、まず現在の手順。三波公民館長の徳田博史氏からお話を聞いた。

定置網に入っても、弱っていず逃がしてやれる鯨はいるが、奥まで入り込んだ

現在の鯨捕の様子。左頁①舷側にクレーンで吊って帰港、右頁②船上に横たえる、③ヒレの横にトドメ刺し、④解体の包丁を入れる（撮影者＝高宮一成氏、能都町立三波公民館提供）

鯨は弱っていて逃がしてやれないことが多いという。ゆっくり網を繰って台の方へ追い込み、落とし網にまで入れると、たぐっていた網を放して沈め、鯨による破損を防ぐ。そして鯨が台際まで来た折を見て尾にロープをくぐらせ、クレーンで少し引く。鯨は暴れ出すが、タイミングを見計らって三重にロープをかけ、鯨の尾の方をさらに少し持ち上げる。鯨は推進力を生む尾を持ち上げられては、噴気孔のある上体は海に浸かったままとなり、やがて窒息気絶する。それをクレーンで舷側に釣り上げて網外に出す。ここまでおよそ一時間はかかるという。舷側に吊ったまま港へ急いで、着港後、船上に移す。横たえてすぐ、脇腹に包丁を入

れてとどめを刺す。そして解体作業にうつる—。掲載の写真は二〇一二年一月三〇日、波並漁港に揚げられたミンク鯨である。

定置網などにまぎれこんだ鯨については、二〇〇一年に水産庁通達[※1]が出され、死亡した鯨の一部を財団法人日本鯨類研究所へ提出し、DNA検査に供する措置を取れば、その鯨の販売は許可されることになっている。

では、クレーンのない江戸期においてはどのような手立てで鯨を網外に出したか。格好の絵図史料が存在する。石川県立博物館学芸員・濱岡伸也氏[※2]の論文を参照しながら、その捕鯨法を史料に沿って紹介しよう。

「能州鯨捕絵巻」にみる江戸期捕鯨

金沢市片町にある前田土佐守家資料館に、その絵図「能州鯨捕絵巻」は蔵されている。縦約四十センチ、横約四百七十三センチ、文化九年（一八一二）九月「本江村惣助」の署名がある。当時、前田土佐守直方は藩の年寄八家の最長老で、殖産興業を指導する立場にあった。この絵巻は、鯨の年間に獲れる量、捕れる場所、捕り方、鯨の種類、鯨の代銀、鯨各部の利用法など、具体的な数字を示して細かく記入されており、加賀藩産物方が捕鯨の可能性について問い合わせ、調書として出させたものと思われる。鹿島郡三階村の生まれ、当時は羽咋郡本江村で十村役を務めていた惣助という人物がその調書を記している。

「能州鯨捕絵巻」の巻頭文（前田土佐守記念館蔵）

※1　「指定漁業の許可及び取締り等に関する省令の一部を改正する省令の施行に伴う鯨類（いるか等小型鯨類を含む）捕獲・混獲等の取扱いについて」平成十三年七月一日付13水管第1004号水産庁長官通知。国際捕鯨委員会は定置網で混獲した鯨は海に戻せと指導しているが、水産庁は網内で発見時の写真記録とDNA検体を提出することで販売を許可している。

※2　濱岡伸也「史料紹介—前田土佐守家文書「能州鯨捕絵巻」について」（『加能史料研究』三号・一九八八年）

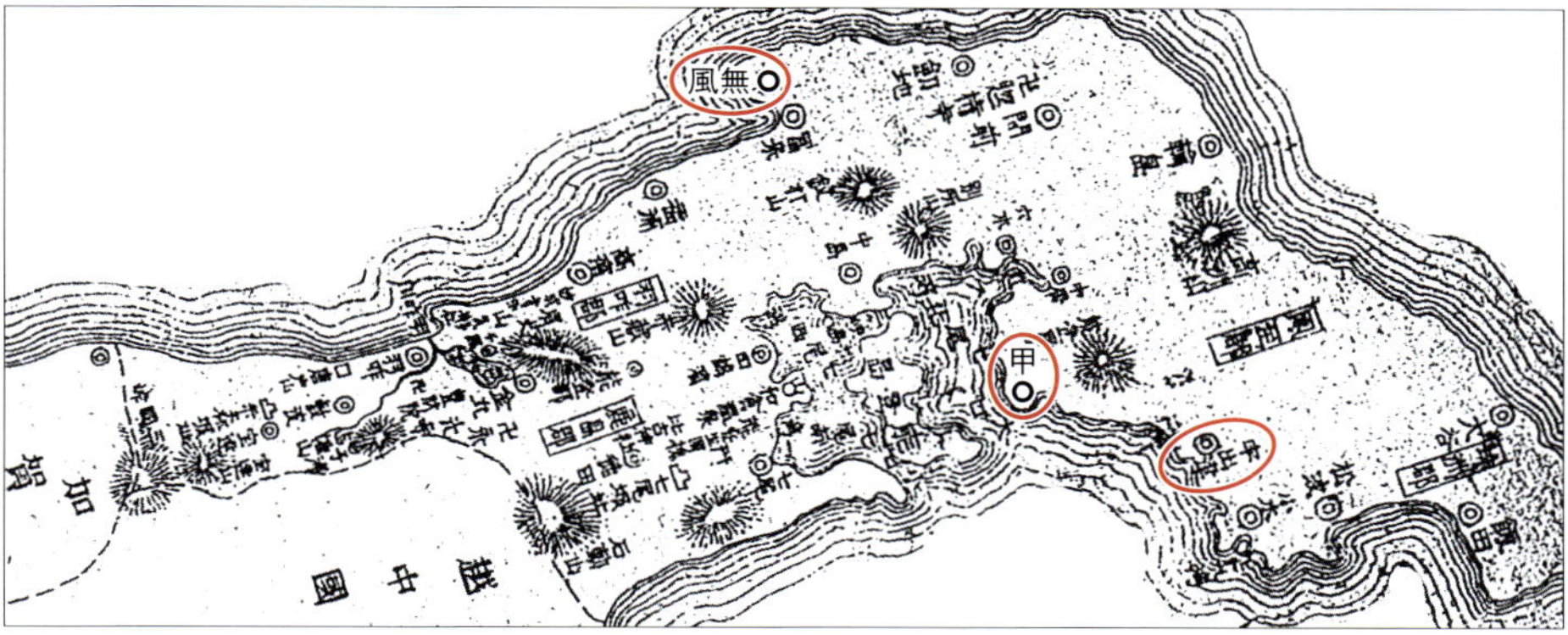

能登国の概略（『北陸鉄道七尾鉄道中越鉄道案内記』明治三十二年刊より）

絵巻にある解説文章を濱岡氏による翻刻そのままではなく、読者の読み手間をはぶいて筆者の読み下し文にて紹介する。句読点を加えたほか、漢字に送り仮名やルビを付したり、漢字を平かなに直したりしてある。□□は虫食い部分。

「能州にて鯨捕り申す儀、内浦筋鳳至郡前波村辺より宇出津辺までの間を第一と仕り、四季ともに捕り候えども、甚だ稀の事にて一ヶ年に二本、二ヶ年に□□□□三四本も捕り申し候。外浦筋には羽咋郡風戸《ふと》村・風無《かざなし》村・千浦《ちのうら》村には三四年壱弐本も捕り申す事ござ候。その外には捕り申す所ござなく候。もっとも大網をおろし申す処、内浦筋鳳至郡甲《かぶと》村より宇出津までの間にござ候えども、甲村には是まで網へ鯨入りたる事ござなく候。外浦筋にては羽咋郡風戸村・風無村・千浦村、夏網をおろし申し候。その外には大網おろし申す所ござなく候。大網は海の模様により魚道の筋を考えておろし申し、夏にて過分の入用を掛けおろし候えども魚の捕れもしれがたくもの故、新規にはおろす事致し申さず候。その内所により間々新規の網をおろし候えども一両年□□□にして止め申し候。射水郡氷見灘に網をおろし申す所是にもたまたま鯨入りて捕り申す事ござ候。内浦筋の網は広く外浦の網は狭し。依りて外浦に捕り申す鯨は大体四五尋より大なるはござなく候。全体鯨を捕り申すための網と申すにてもござなく、諸魚を捕り申す網へ入り候鯨を捕え申す事にござ候。

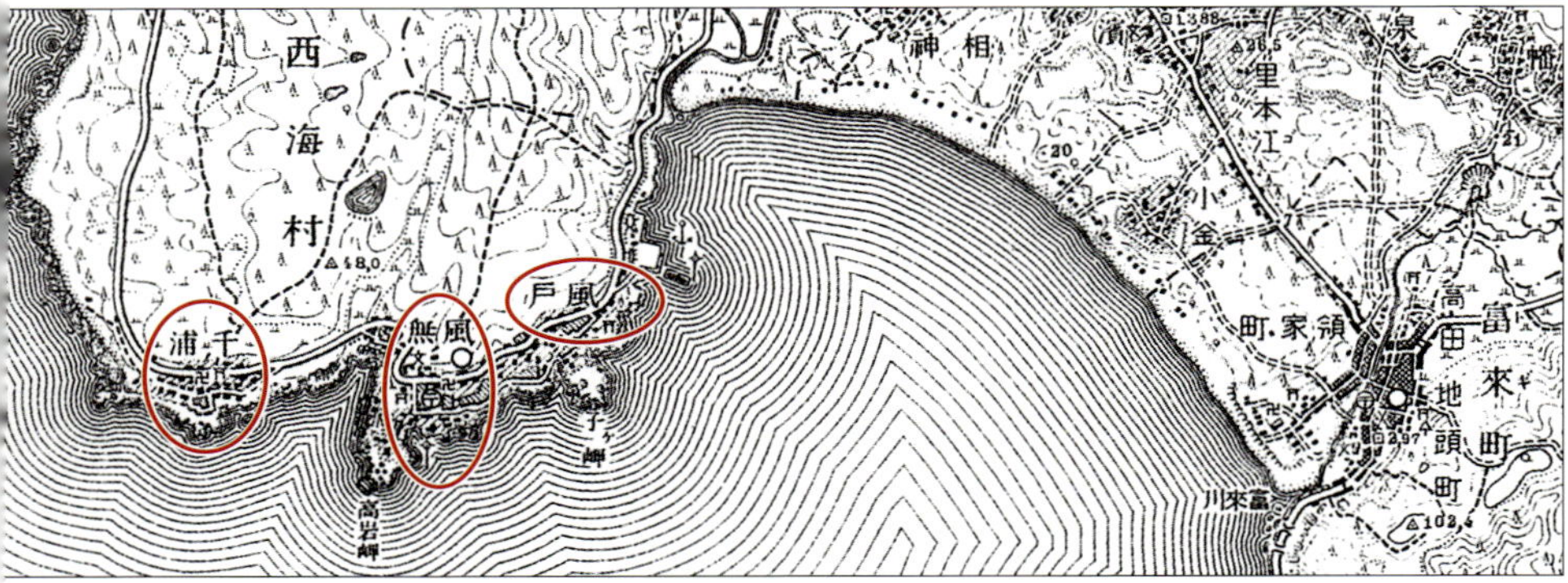

※　外浦の「風戸村」（現・富来町）については、嘉永二年（一八四九）刊『農家必要』が、同村は四～五尋（六・一～七・六メートル）の小鯨を捕ると記すという（近藤勲『日本沿岸捕鯨の興亡』二〇〇一年・山洋社・164頁）。五万分一「富来」大正五年修正に見る風戸の浦。

能登で鯨を捕るところはあるが「甚だ稀の事」というのがこの調書の中心的な回答のようである。大網をおろす内浦の宇出津から前波までの間、台網の中に迷い込んだ鯨は捕られてきたが、年にわずか二本くらい。外浦では羽咋郡の風戸・風無・千浦村が定置網をおろしたことがあるが、二年ほどで網卸しそのものが止んだ。越中の氷見灘にかけても網が卸され、鯨が捕られている。外浦の網は狭く、捕れても四～五尋（六～七・五メートル）より大きい鯨はない。台網は諸魚を捕るのが目的で、鯨は網へ入るから捕るに過ぎない―という。

一、鯨捕り申す仕法、大網へ入り候を捕り申す外にはござなく候。他国にてモリを投げ捕り申す儀ござ候由。能州にてモリを投げ申す事存じ候ものござなく、尤もさほどに鯨多くも通り申さぬか、海中常に鯨の居り申すといふにてはござなく相聞き候。十ケ年ばかり以前か、河北郡高松村にて鯨捕り申す網を拵え様子承りおよび候えども、仕法委《くわ》しく存じ申さず見受け候事もござなく候。網拵え候までにて鯨一本も捕ら得申さぬ由にござ候。

他国ではモリを投げて捕るというが、能登では鯨にモリを投げて捕ることを知っている者はいない。来鯨がそんなに数多くないし、海にいつも鯨がいるわけではないと聞く。十年ほど前、河北郡の高松村において捕鯨用の網をこしらえたことがあるが、詳しい仕法は知らず見たこともない、鯨は一本も捕えられなかっ

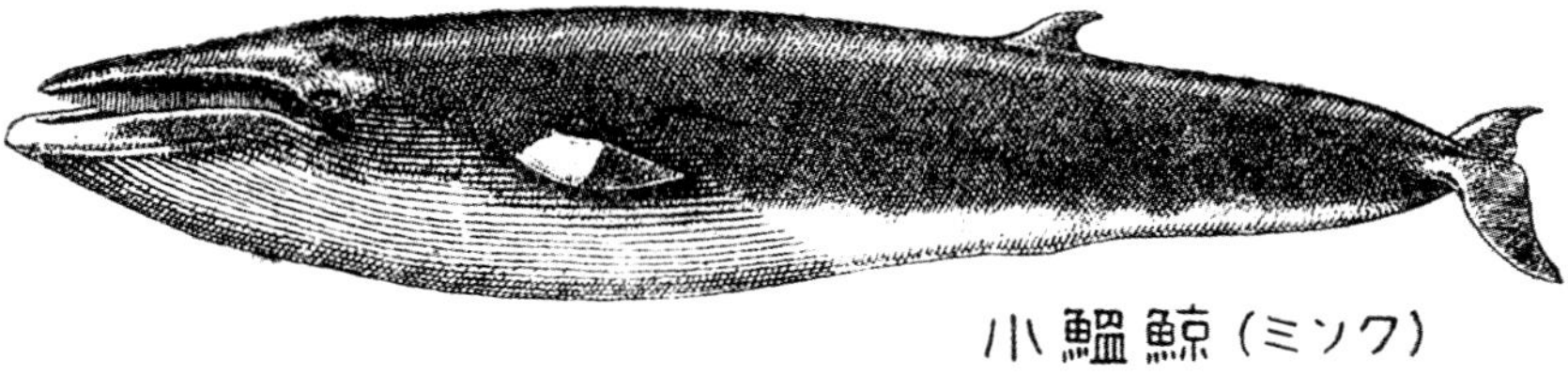

コイワシ鯨（『鯨—その科学と捕鯨の実際』昭和十七年刊・水産社より）

たと聞いている。

一、鯨。ナガス。真魚。海老尾。鯖尾。シャウブナシ。と五品ほどこれある様承りおよび申し候。ナガスと申すは背色黒く腹色白くしてちゞらの様に相成り、鰭長くござ候。全体長十尋ござ候えば、胴回りも十尋ばかりござ候。海老尾と申すは尾海老のごとく、鯖尾とは尾鯖の尾のごとく。シャウブナシと申すは背腹とも鼠色にして勢いつよく背にシャウブの鰭ござなく候。ナガスは皮薄ふして味宜しからず。真魚は皮厚くして味宜しく肉多し、おなじ長にても真魚はナガスより料高直と申す由にてござ候。シャウブナシは網へ入りて横倒し搦め締る事なりがたく、鯖尾は多分シャウブナシにこれある由。尾を横振りにして尾に舟を乗せ搦める事しがたく、この両品は捕えがたき故、網を緩め放し出し申し候。

鯨にはナガス・真魚・海老尾・鯖尾・シヤウブナシの五種があるという。ナガス鯨は黒色の背で、白色の腹はちゞらのように皮膚が何十列の畝をなしていて、鰭はとても長く、全体長が十尋（十五メートル）なら胴回りも十尋ある（これは過剰表現か）。真魚は皮が厚く味もいいし、肉も多いので、同じ長さならナガス鯨より高値が付くという。ミンク鯨（コイワシ鯨）のことらしい。

　鯨と魚の外形における大きな違いは、鯨は尾が水平についている点で、その尾の形で鯖尾・海老尾と区別しているが、何種の鯨をいうのか不明である。シャウ

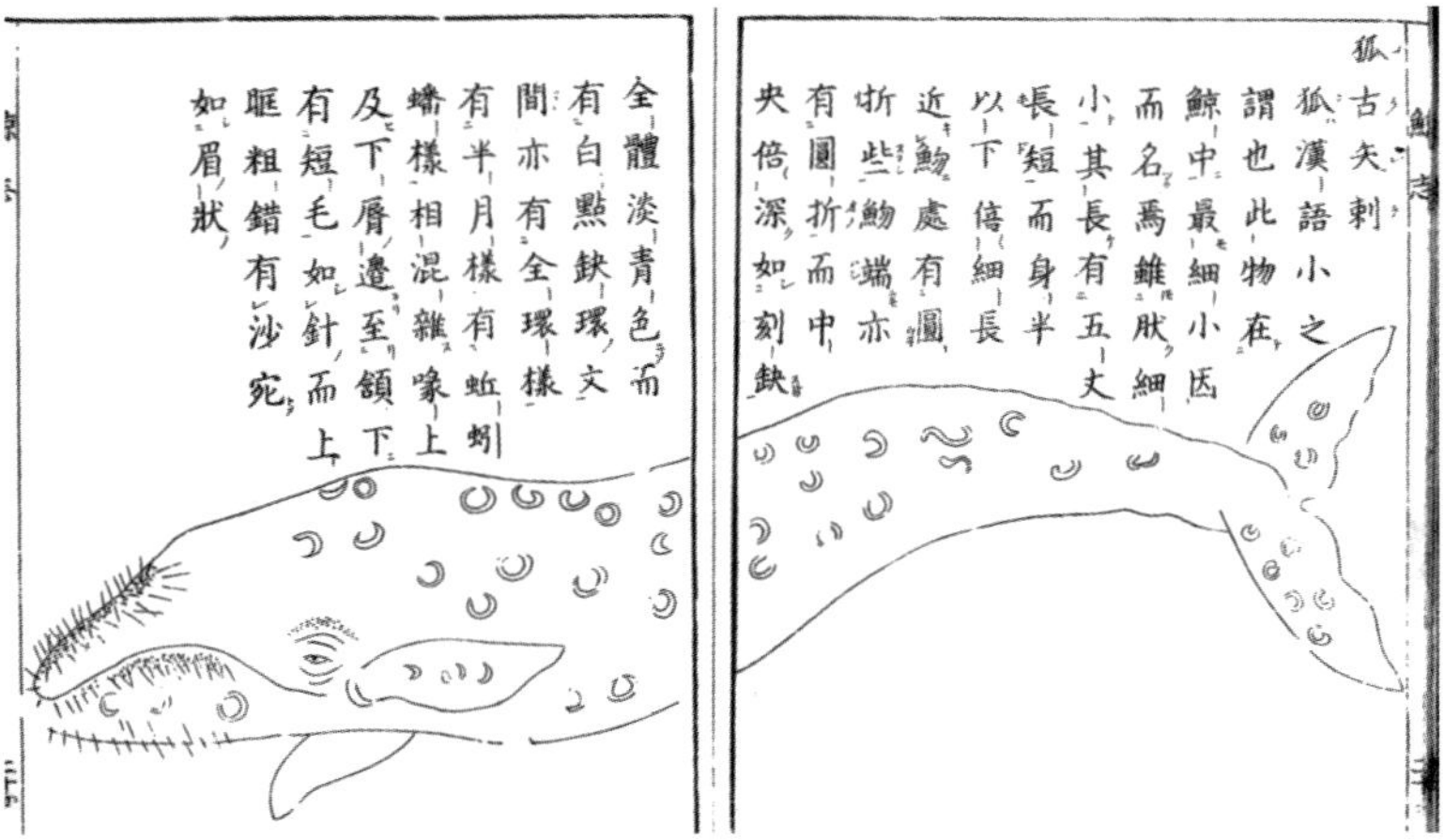

コク鯨（『鯨志』宝暦十年＝一七六〇年発行・寛政六年＝一七九四年求板より。富山県立図書館蔵）

ブナシは背ビレがないという。セミ鯨とコク鯨がそうであるが、背腹ともに鼠色というのをみれば、コク鯨であろうか。これと鯖尾は尾の力が強く、後述の水舟で尾を押さえこもうとしても御しがたいので捕獲をあきらめ、網から放している、ナガスとミンクの二種が通例の捕獲対象であるという。

一、鯨、冬早春寒気の内は料よろしく、真魚にて七八尋もあれば代銭五六百貫文ばかり。四五尋ばかりの魚は二三百貫文より百五十貫文。至っての小魚は三五十貫文までもござ候。三月頃より未夏中は下料にござ候。肉、暖気に堪えがたき故、商人手遠へ持ち運びがたきに付きずいぶん下料に買い入れ申し候。

鯨の値は寒気のある冬の内が高値。七八尋（十・五〜十二メートル）のミンク鯨なら五六百貫文という。小判一両を五貫文とすれば、五百〜六百貫文は百〜百二十両に相当する。四〜五尋なら二三百貫文、四十〜六十両という。米価をもとに比較してみよう。当時は一両で一石（百二十キロ）強が買えたが、現代の一石は生産者価格で三万円強、つまり百両は三百万円以上に相当という換算になる。ちなみに現代の定置網にかかったミンク鯨の値は、能登の波並《はなみ》村の方に聞くと浜値で百万円くらいという。鯨の値は時代と共に値下がりしている感じである。

一、鯨は皮味宜しく料多きなり候。その内□□□□、ヲバイケと申し候第一。背

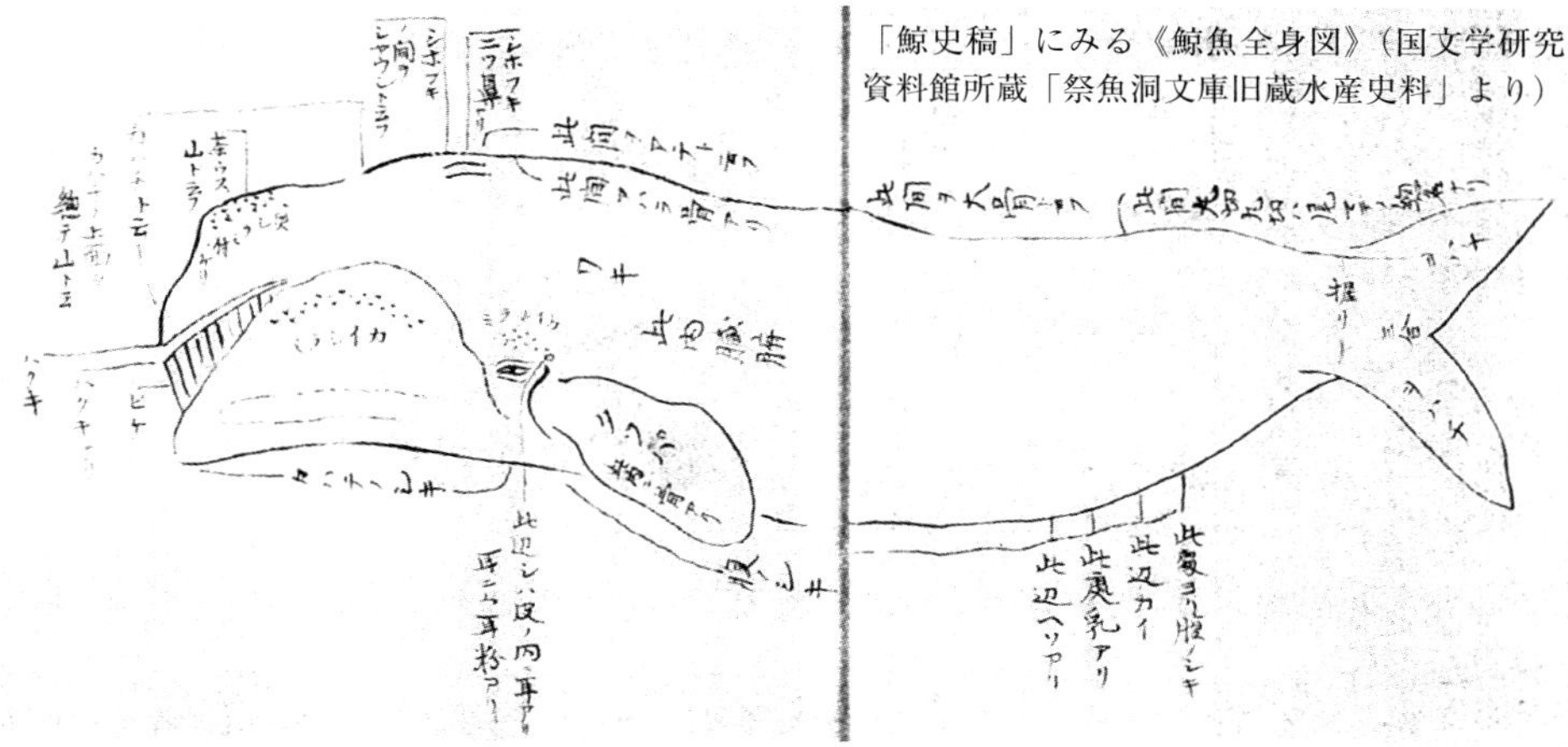

「鯨史稿」にみる《鯨魚全身図》(国文学研究資料館所蔵「祭魚洞文庫旧蔵水産史料」より)

筋の皮を上品と仕り候。上下に味も違い候て、頭ほど宜しくござ候。肉は皮と違い、料甚だ劣り候。諸魚のごとき歯ござなく、カゲノヲサ様なるものこれあり、この根を鯨の歯グキ。ヲサノ骨を歯と唱え細工物に仕り候。鯨、鰯を潮ともに飲み、カゲノヲサにて潮を分け汐吹き穴より吹き出し鰯を飲み申し候。頭のヒズ、カブラ骨と申して薄くおろし干し立て、売り出し申し候。筋は綿打ち弦に製し申す由。またサクラスジと申して小口より細かに割り干して売り出し候。腹中の物をせんじ油を取り申し候。また舌に多く油ござ候。皮をきり取り候節、皮に付き候肉いたって油気深く食べがたき故、せんじて油を取り申し候。鯨を捕り候えば猟師必ず神事仏事をなし申し候。さなければ重ねて鯨捕れずと申しならし候。

鯨は食味のいい皮が高値。《ヲバイケ》は「尾羽毛」で、尾鰭の付け根部分を指すが、その皮味が第一に宜しい。鯨のどこを旨いとするかは諸国で違い、尾羽毛の塩蔵を美味とするのは島原や熊本方面と紹介する書がある。背筋の皮味が上品とされ、頭部に近いほど味がいいという。肉は皮よりうんと値が下がる。

カゲノヲサとは「鹿毛のヲサ」であろう。ヲサは髭のこと、鹿毛色の鯨ヒゲという意。ヒゲの根を歯グキ、ヲサの骨を歯と唱えるというのもその文脈で理解できよう。ヒゲが細工物に用いられたというのは、和裁の鯨尺、からくり人形を動かすゼンマイなどが知られよう。イワシなどを潮と共に飲み込み、ヒゲにて餌と汐を漉し分け、汐は吹き穴から吹きだし鰯は飲み込む。

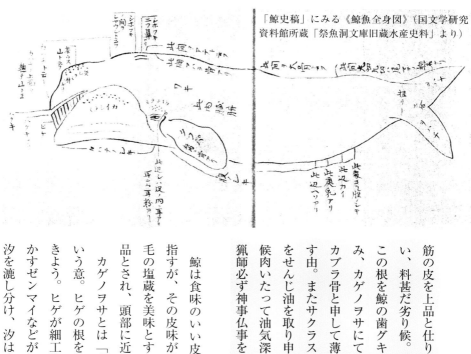

左頁は「能州鯨捕絵巻」第一図。書き入れの語句は次のようである。

㋑ヲイツキ舟ト唱候。磯ヨリ乗出候舟ニテ鯨之働様ニヨリ網ノ上ヶ下等品々働御座候

㋺トウ前舟ト唱候。此舟ハ鯨入候ニ付テ磯ヨリ乗出候舟ニテ、平常台舟ニ乗居候シカウ人等之内乗組、鯨ノ動様ヨリ猟師働懸引仕候

網ノ口常守舟ノ中ニ有之候○印ノ台舟常ハ此所ニ乗居網ヲ見守魚入候得ハ常守ノ筒舟ト共ニ網ヲ取入テ魚ヲ捕申候

㋩台舟ト申鯨捕候節用候舟ニテ指テ之働ハ不仕猟師棟取ノ者共乗組惣締方ヲ仕候

㋥此所台ト申テ桐類之浮木ヲ数十本カラミ結ウケニ仕候。長五尋斗リ諸魚ヲ捕詰候所ニテ御座候

㋭トウ前舟　ヲイツキ舟　左右働同事ニ御座候

㋬上中下ノ坪桐弐三十本宛カラミ結候

㋣此絵図の舟数は働之要用迄越認沙汰申候。此外加勢舟等数拾艘網の辺江乗出申候

㋠上ノ袖長弐十七尋程

㋷筒舟ニテ常守舟　下ノ口ト働同事

㋦△印ノ所ニ有之台舟此所江乗廻リ常守舟ト共ニ網ヲ取詰

㋸ヘタハヱナウ長三百尋斗リ。但壱尋ト申ハ所ニヨリ曲尺ニテ五尺或ハ六尺ヲ用候　網ニヨリ海形ニヨリ長短御座候

㋾筒舟ニテ常守舟ト唱候。五六人乗組居網江魚入候得バ△印之所ニ有之　台舟ヨリ合図仕此舟ノ者共コノ所ヲ引留段々網ヲ取詰金網織網ノ間ニテ魚ヲ捕申候

㋻下ノ袖長弐十七尋程

㋕此ハヱナウノ先キ磯岩ナドニ結留申候

頭のヒズというところは、カブラ骨と呼んで薄く削り下ろして干し立て売り出す。筋は綿打ちの弓の弦に製される由。また、サクラスジと呼ぶところは、小口より細かに割り干して売り出す。鯨の腹中の物は煎じて油を取る。舌に油が多い。皮を切り取ると付く肉には脂が多くて食べ難いので、煎じて油をとる。

鯨を捕らえたら猟師は必ず神事仏事をなす。そうでないと、重ねて鯨が捕れないと言い慣らすという。どんな神事仏事か、今の地元の人たちにお訊ねしても、もはや分からなくなっているけれど、鯨の命をいただき我が命とさせてもらっているという心意が深々と横たわることは見える。

一、おろし網、諸魚捕り候仕法は、台の際右の方に台舟と申して四人乗り居り、網をみまもり申し候。一人をシカウ人と申し、一人を脇シカウ人と申し、二人を小脇と申し候。猟のいたって巧者なるもの勤め候。網へ魚の入りたるを見て合図を仕り候えば、常守舟二艘に十一二人乗り居り候もの網の口を引き留め、少分の魚は右三艘のものまでにて捕り揚げ、魚数の多く入れば網の口を引き留め置き、磯へ合図をして浦入舟に乗り出し捕り申し候。鯨入りし時の口を留め、いたって物静かにして磯へ合図を仕り、浦入舟に乗り出し左のごとく捕り申し候。

㋵ドウノ網長三拾尋程藁網ノ大目成所

㋟筒舟　此三艘ハ最初網之口ヲ引留夫ヨリ段々網ヲ此所迄取詰候図ニ御座候

㋹二ノ目長拾弐尋程藁網ノ小目成所

㋞魚捕長七尋程　金網ト唱苧縄網ニ仕分御座候

㋡臺縁長九尋程　織網ニ御座候

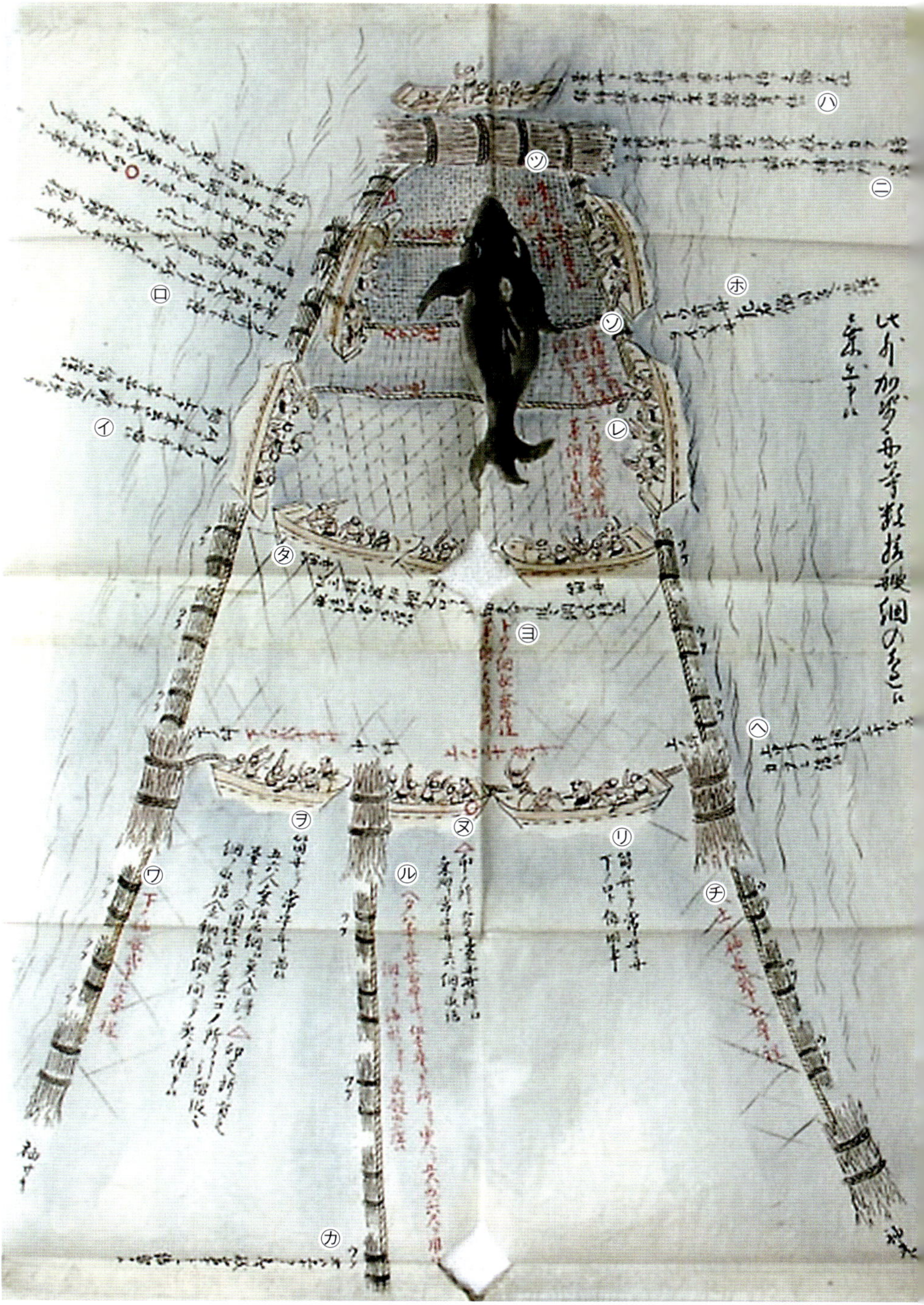

ハ
ニ
ツ
ロ
ホ
ソ
イ
レ
タ
ヨ
ヘ
ヲ
ヌ
リ
ワ
ル
チ
カ

台網で諸魚を捕る方法は以下のようだ。台の際に台舟を付け、四人が乗って網を見守る。シカウ人は「司幸人」で、濱岡伸也氏が「能登国採魚図絵」翻刻の注釈で「網の監視をする責任者」と記されている。網に魚が入ったのを見たら司幸人が合図、常守舟二艘に乗る十二三人が網口を留め、小分の魚ならこれらの舟にて捕り揚げ、多分の魚なら磯へ合図して浦にいる舟を出し、捕り揚げる。

さて鯨が入った時は、網口を留め、いたって物静かにして磯へ合図、浦にいる舟を出して左のように捕る、として四つの絵図を載せている。絵図にある文字の書入れについては、本文の紹介を終えてから改めて説明する。

一、磯ちかく海浅になり櫓櫂たちがたき磯にろくろを立て巻き付け、鯨の居すわり背のよほど潮より出で候ほどの所にて胴の木のからみ付け取り、両鰭の下へとゞめ指の長包丁を以てたちきり、櫂を指し込み腹中へ潮をおとし込み申し候。この間の所作いたって手はやく腹中へ潮おとし込み、遅くなり候ては鯨の肉やけ、甚だ味劣り下料になり申し候。鯨、網に入りてすくひ縄へ乗り候までの間、ずいぶん鯨にさからひ申さぬよう動きによってあしらへ申す儀、猟師甚だ心を配り働き申し候。すくひ縄へ乗り候えば少し心をやすんじ、胴の木をからみ付け候に至っては最早捕り揚げ申す所にてござ候。とにかく猟巧者の鯨打ち、打ち捕り申す処なくてはなりがたき所作とあい見え申し候。
右かねて承りおよび候趣において更に今度聞き合わせ候て前段あい認め御覧に入

左頁は「能州鯨捕絵巻」第二図と第三図。書き入れは次のようである。
第二図右から
○尾敷舟ト申テ水舟ニ仕　鯨ノ尾ノ上江ノセカケ置申候
○筒ノ木鯨大キサニヨリ弐本ヨリ四本マデカラメ付申候
○鯨カラメ申筒舟両方弐艘
○鯨引申カガ苧網
○鯨引舟魚ノ大小ニヨリ　舟数多少御座候
第三図「磯近ク成轆轤ニテ巻申図
　小鯨ハ一挺ニテモ巻申候」

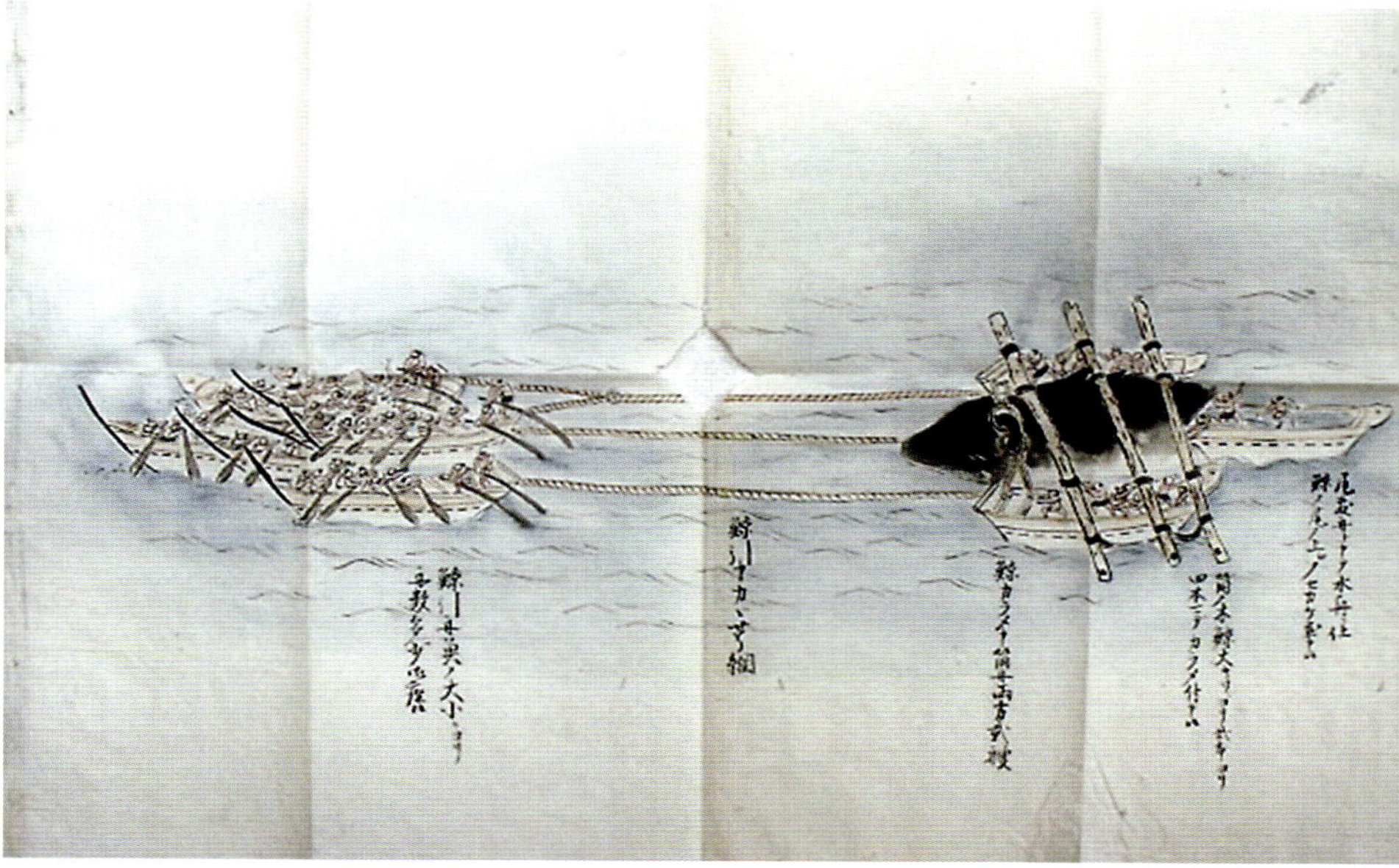

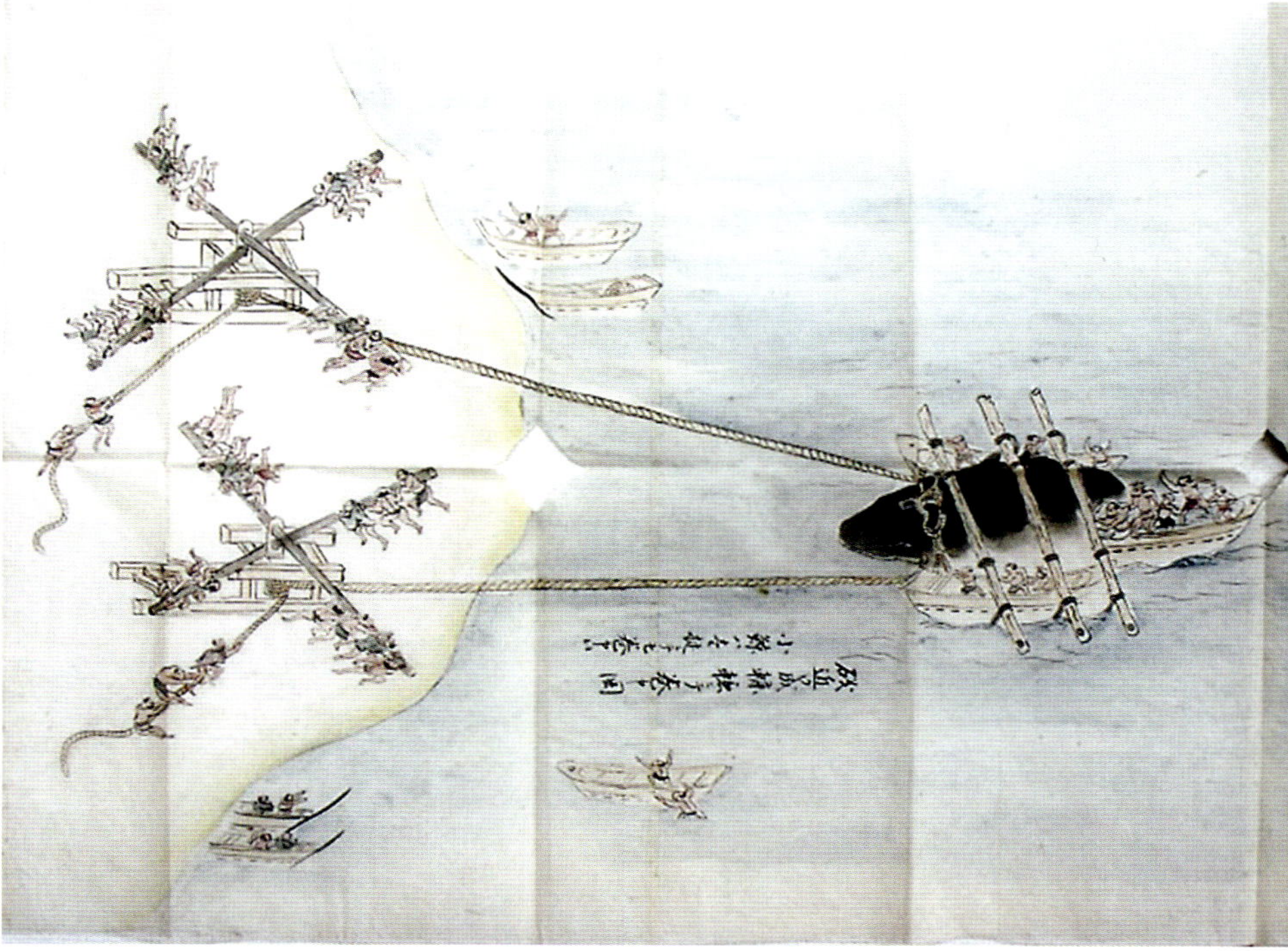

国指定重要文化財として保存されている「胴舟」の様子三図（宇出津町・民俗資料館前）

れ奉り候。以上

壬申九月　本江村　惣助

櫓や櫂のたたない磯にろくろを立て、鯨の背が潮より出るほどの浅瀬まで引き寄せたら、胴の木を鯨から外して、両鰭の下へとどめ指しの長包丁を入れて断ち切り、そこに櫂を指し込んで腹の中へ潮を落とし込む。遅くなると鯨の肉が焼け、肉質が劣り下値になってしまう。

鯨が網の中で「すくい縄」へ乗るまで、逆らわないよう動きをあしらって猟師たちは心を配り働く。すくい縄に乗ってしまえば少し心を安んじ、胴の木をからみ付ける段に至ればもはや捕れたも同然である。とにかく猟巧者の鯨打ちがせねば成りがたい所作と見える―右はかねて聞き知った趣で、あらためて聞き合わし前段のようにしたため、御覧に入れ奉る以上。

これだけの説明では、網中に入った鯨をどうやってからめ捕るに至るのか、あいまいである。絵図を見ても、網中の鯨をどんな手順で網の外へ引き出すに至るのか、よく分からない。この「能州鯨捕絵巻」を原図に、二十六年後の天保九年に描かれた「能登国採魚図絵」の「鯨捕」項の文章は、これも濱岡氏の翻刻と解釈があり、手順がよく分かるので、その解釈文を次に引用させていただこう。また、「能州鯨捕絵巻」と同じ文化九年の「鯨捕様等巨細ニ御尋ニ付書上申帳」という史料も捕鯨法の理解を助けてくれるので参照し、補記していく。

「○鯨捕　　（「能登国採魚図絵」の一項）
鯨捕りをするのは寒のうちから春三月までのうちで、たいてい間の網（てんこともいう）へはいるものである。鯨が網にはいったら、そばに待機していた舟々は網の入り口へ分かれて鯨を捕りにかかる。胴舟二艘と台舟一艘が網の口へ回り、わたりを引き上げて鯨を網の胴中へ追い込み、取り逃がさないように舟で回りを囲む。陸の方からは、鯨網や胴の木、からめ捕るための道具類を積み込んで、次々と舟が沖へ出てきて一所懸命働く。」

濱岡氏の用語注釈も付しておく。

《間の網》秋のぶり網漁が終わったころから春の彼岸ごろまで操業する台網漁。

《胴舟》先端を三角形にした箱型の舟、安定がよく足場を広くとれる。

《台舟》台網の一番奥の部分で魚の入りを見守る小型の胴舟。

《わたり》網の入り口を閉めるために左右に渡してある網。

《胴の木》鯨の大きな体を押さえるための長い木材。

《鯨網》は濱岡氏の注釈にないが、すくい縄の下、台の近くに敷き込んで、鯨を包み込む網のこと。


「はじめに丈夫な舟一艘を網の台の位置に配置しておき、さらに胴前舟四艘、次に追継舟二艘の六艘が網を真中にはさんで両側に分かれ、胴中へ苧縄でこしらえ

左頁は「能州鯨捕絵巻」第一図の部分。金網の大きさは㋞に「**魚捕長七尋程金網ト唱苧縄網ニ仕分御座候**」と、魚を捕る七尋ほどを金網と唱えるというが、身網のこの部分は苧網というのか、重ね敷いた鯨網のことを指すのか、どちらか判断できない。㋡には「**臺縁長九尋程　織網ニ御座候**」と、五尋ほどの台の縁九尋ほどは強固な織網にしてあるという。

た鯨網を敷き重ね、すくい縄を三本引き渡す。それぞれの準備が整うまでいたって静かにしていて、準備ができたところで、先に網の口を閉めていた胴舟と台舟で網を取って、鯨を台の方へ追い詰める。鯨が手先舟のそばへ行ったら、早鍵に細引き縄をつけて鯨に打ち込み、台の方へ引き寄せる。すくい縄に鯨を乗せ、胴の木三本を両側の胴舟へさし渡して、すくい縄に引きつけ、天鍵を鯨に打ち込んで穴をあけ、天鍵の端の輪に綱を通し、この綱を胴の木にくくりつけてから捕る。」

《胴前舟》台から延縄にそって左右二艘ずついて、すくい縄を引き渡す胴船。

《追継舟》胴前舟二艘のうしろに左右一艘ずついて、すくい縄を引き渡す胴船。

《手先舟》鯨に銛を打ち込む役目の胴舟。

「鯨捕様等巨細ニ御尋ニ付書上申帳」は舟の総数を「筒舟九艘、台舟二艘、都合十一艘」とし、その内訳は「《こふ舟》と申して網を広げる筒舟が左右に二艘あて、手先舟と申して左右に筒舟一艘あて、台舟一艘あて乗り継ぎ、口網を捕る筒舟三艘、都合十一艘」と記す。ほかに網の廻りに小舟がいる。筒舟は胴舟と同じ「どうぶね」と読ませるのか、十メートルを超える船であろう。

《早鍵》釣鍵ともいう。鯨に打ち込んでその環に細引き縄を通して引く。

《天鍵》点鍵とも書く。綱を鯨に留めるため打ち込む鉤。

網の中に入った鯨は舟で囲み、網の口も閉めて逃げないようにするが、台近く

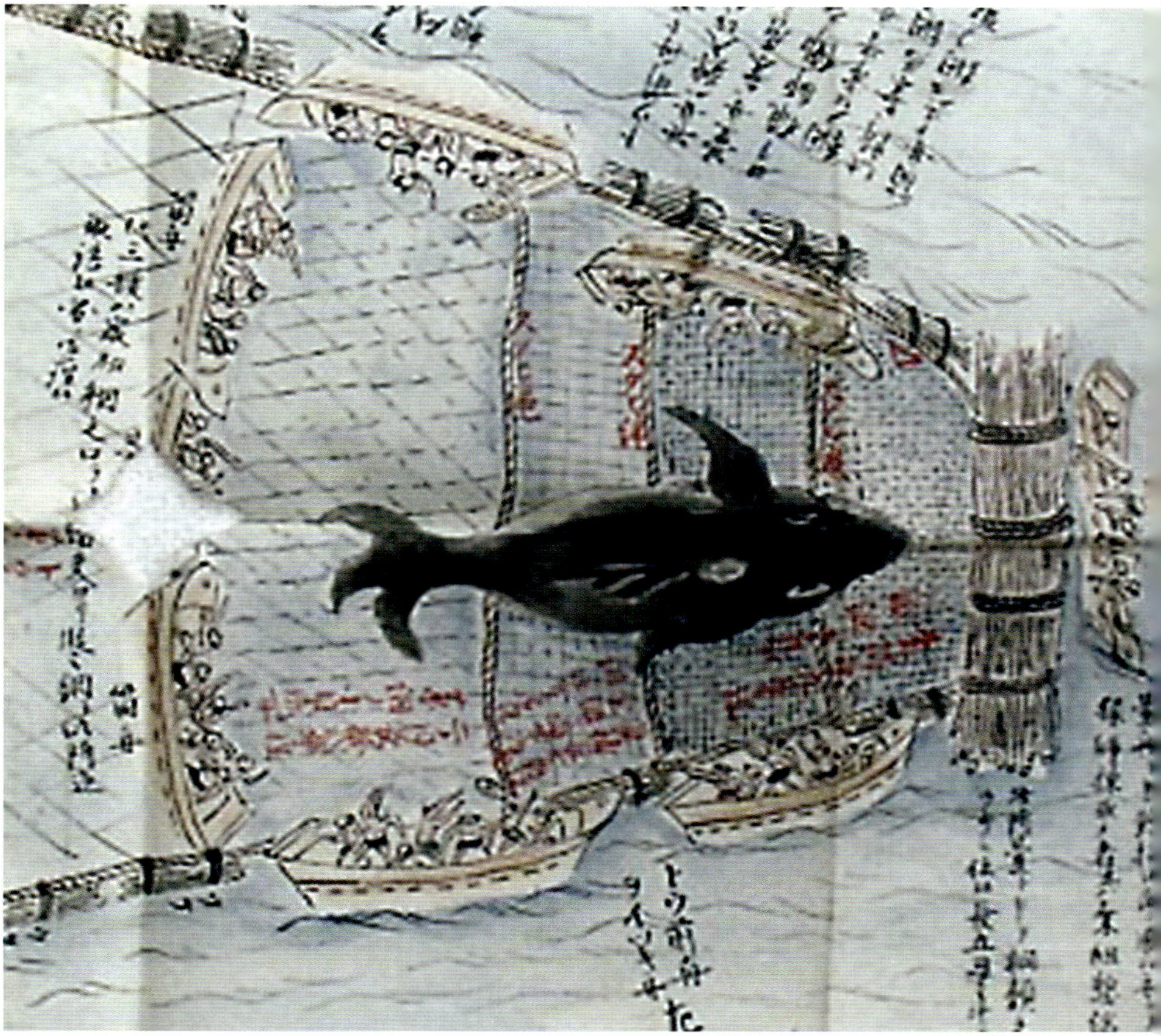

まで追い込む前に、台付近に苧で織った網（金網と言う）を敷く。《七尋ほど》の幅の金網を二艘の《こふ舟》で伸展するというから、金網の長さは筒舟二艘分長さの二十メートルくらいであろうか。鯨に気づかれぬよう金網を敷き終えたら、今度はすくい縄を三本、《こふ舟》で引き渡す。鯨がすでに近くまで来ているから、静かに何事もやらねばならない。

金網とすくい縄の準備ができ、胴の木の用意もできたら、網の口をふさいでいた胴舟三艘が網を手繰り、さらに鯨を台の方へ追い込む。鯨は「網の内にて舞い動く」が、その頭や鰭、尾などが網に触れると暴れ出すので、網の方をたえず鯨から離すように手鍵を用いる。漁師たちのあしらいで鯨が台近くにまで来ても、鯨がすくい縄の真上に来て具合よく直交する状態になってくれることはないので、手先舟の者が釣鍵

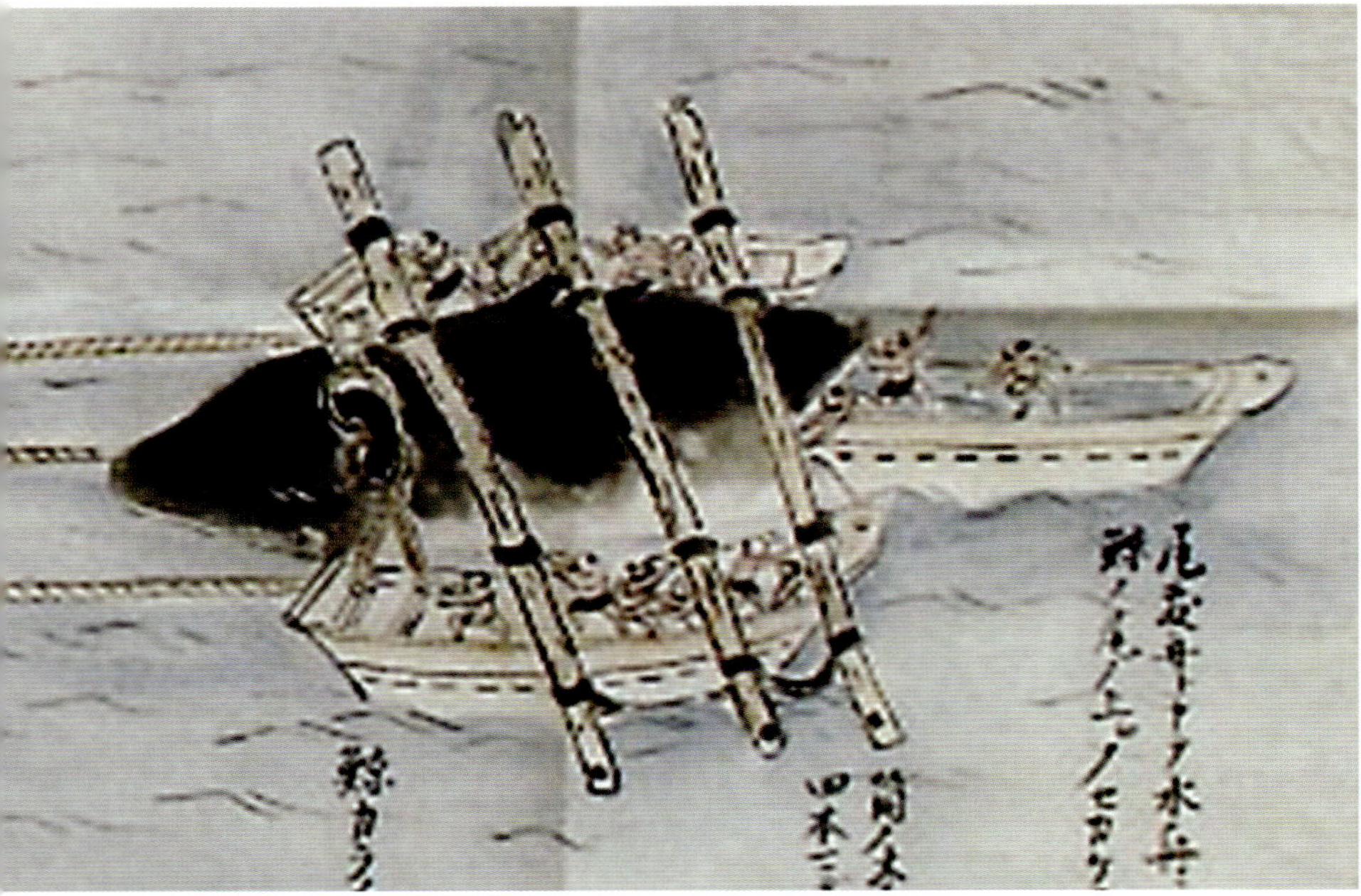

を鯨の頭に打ちこみ、鍵に結んだ細縄を《こふ舟》が引っぱってすくい縄の上に寄せようとする。鯨は鍵を打ち込まれたらもちろん暴れ出すので、うまくすくい縄の上に曳き寄せられるかどうか、ここが捕鯨の最大のポイント。三本のすくい縄の真上に鯨体が来たら、《こふ舟》の者はすくい綱を一気に引き上げる。すくい縄を左右から引けば二艘の《こふ舟》は当然に鯨体に寄り付き、鯨をはさみつける。挟み込んだその時、胴の木が三本、この《こふ舟》間にさし渡される。長さ九メートル、目回り三尺（直径は一尺弱）の大木であるが、網外にいる追継舟が狙いすまして差し込むのであろう。さし渡った胴の木にすかさずすくい縄を結び、さらに締め上げる。間髪を入れず《こふ舟》の者が《釣鍵》を背に打ち込み、その綱を胴の木に結びつける。暴れている鯨に舟を押し付けるこの時こそ、鯨捕のクライマックス。二艘の舟が木っ端みじんに跳ね壊されるかもしれない瞬間である。すくい縄をうまく絞ることに失敗することはたびたびで、鯨は暴れて手に負えなくなるから、静まるのを待つしかない。「鯨捕様巨細―」の原文は「釣かぎ背中へ打込、右筒の木へ釣結」とあり、釣鍵の語意は鯨を胴の木に吊る点に込められて

右頁は「能州鯨捕絵巻」第二図の部分。メドを切った辺りは大きく強調されているようだ。

※長崎・生月捕鯨では「剣切り手形切り」と称し、一番の勇者がするシーンとして有名（図は『漁業誌』長崎県・明治23年の一部拡大）

いる。絵巻をよく見ると、すくい縄は胴舟の外側を回って胴の木に結わえ上げられている。鯨をはさむ二艘の胴舟ごと締め上げているわけで、鯨はもはや潜ることは不可能であろう。それでも、鯨体を直接に留めるのは胴の木に釣り上げた釣鍵だけだから、鯨が激しく身動きすれば縛り上げた縄、結わえた縄はユルユルに弛むだろう。

さらに鯨体に直接に縄を掛ける必要がある。誰かが鯨の背にまたがり、頭部に穴をあけて、縄を通す。「能登国採魚図絵」の原文は「天鍵を打込、めどを切、綱を通し、胴の木にくくり付、捕搦め候」。めどを切るというのは、鯨の頭部を切り抜き、穴をあけることで、そこへ苧綱を通し、鯨の腹側にも綱を回して支えあげるように左右の胴舟に結びつける。絵巻を見ると、頭部に半円状の鯨肉が盛り上がり、そこに縄が通っている。鯨肉の幅は人間の大きさと比較して一メートルもあろうか。そんな長さの穴を包丁で鯨体の中に括りだすのは難儀な作業であろう。胴舟で挟み付けて大きく暴れられないとしても鯨は生き延びようと激しく身動きするに違いないから。充分な幅にメドが切れなければ二艘の舟で曳いているうち千切れてしまう。鯨に時に足を掛けても大きな細工を施すという作業は、組一番の者にしかできないワザであろう。捕鯨先進地では鯨の噴気孔に包丁を突っ込んで穴をあけ※そこへ綱を通しており、ために鼻孔を閉じられなくなって鯨は潜ろうとしなくなるというそうだが、能登では噴気孔に触れないようである。

原文に《天鍵を打込メドを切》とあったように、天鍵を打込んだ近くにメドを

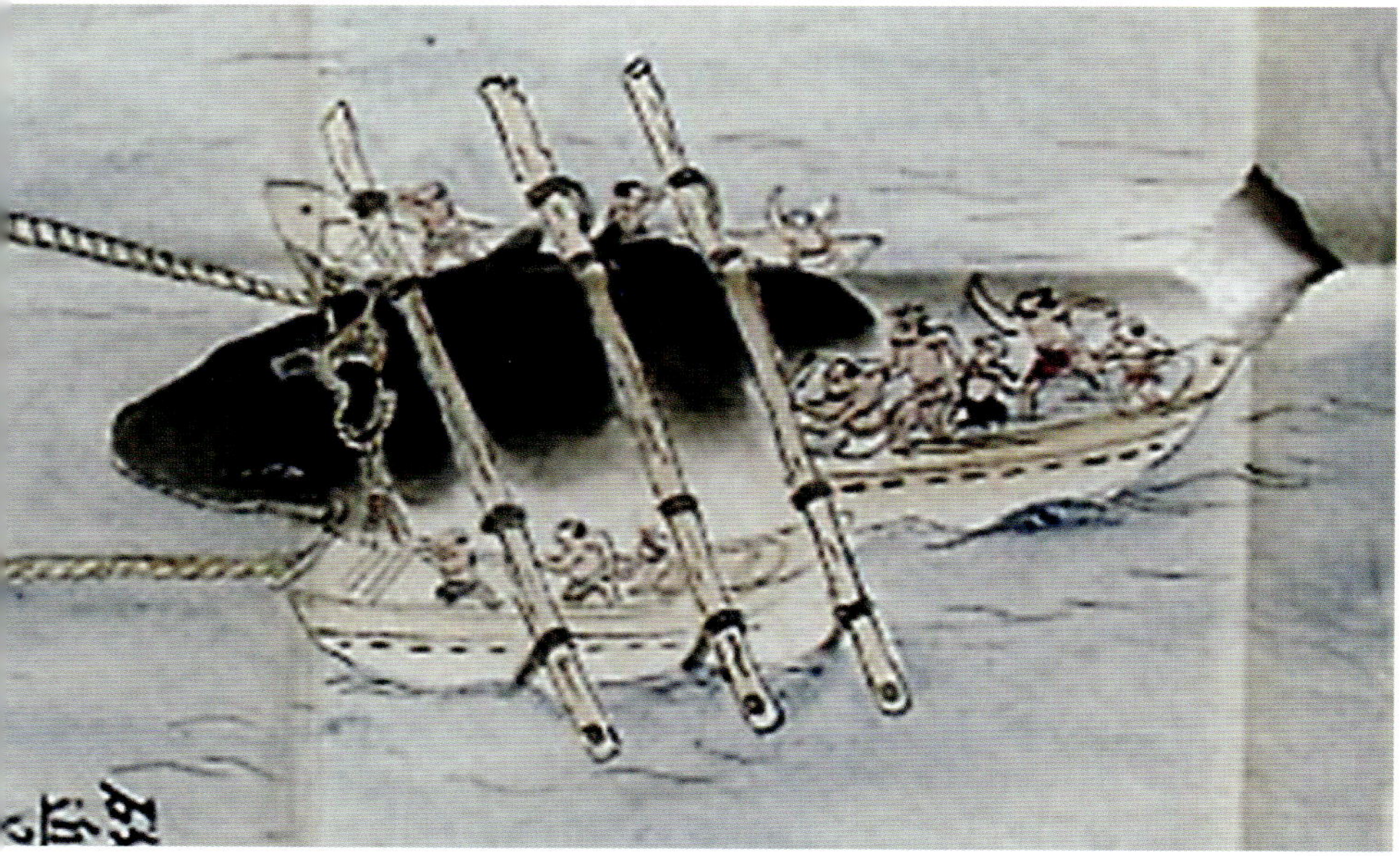

切るようで、三番目の絵でメド縄の少し前に天鍵の柄と見えるものが描かれている。二番目の絵は天鍵を描き忘れたようで、三本描かれる曳綱のうち、真ん中の綱はどこから伸びているのか分からない。

三番目の絵は浅瀬まで曳いたのを浜までさらにロクロで巻き上げるところ。天鍵の綱は見えず、ロクロは二本の綱を巻いている。引き舟は天鍵の綱も曳いてきたのであるが、浅瀬までくると、ロクロは二台なので不要になり、天鍵綱は外されたのであろう。

以上が台網捕鯨の一部始終である。胴舟二艘にやぐらを組むように鯨を押さえこむことを九州では「持双《もっそう》に掛ける」と呼んでいる。以下、本書でもこのスタイルの仕法をそう呼んでいくことにする。

絵巻には鯨が既に括りつけられた姿が描かれているので鯨のくくり具合をよく見ていただきたい。ここまで鯨は大きく痛めつけられたわけではなく、尾ひれを一跳ねすれば、その強大な力によって舟もろとも転覆させせかねないから、さらに工夫が必要である。

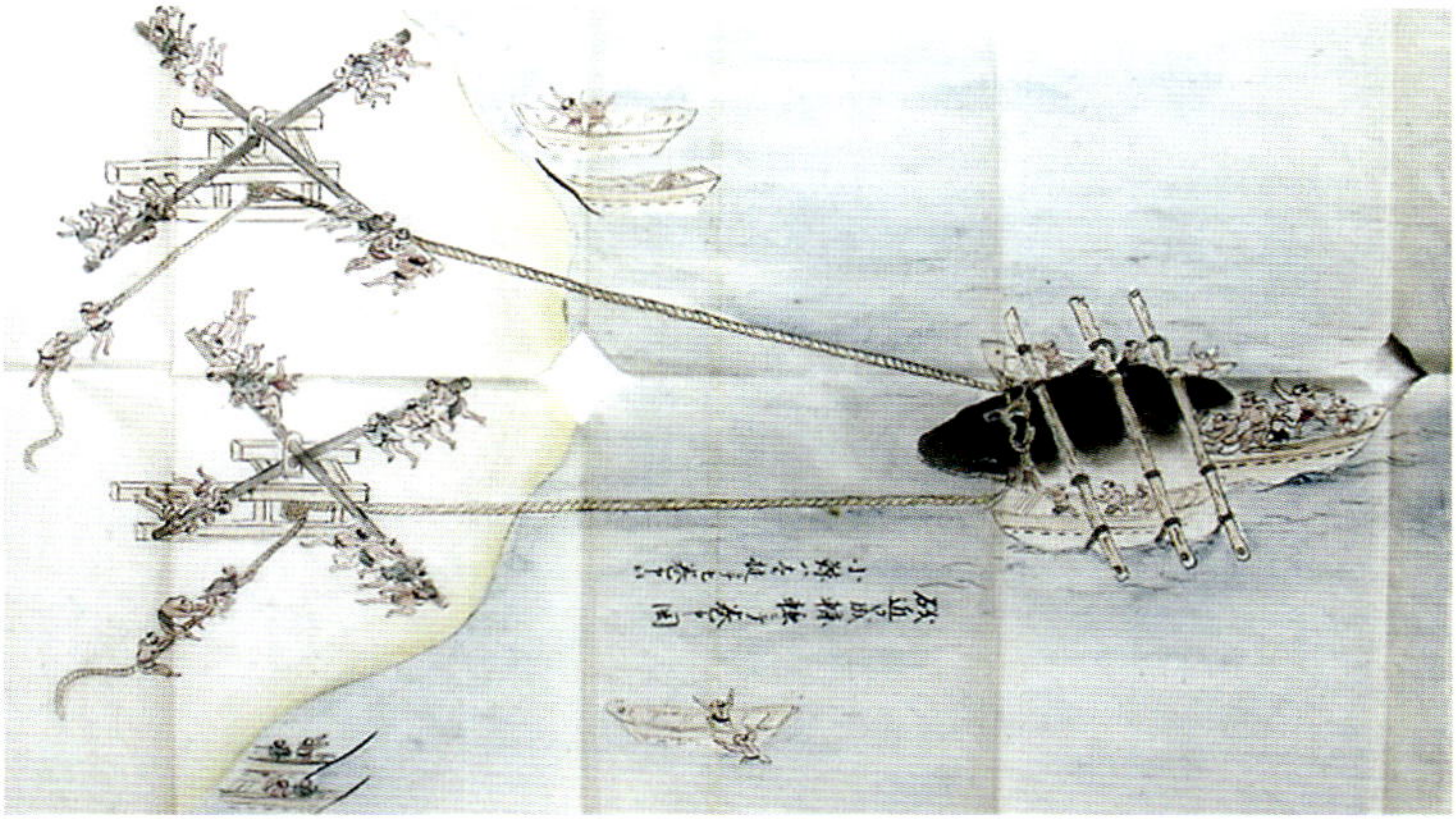

右頁は「能州鯨捕絵巻」第三図の部分。胴の木と胴舟・尾敷舟と曳綱の様子がよく観察できる。

「鯨が暴れ出したら人の力で押さえることは困難になるので、自由に尾ひれを動かさないように櫂をからめ、尾の上には「尾敷舟」といって、胴舟に水をたたえて載せる。鯨を鯨網で包んで、ますます自由に動けないようにする。たくさんの舟に加賀苧綱などをつけて、人々が力を出し合い、ときの声をあげて鯨を磯へ引き寄せ、長さ三尺ほどの包丁で鯨にとどめを刺すのである。」

鯨の運動の多くは尾ひれの上下運動から生まれる。その尾ひれを押さえこむに尾敷舟とは考えたものである。いかに強力な尾ひれでも、十メートル長さの胴舟いっぱいに張った海水の重みを跳ねのけることはできないだろう。

そしてさらに、例の金網を引き上げ、鯨体を包むように巻き付ける。胴の木三本が出っ張っているから、すんなり巻き付けられないだろうが、網は胴の木に絡みつき、鯨に絡みついて相当な妨げになろう。銛を一本たりとも打ち込んだわけではない鯨が、最終的に動きを封ぜられてしまうのはこの金網のせいである。絵巻にはこの金網の描写は、絵柄がややこしくなるからか省かれている。金網の効果はよく人に知られたようだから、明治期になって河波氏が網かぶせ突き捕り法を創案することにつながっていると思われる。

ほぼ動けなくした鯨に綱を何本もつけ、台網の中で回れ右をして網口から網外へ出し、浜まで曳いていく。鯨の背ビレが海面に出るほどの浅瀬まで来たら、三尺もある長包丁で鯨の腹部を刺し、とどめとする。

左頁は「能州鯨捕絵巻」第四図。文字の書入れは次のようである。
①釣鍵ト申テ目形五六百目斗五六挺入用。鯨江打込筒ノ木ヲ結留候用候
②点鍵ト申テ長三尺計リ目形五六百目程四五挺入用。鯨スクヒ縄江乗リ不申時鯨ノ動ク間ニ此点鍵ニテシカウ人少宛アシラヒ。スクヒ縄江乗セ時ニ用候
③トドメ指申長包丁長三尺計リ
④トドメ口ニ指込申櫂
⑤ロクロ　弐本程入用
⑥ワラ綱弐拾本、カガ苧綱拾本計リ、　何連も長五尋斗
⑦ロクロ廻シ棒弐本
⑧筒ノ木目廻リ三尺長サ五間計リ弐本ヨリ五六本入用
⑨手カギト申テ人々所持仕候。鯨網ノ内ニテ舞動候節鯨ノカシラ鯨尾ナド網ニ障候エバアレ出シ候ニ付此手鍵ニテ網ヲアシラヒ鯨ニサハリ不申様仕候

「大魚なので、すぐに死んでしまうわけではない。そのままにしておくと鯨があばれて傷ついてしまうので、とどめ口へ櫂を突っ込み、腹の中へ水を落とし入れてやると、しばらくして死んでしまう。鯨の大きさによって捕り方もいろいろある。まぐろ網やぶり網でも、ごくまれに鯨を捕ることがある。」

以上が濱岡氏翻刻「能登国採魚図絵」の「鯨捕」項の解釈文である。網に入った鯨が台網を破壊しないよう、慎重な準備をし、一気に捕らえにかかるという手順はよく考えられたものである。台網の中に入ったら鯨はおとなしくなるわけではない。暴れてすくい縄を引き上げられないことや、締め上げても海面を跳ねるなどして振りほどかれることもあろう。漁師たちと鯨の闘いは、勇者を生まずにすまない壮烈な瞬間を持つだろう。先進地の網外捕鯨は、銛を打ち網にかけた鯨を持双にかけるが、能登国の網内捕鯨は、元気な鯨にいきなり持双《もっそう》をかける。よほどの采配がないとできないだろう。まさに幸をつかさどる司幸人である。すくい縄から胴の木へと一気呵成に仕掛け、失敗しても網内で鯨が落ち着くのを待って、また仕掛けていく。何度も仕掛けるうち反撃のチャンスを失して鯨は持双に組まれるのを許してしまう。もちろん、反撃して網を破らんばかりになり、司幸人をして台網外へ逃げ口を開けさせる鯨もいるけれど…。

鯨に持双をかける実景を描いた絵馬が存在する。宇出津の西側、矢波の日吉神社にかかっている。「弘化弐年乙巳九月」と紀年、一八四五年の奉納。色が褪せ

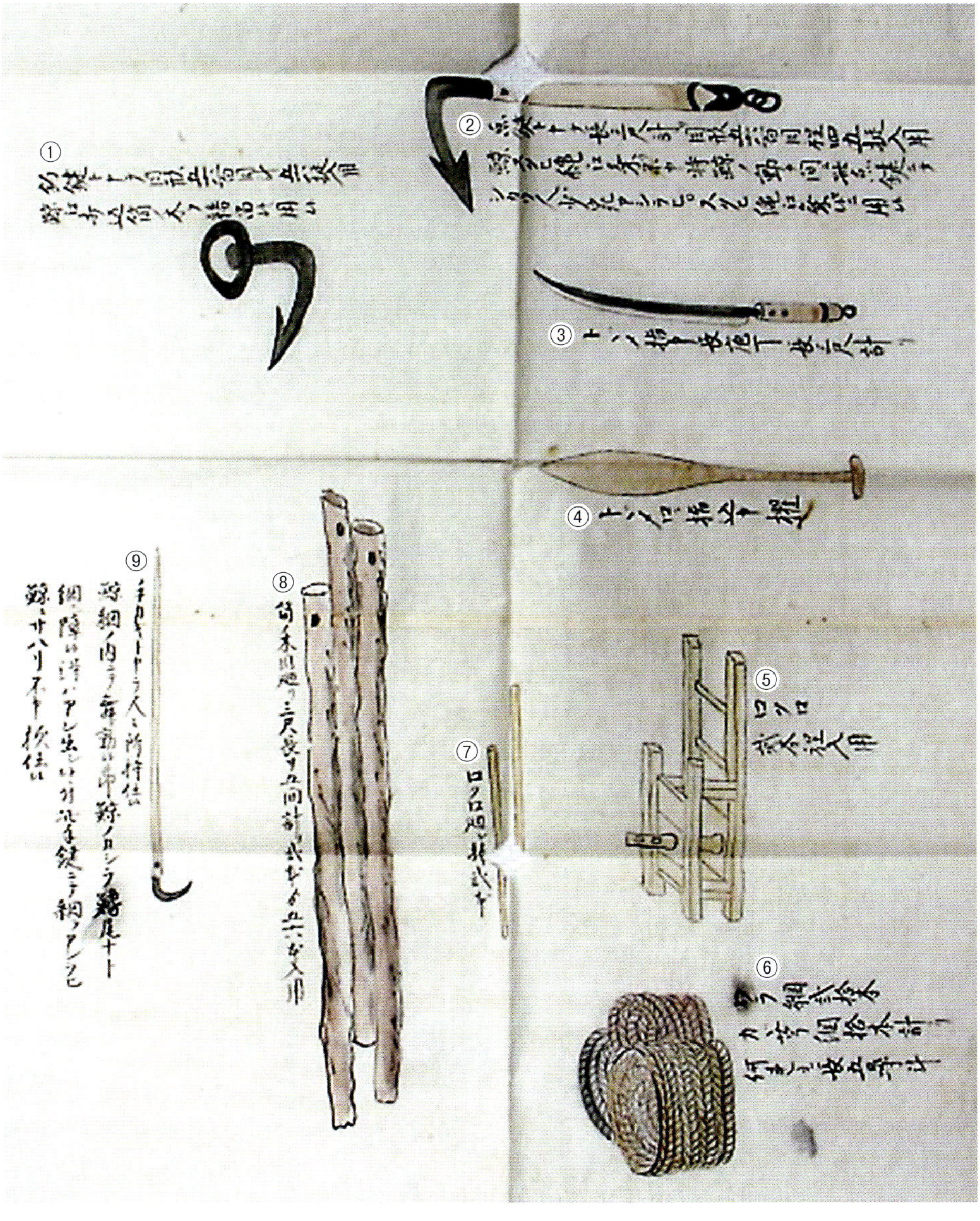
①
②
③
④
⑤
⑥
⑦
⑧
⑨

矢波の日吉神社に寄進された捕鯨絵馬。二間（三・六メートル）以上の大額の捕鯨絵は、持双にかけたシーンを描く点でたいへん貴重である。下はその裏書（戸澗幹夫氏提供）描かれるドウブネは、「ヘサキやトモの特徴などを最もリアルに表現している」と『能都町史』が326頁で記している。

能登市矢波の日吉神社

て図柄も不鮮明となっているが、潮を吹く鯨を二艘のドブネで挟み付け、胴の木を二本さし渡して結わえ付けている。こちら側のドブネに乗る漁夫は六人、暴れる鯨を押さえこもうと懸命に立ち働く姿がリアルである。手前、左端の漁夫は鯨の頭部に何か刃物を振りかざしているが、メドを切る作業であろうか。絵馬の裏面に次のような文章が記されている。

杭之後秋小岸海立十五弐尺之處　鯨丈七尋丸六尋在之
弘化弐乙巳九月十五日夕方網ニ入
一此秋あミ　作左衛門組而已　在所ニ一流ならて無之　揚舟ゟ於路し候得共調不
申　波並邑へ憑候處筒舟弐艘手傳請ル　ケミ村松本弥五助同佐次ヱ門同所八蔵ゟ
被罷越甚之働ニ候

※　近藤勲『日本沿岸捕鯨の興亡』二〇〇一年・山洋社・289頁によれば、世界一とされたのは明治三十五年（一九〇二）オーストラリアの捕鯨船がニュージーランド近海で獲った四十三・七メートルの白ナガス鯨という。また、明治三十三年『韓海漁業視察復命書』佐賀県内務部刊・47頁は、韓海東北面に鯨影が濃いことを報じ、ザトウ鯨よりナガス鯨が多く、「俗に三十三尋の大鯨と語り伝えるもの」はこの種であると記しており、「三十三尋」は巨鯨の代名詞となっていることが分かる。紀州太地の捕鯨を日本で最初に文章にした一六八八年の井原西鶴「日本永大蔵」にも、「…笛太鼓の拍子をとって大綱をつけて轆轤にまきて引きあげるに、その丈三十三尋二尺六寸、セミといえ大鯨、前代の見はじめ、七郷の賑わい…」と出てくる。

日吉神社の捕鯨絵馬の部分。右側胴の木の向こう側、胴舟に結わえられている様がよく見える。

一前段申通作佐ヱ門組斗ニ候得共大魚故在所へ配分いたし申候

伴子　作左衛門
仕幸　同　平右衛門
八左衛門　同　三助
平左衛門　同　門右衛門
米　吉　同　弥□□
同　久蔵
取持網　□□蔵
□□蔵
実右衛門

文意はこうである。杭の後ろ、秋小岸海立十五尋二尺の所で、丈が七尋（十・五メートル）胴回り六尋の鯨が、九月十五日夕方に網に入った。この秋網は作左衛門組だけが設けたもので、在所に一流しかない。台網の中で持双にかけ鯨を曳きだしたが、途中で鯨が暴れたか点鉤が外れたか（点鉤が描かれてない）、うまく調わない（持双が崩れて舟で曳けなくなった）。波並村に応援を頼んだら筒舟二艘を提供してくれ、ケミ村の三人が大いに働いてくれた。作左衛門組の捕鯨であるが、大魚なので村中に配分した。仕幸人（捕鯨リーダー）は八左衛門ほか二

人であった（表面にもその名前は記される）。日吉神社に奉納するのは世話人「伴子《ばんこ》」の作左衛門以下、八人である―。

この文意からすると、絵柄は持双を再びかけ直すシーンであろう。水を張った尾敷舟も、頭に打ち込んだ点鉤が見えず、引き船も一艘しかいない。懸命に鯨にとりつき胴の木を締め直して、応援を待っている光景と思われる―。

矢波の区長をなさる辻口重秋氏（矢波大敷網社長）に案内をいただいたが、矢波の人々は当地の伝説「庄次兵衛鯨」を偲ぶ絵馬で、「三十三尋」五十メートルもあったという巨鯨※の描写と思っているとおっしゃった。期待を裏切る《七尋》だが、絵を見れば、たしかにドウブネの倍以上に鯨の姿は描かれているし、意図的に尋数を小さくした可能性がある。後述するが、越中の氷見浦でも、加賀藩の鯨税の取立てが大きさ（売り上げ）に比例するものだったので半分の大きさで申告している。仕幸人や波並の助け舟への感謝、作佐衛門組の功労を愛でての絵馬、いや、とりわけその巨鯨右は釣鍵で、太い所で5センチ幅の鉄棒を40センチほどのところで曲げ、20センチほどで矢先になる。この一つに「大正七年」の墨書が読み取れたという。下は「能州鯨捕絵巻」四図に描か

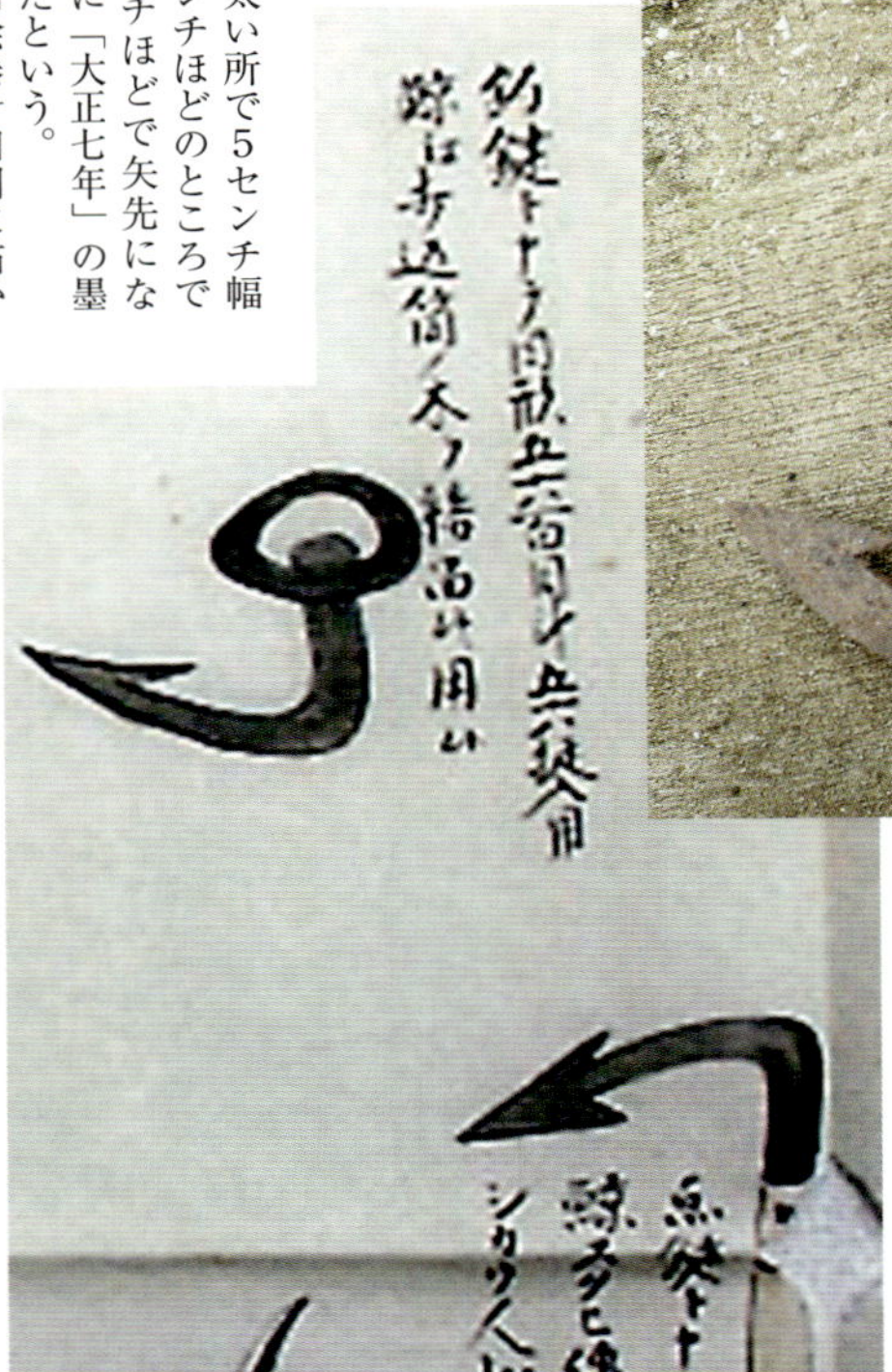

を祝した絵馬である。《大魚》は伝説に近い巨鯨であったと筆者も信ずる。

絵馬裏書にある村人の名前は、辻口氏には今の屋号から推理してどの家かお分かりのようであった。大敷網倉庫の片隅やご自宅の隅から「鯨を捕る器具」を取出して見せてくださった。鯨身に打込んで胴の木とつなぐ、まさに「能州鯨捕絵巻」に描かれる「釣鍵」であった。墨書の跡しか見えないが、「大正七年八月矢波四組」と書かれていたという。江戸期から明治・大正・昭和と網主たちが捕鯨の仕法を変えずにきたことを明かす遺品である。「天鍵」も倉庫で発見されている。これも絵巻の

左は釣鍵で、辻口氏の計測によれば15センチの直径をもつ鉄輪から4センチの返りをもつ鍵まで長さ40センチほど。

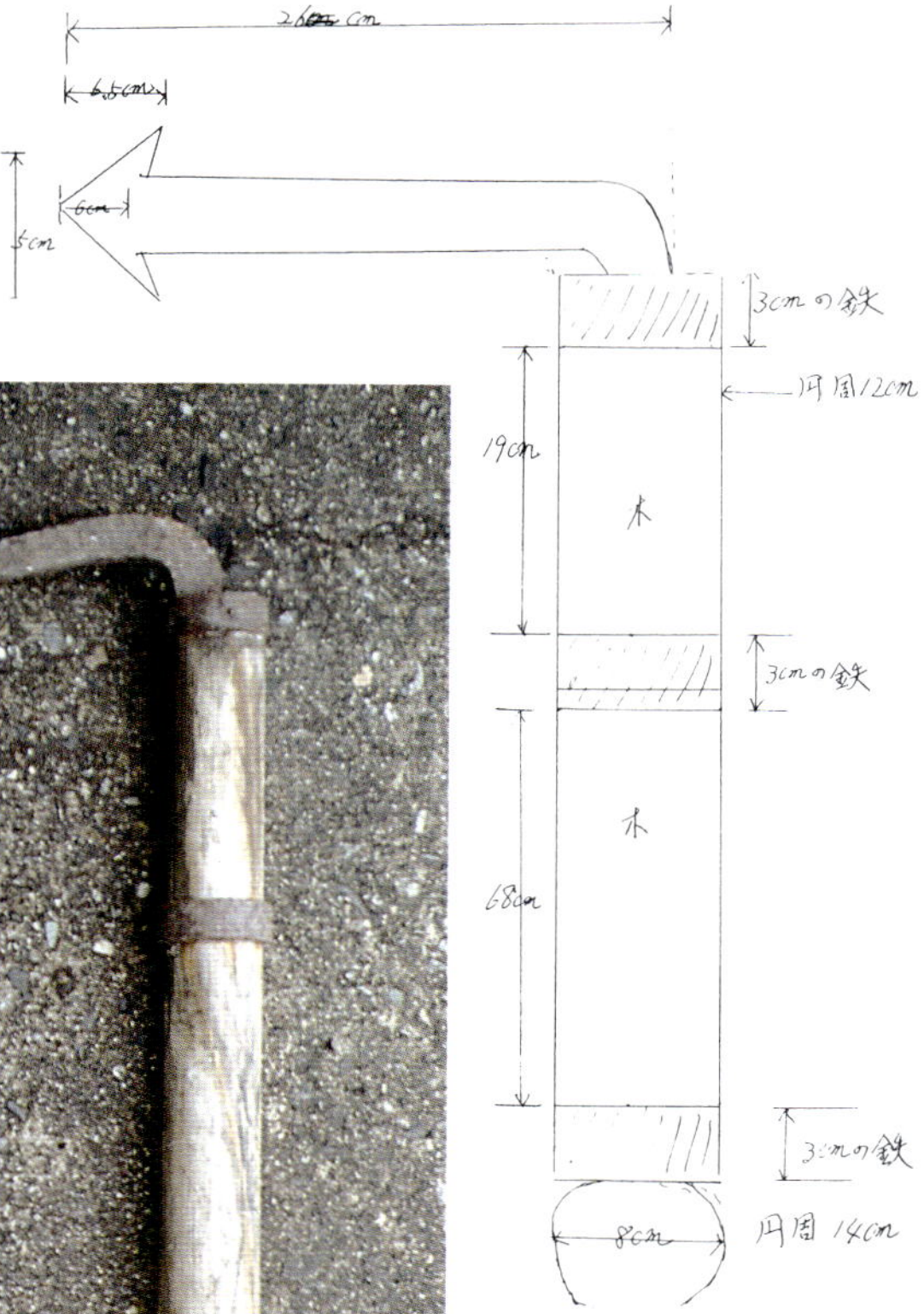

左は天鍵で、8センチ径の木の柄は90センチほど、3センチ幅の鉄輪で締められており、鍵の曲がりは矢先まで26センチ。

ものとそっくり。持双にかけるしか、台網から鯨をとり除く方法はなかったことを物語る。重要な持双にかけるシーンが描かれ、貴重な絵馬である。

「庄次兵衛鯨」伝説のあらましを記しておく。正保年間（一六四四〜八）酒におぼれ寝込んだ男が村人の運ぶ食べ物の世話を受け、「きっと恩返しをする」と

大敷網の倉庫で胴船をこいだ櫓を手にする辻口重秋氏
(矢波大敷網有限会社代表取締役)

言い残して死んだ、その七日目の日、台網に巨鯨が入って、おとなしく浜にひかれて村人たちに幸いをもたらしたという。

「能州鯨捕絵巻」に戻ろう。項の頭書に述べた通り、この絵巻の提出は加賀藩沿海に捕鯨による殖産は可能かどうかを調べるためであった。調査で何が重要か前もっての吟味が大切であるが、その吟味過程をうかがえるものとして、前田直方の記した次のような文書がある。濱岡氏[※1]翻刻を読み下して紹介する。

※1　濱岡伸也「「民家検労図」の研究と鯨捕り図―加賀藩農政の一側面」(『石川県立歴史博物館紀要』16号・平成16年刊)

「能州にては鯨突きと申してわざと鯨とり猟をいたすにてはこれなき由に候。それゆえ大鯨はもとよりとり申す仕懸けにてはこれなくと相聞こえ候。大鯨をとり申す仕懸けは鯨史稿の通りにてこれなくては成り難くべく候。九州辺の猟師両三人も雇い申さずては其のわざは伝習成り難くべく候。しかれども、能州海にては九州または紀州などのごとく、大鯨などの寄り申す目利きもこれなくては雇い申す事も成り難くべく候。且つ海上四百里もはせ申す船と申す事も、をくたんとやら申すものの風なるわざに候か。この事は則ち本多三郎右衛門は覚悟いたし申す体にも相聞こえ候か。総じて三郎右衛門義は国益の義には心付きこれある体に相聞こえ候間、与力の内に三郎右衛門門人もこれある体に候間、そのものの様子あい尋ね候てあい分かるべく義も候か。鯨の取り様、能州とも限らず、宮腰などにても習い受け候わば、随分とり申す事も出来申すべきやに候事。」

文書は宛名もなくこれが全文で、捕鯨調査の自分なりの心構えを記し、名前の出る本多三郎右衛門の意見を踏まえてみたいと記すようだ。本多氏は有名な経世家・利明[※2]のこと。加賀藩の招きで三年前の文化六年七月に金沢に来て、翌年三月に江戸へ帰った人物。二十人扶持は生涯給付されたはずである。前田直方本人の意見がどこまでなのか不明確だが、解釈してみよう。

能州は鯨を獲ろうとする猟ではない、大鯨を獲るには「鯨史稿」の記すような仕掛けでなくてはならないが、九州の猟師を三人ほど雇ってこなくてはその捕鯨

※2　本多利明（一七四三～一八二〇）越後の生れという。数学・天文学・暦学・地理学を修め、蘭学に接近した。二四歳の時江戸で私塾を開き数学・天文学を教授した。個々の藩経済ではなく日本経済全体を視野に入れた議論を展開。国内の生産力は人口増に比して相対的に有限であるとの認識を示した。世界情勢については、従来の中国中心型の国際社会のイメージにかえて強大化したヨーロッパを中心とする弱肉強食的な世界像を提示し、国家主義的思考にも支えられて自国利益の追求を当然のこととした。具体的な経世策としては、有限な国内経済の枷を破り、同時に北方問題を解決するため、当時の限定的な対外交易の枠組みを変更し、広く世界を相手とする外国貿易に乗り出し、また海外に新領土を獲得、開発すべきことを主張した。江戸後期の市場経済に対応した政策を、対外関係にも適用し、一国規模の利益追求を説いた点に特徴があり、利明の思想は江戸後期経世論の一九世紀初期における到達点を示すものである（『日本歴史大事典』二〇〇一年・小学館より）

は成り難いだろう、また（しかれども）能州海では、九州や紀州などのような大鯨の寄り具合であるかどうか分かっていないと、漁師を雇って事業化することもできないだろう（ここまでが本人の感想か）、且つ、海上四百里も馳せるという船のことをしきりにいう本多氏の意見を聞いて見なければならないか。船の儀は彼の「をくだん（憶断）」とやらいう「わざ」によるものであるが、「この事」つまり捕鯨のためにも造船を覚悟するだろうか。総じて本多氏は国益ということに心をかけていると聞くが、与力のうちに彼の門人もいるようだから、造船の様子について尋ねてみれば、捕鯨についての彼の意見も分かるのではないか。鯨の捕り様は能州でなくても、加賀沿海の宮腰などでも習い受ければずいぶん獲れるのではないか――。

右の解釈で、「この事」が何を指し、何を「覚悟」しているというのかについては難しい判断である。海上四百里を馳せる船というのは、彼が享和元年（一八〇一）に房州柏崎から東蝦夷忠類まで「四百三十四里」[※1]を船長として渡海した時の凌風丸をおそらく指すのであろう。とすれば、前田直方がこの船のことを枕詞のようにして本多氏に言及するのは、彼の有名な著作「経世秘策」の富国四大急務[※2]のうち「船舶」を指摘したいためであろう。そこには「天下の産物を官の船舶を用いて渡海・運送・交易して、天下に有無を通じ、万民の饑寒《きかん》を救うを云うなり」とある。商品流通を官ないしは藩権力の下に掌握し、商人に代わってその利を手中に収めるべきという、いわゆる官営交易論である。「この事」が捕鯨とい

※1　「四百三十四里」の数字は、本庄栄治郎『近世の経済思想』１９３１年・日本評論社の「第六章本多利明の研究」１３７頁に掲載のもの。

※2　一七九八年刊「経世秘策」で富国の基本として説かれる四大急務は一焔硝、二諸金、三船舶、四属島。焔硝は当時国産にはなく幕府が独占輸入していた爆薬原料のことで、岩石を破砕して河道を開通して新田を開くのが目的。諸金は金銀銅鉄鉛山のことで、それらが国外へ流出するのを憂う。船舶は国の「長器」で、天下の利の十六分の十五を占める商いを支配下に置くに不可欠なものという。属島は植民地獲得の勧めで、主目標が蝦夷地である。

※3　生月島は隠れキリシタンの里として有名だが、何より大仕掛けな解体施設を備えた捕鯨基地であった。享保十年（一七二五）益富又左衛門が銛をつかう突組を創始、苧網も使うようになって一年に四五十頭の捕鯨をなし、周辺にも進出、益富一家は毎年二百頭を超える捕鯨を続けたが、しだいに不振となり、安政年間に廃業、明治二年に再興されて平戸捕鯨会社となったという。

上は大槻清準「鯨史稿」の一部、右は「追船」左は「生月島御崎漁場図」（国文学研究資料館所蔵「祭魚洞文庫旧蔵水産史料」より）

う殖産を指すなら、商品として「鯨」を流通させる官船の入用を本多氏なら覚悟するのではないか—前田直方のメモとして不思議な思考経路ではない。

文化元年（一八〇四）ロシア人レザノフが日本人漂流民を返しかたがた通商を求めて来て幕府の対応がつれないことに立腹、長崎からの帰途、樺太《からふと》や択捉《えとろふ》島の番所や漁船を攻撃するという事件を起こしたため、各藩に海岸防御論が沸騰した時期で、加賀藩も対ロシア問題の専門家として本多利明を招いたと思われるが、前田氏は富国論でも有名な彼に捕鯨論を聞きたいのに違いない。ただ、前田直方の文章は「憶断とやら申すものの風なるわざに候か」という言い回しで、本多氏の論を経験に基づかない空論と見る節の見えるのが気になるけれど。

大鯨を獲る仕掛けは「鯨史稿」の通りにすれば、という。この本は仙台藩の大槻清準が九州生月島[※3]の捕鯨を文化元年に実見し、前田氏と同じ殖産のテーマをもって詳細にルポ、その五巻目の「捕鯨之候」末尾に「能登モ冬ヨリ春ニカケテノ漁ナリ。之ヲ友人加賀ノ大島無害ニ聞ク」とあるように、全国の捕鯨情報をも網羅しようとしたもの。加賀藩ではこの本を至急に取り寄せ、筆写して関係者で読み回している。捕鯨の「仕掛け」については生月島の実例が書き上げられ、追船は十三艘とか勢子や解体に数百人を雇うとか、捕鯨の起業には資金四百貫目が要るとか、大きな産業として描かれる。

前田直方はこの覚えに見るような心構えでもって能登捕鯨の調査を指示したとみられるが、その報告を受けて結局、彼は捕鯨を殖産の対象にすることを諦めたようである。気にかけていた鯨が捕れる頻度について「一ヶ年に二本、二ヶ年に三四本」という報告では確かに動機は高まらないだろう（その数字がどの程度の真実を反映するのか図り難いが、新分野への挑戦を嫌う役人は多いから少なめに報告されている可能性はある）が、彼が何をもって断念に至ったのか明確に窺うことはできない。捕鯨というテーマは幕末まで二度と加賀藩には現れない。

　前田土佐守直方があきらめたその文化九年、九州五島列島で鯨専用の定置網が考案されている。後の実用期の図解によれば、藁縄製で、網口から奥まで百尋（約百五十メートル）の大網。鯨が入ると、台際に苧網（格子網という）を急いで継ぎ広げ、そこへ追い込んで「あたかも風呂敷に包みたるごとくにして鯨を海岸に引き行く趣向」という。※網掛け突き捕り法に比べれば人員や資材が軽便なので、江戸後期から明治期にかけて鹿児島県片浦・長崎県宇久島・佐賀県神集島などで行なわれてきたという。能登の仕法もモリを用いず、金網を敷き広げた上に鯨を追い込み、その金網で鯨を押し包んで台網から引き出すので、よく似ている。能登が身網の上に金網を重ね敷くだけなのに比べ、格子網を継ぎ足してそこへ追い込むという九州の方が合理的とは推測できるが、そのヒントは九州五島列島の人々が北陸の捕鯨法から得たとしておかしくないもので、いずれ史料が現れ、技術交流史の一ページが加わるかもしれない。

　なお、明治初期、木嬰氏が大曳網による捕鯨を考案したり、鯨の潮吹孔上部に曳銛二挺を刺し、綱で二隻の舟に繋ぎ、曳いて渚に至る方法を考案したことを前

※　山下渉登『捕鯨Ⅰ』法政大学出版局・二〇〇四年刊・１６４頁に次のような記述がある。「『捕鯨業履歴手控』によると、一八一二年（文化九）に五島中通島魚目浦の柴田甚蔵が、鯨専用の大敷網（定置網の一種）を考案している（翻刻所収「新魚目町郷土誌　史料編」）。一八八二年（明治一五）制作の『五島列島漁業図解』の魚目村の鯨大敷網の図を見ると、網は藁縄で作られ、網口から奥までの距離は約一八〇メートルあり、クジラが中に入ると網口を引きあげ、格子という丈夫な網を敷き込んでクジラを捕獲している。…」

左図＝ワラ縄で製作するという捕鯨の「敷網」と下はその実景（『漁業誌』長崎県・明治二十九年刊より）。「敷網は側行二百三十尋（３５０ｍ）網口六十二尋（93ｍ）、網口より横渡しと唱える所までを百尋（１５０ｍ）、毎期一定の場所へ鐘形に敷入れ網口に四艘の引子船をつなぎ、来鯨があれば勢子船で追い掛け敷網に追い込む、引子船が直ちに口網をくり上げる、浜から格子網を積んだ二艘の船を呼び寄せ、勢子船の親父が指揮して敷網の台尻の後ろに格子網を結びつけるやそこへ鯨を追い込む、ハザシが海に飛び込み、潮吹き孔を包丁でえぐり綱を通して船に繋ぐ、ハザシが再び海に入って鯨を刺殺し、敷網の外へ引き出す段取り」と記している。

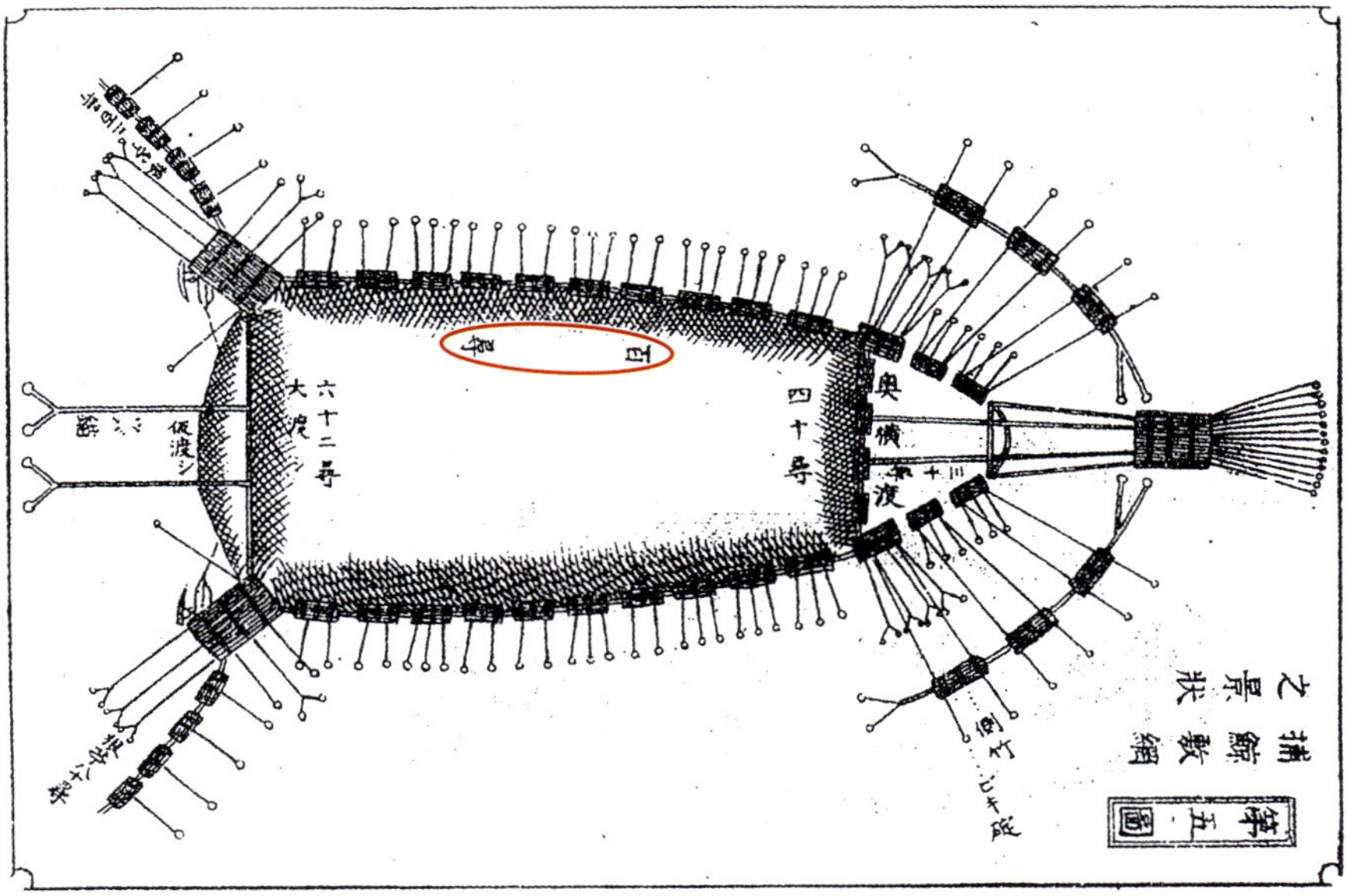
第五圖
捕鯨敷網之景状
四十号
奥横渡
六十二号
大渡シ
仮渡シ
百号

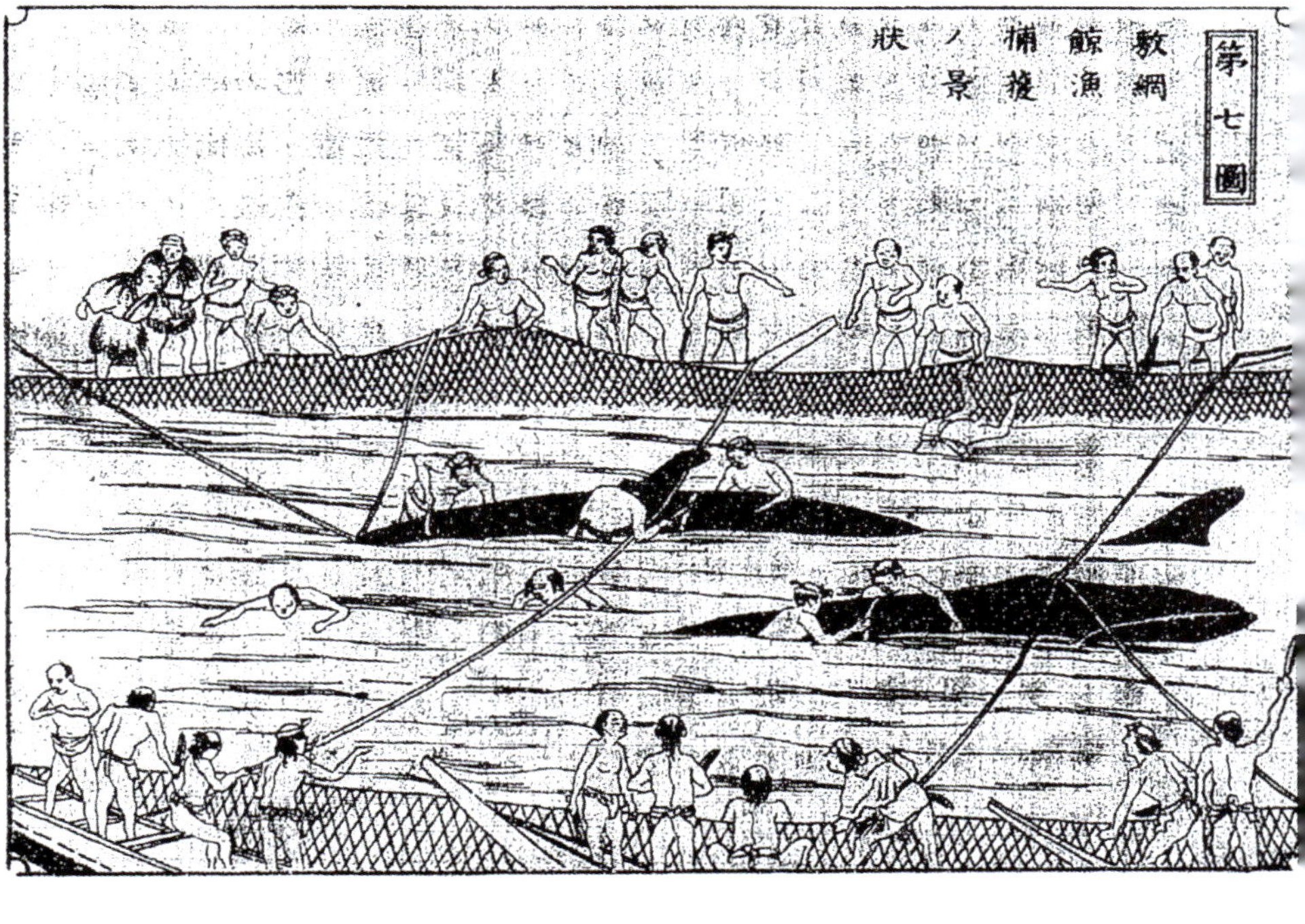
第七圖
敷網鯨漁捕獲ノ景状

述したが、これらも台網捕鯨から発想されたと指摘していいだろう。

台網を創案したといわれる地域の一つは北陸の越中・能登。灘浦庵村のある願書に[※1]《岸之網之儀に付て、天正十年八月十三日ニ御先祖利家御印も頂戴干今所持仕候、則写差上候、尤ヶ様ニ御公様ニも大切ニ成シ被下候網場所ニて御座候》とあり、十六世紀後半に能登には存在したようだから、そこへ鯨が入るのは必至、その処分法も初期から練られてきたはずである。能登町立三波公民館が発刊の『沖より来たる―大敷と鯨伝説にみる三波』に載る三つの伝説は、藤波「三、四百年前」波並「延宝年間（一六七三～八一）」矢波「正保年間（一六四四～八）」といずれも十七世紀の網に入った鯨の話である。

同書から伝説の一つを紹介しよう。神目神社のある藤波の「海蔵院鯨[※2]」。


「今から三、四百年くらい前のこと、藤波の海蔵院に居候を決めこんでいた乞食が一人いて、藤波の村中を物乞いしては暮らしていました。その乞食は年老いて歩けないようになり、死に際に「藤波の人にながらく厄介になりました。俺が死んだら鯨になって恩返しにきます」と言って亡くなりました。

次の日、海蔵院前の岩に大鯨が一頭乗り上げバタバタして死にました。それを見た一人がたいそう驚き、とっさに海蔵院の大鐘をつきました。何ごとかと集まった村中の人たちは見たこともない大鯨を見て驚きました。「乞食の言うとったとおりやなあ…」といって切り開いたところ、鯨は脇の下に海蔵院の縁起の絵

※1 『能都町史』第二巻・343頁に次のように記されている。「越中灘浦阿尾村のワラ台網請状によって元和七年（一六二一）にはかなり発達していたことが知られる。更に、能州灘浦庵村の享保十八年（一七三三）の願書に《岸之網之儀に付て、天正十年八月十三日ニ御先祖利家御印も頂戴干今所持仕候、則写差上候、尤ヶ様ニ御公様ニも大切ニ成シ被下候網場所ニて御座候》（庵区有文書）とあるので、能越の灘浦では一六世紀後半には、台網がおろされていたと考えてもよいのではないだろうか」。十六世紀後半が台網発祥という大方の認識のようである。

※2 この伝説を描く絵馬はいま神目神社に掲げられている（本書158頁参照）

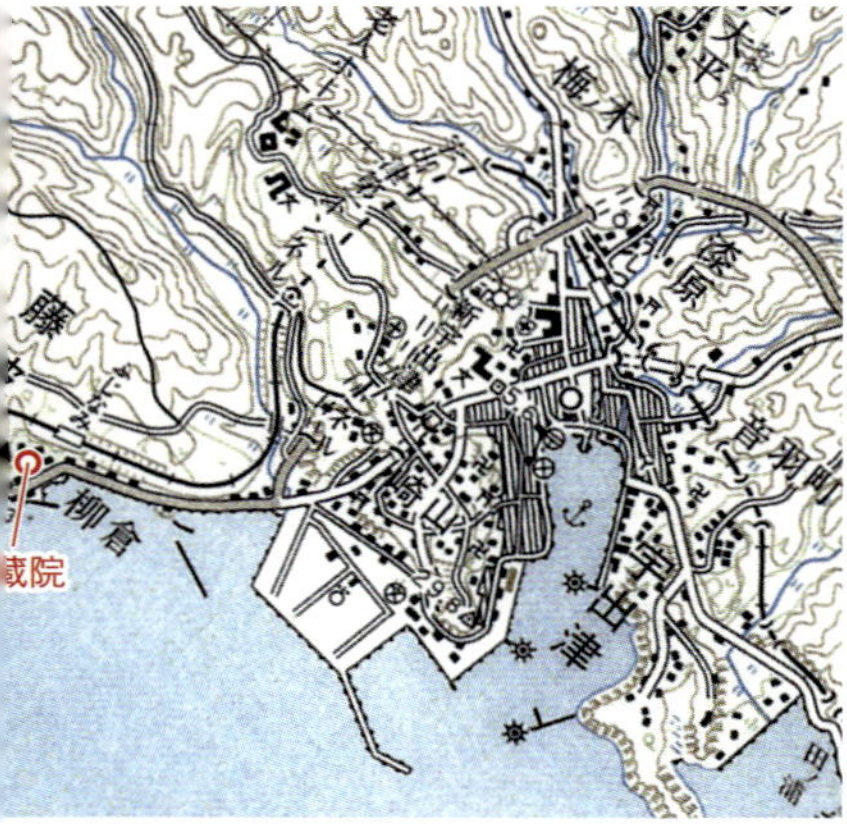

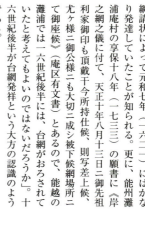

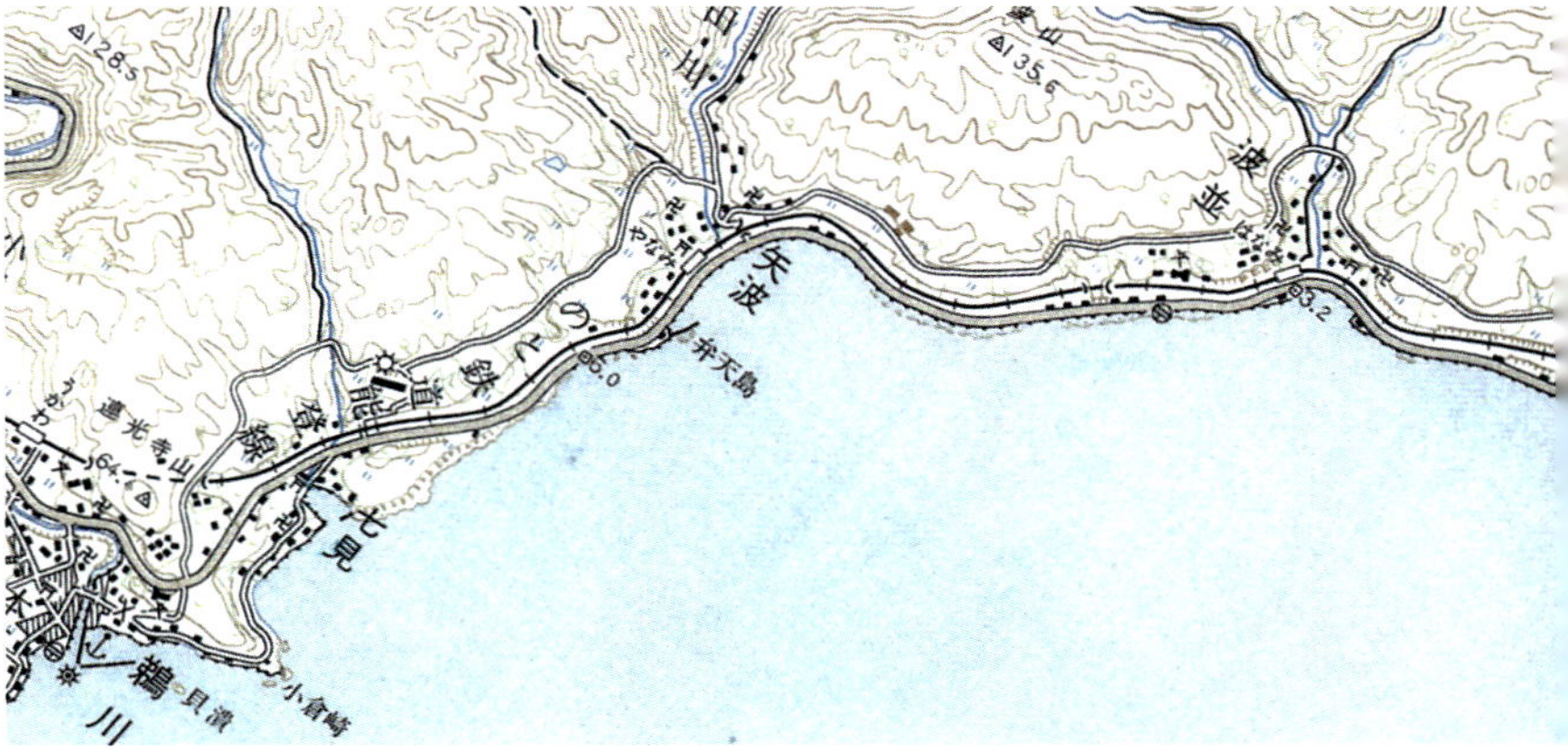

台網捕鯨の中心地であった「藤波・波並・矢波」地区（五万分「宇出津」昭和43年修正より）

※3　棚木鳥井浜＝宇出津港湾内の地名

巻を抱えていました。そのあと鯨は村の者全員へと平等に分けたので、村が大変うるおいました。それから最近まで、鯨が捕れると海蔵院の大鐘をついて知らせるようになっていました。」

台網の記録の古いところを見たが、捕鯨記録で古いところは『能都町史』五巻・四九六頁が紹介する次のような十八世紀の史料であろう。

「元文三年（一七三八）二月二十五日、昼間ごろ鯨が入り、翌日昼捕えたとあり、鯨を捕るのにまる一昼夜の時間を費やしている。

安永年中（一七七二～八一）に宇出津浦で七尋（約十・五メートル）の鯨を捕えたところ、沖合より五尋（七・五メートル）の鯨が連れだってきたので一緒につかまえた。このようなことは前代未聞で親子鯨ではないかといわれた。

天明八年（一七八八）十一月十四日に六尋三尺の鯨が間に入り、翌十五日に捕れた鯨を宇出津の茂左衛門が七五一貫で購入した。

寛政八年（一七九六）正月十九日に七尋五寸の鯨が間に入ったが、翌二十日に町の浜へ寄せたが捕られず、二十一日に棚木鳥井浜[※3]へ寄せて捕り揚げ、六〇六貫文に売れた。」

ほかに「天明二年（一七八二）四十物方諸々書上帳」を上げて「安永十年（一

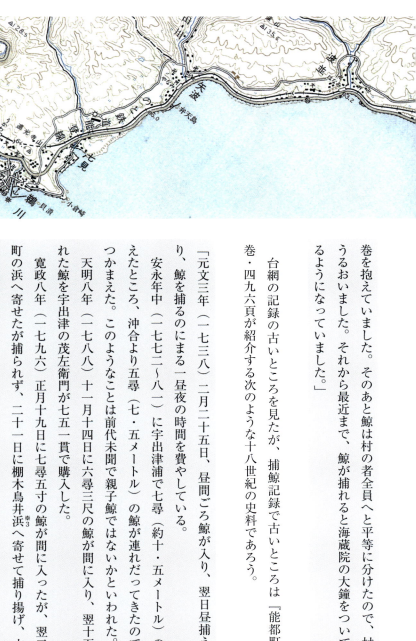

鯨は死ぬと腹部を上にして浮かぶという（捕鯨船に曳かれる鯨＝『本邦の諸威式捕鯨誌』東洋捕鯨株式会社編・明治43年刊より）

七八一）二月、十六尋三尺　黒真魚、代九百貫文」の販売記録をくわしく載せている。捕った鯨には「鯨分一《ぶいち》」と呼ばれる課税があった。売上げの何分の一を税にする意味の「分一」で、『能都町史』二巻の四四五頁に次のようにある。

「突き鯨は二十分の一、寄り鯨は三分の一、流れ鯨は十分の一、切り鯨は二十分の一。鯨捕獲の方法の難易により分一の割合を定めた。突き鯨とは、銛で突き射とめたもので、寄り鯨は銛を受けて弱りあるいは死んで海岸に寄ったもの、流れ鯨は死鯨が洋中に漂うもの、切り鯨は漂流する鯨を発見し磯辺へ引きくるいとまもなく、小舟に乗ってただその肉を切りとるものを言った。またその漁獲地の関係で分一の割合や納入方法は異なった。波並の山田與平氏によると、加賀藩政のころ網鯨の税金は売上高の一割と定められてあったという。」

突き鯨・寄り鯨・流れ鯨・切り鯨―。海からのプレゼントにも藩は抜かりなく運上金を課している。《網鯨《あみくじら》》の語は、台網の中に入った鯨の捕獲ゆえ、網役の一つに藩が数えたことを端的に表していよう。生きた鯨を捕るのが難しいと知る浦々の人たちゆえ、鯨の幸いがどの浜に招来したかは語り継ぎ、記録してきたはずである。古くは享保三年（一七一八）三月、外浦の黒島村（幕府領）が隣の加賀藩領の村と寄り鯨をめぐって争い、次のような言い分を幕府に上申しているという。小林忠雄・高桑守史『能登　寄り神と海の村』から引用する。

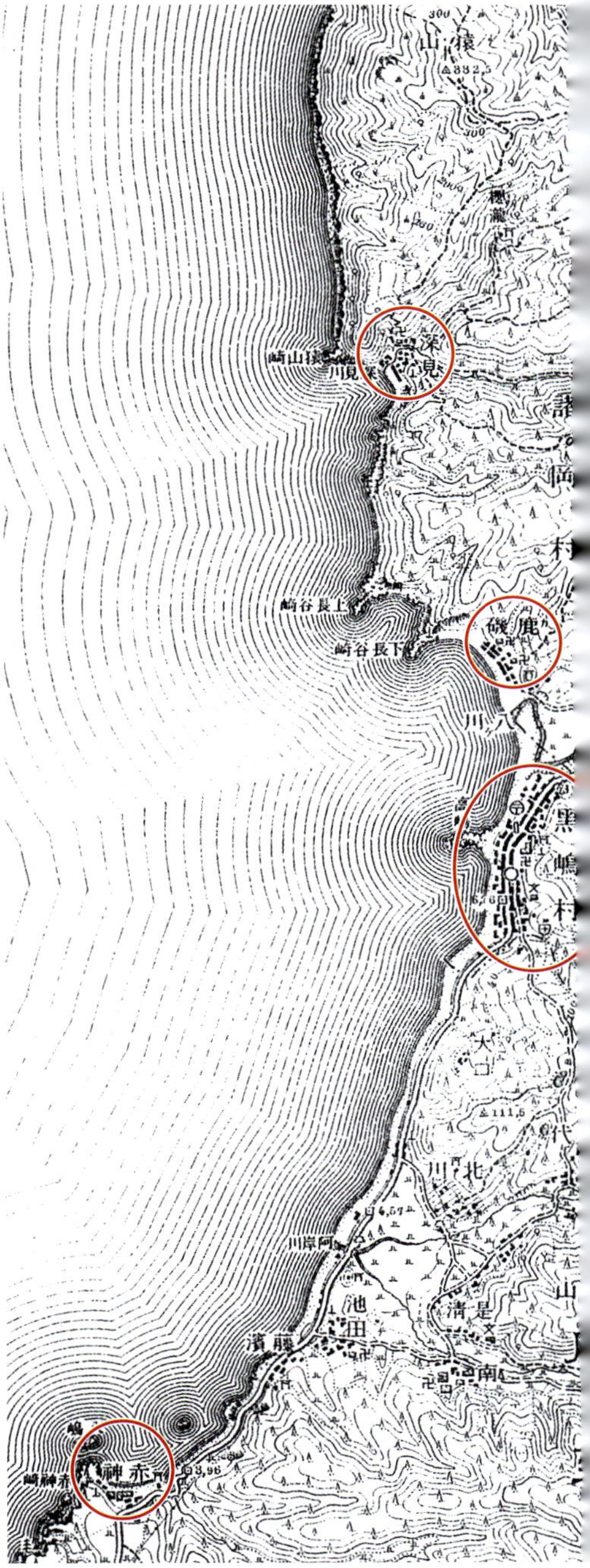

鯨分け争いの起きた幕府領の黒嶋村と、加賀藩領の鹿磯村（五万分一「剱地」明治四十五年より）

「黒島村の一里沖に鯨が一頭流泳してきた。黒島村の猟師は当然、自分の領海であるからこれを捕獲しようと小舟を出したところ、鹿磯《かいそ》や深見や赤神の各村の舟も、この鯨を追って出猟してきた。しかも、この三村の猟師たちは、結託して黒島村の猟師が鯨をとろうとするのを共同で妨害し、その上、この分け前をよこせといって黒島村の猟師に迫った。しかし、ここは黒島村の領海である上に、以前鹿磯沖に鯨が入り、同様な事態が起った時、鹿磯の猟師たちは黒島の者に対して何らの分け前もくれなかったではないか。それだから、今回も、他村の者に何ら分け前をやる必要はない」

幕府の裁定は享保六年（一七二一）に出て、江戸から帰った能州郡奉行の「全

鯨にトドメを刺す包丁（能都町民俗資料館に展示のもの）

※　元禄八年（一六九五）刊『本朝食鑑』に「いわゆる一浦一鯨をうれば、すなわち七郷の賑わいと…」とあり、言い草の源はこれと指摘する人もいるが、加賀藩の鯨分け規則の方が早く、この規則を源とした方がいいかもしれない。

く黒島村非分、御家御領鹿磯村勝にまかり成り」という七月十日の報告が『政隣記』に載っている。寄り鯨が争いごとになるのは古来あったと思われる。加賀藩では承応二年（一六五三）という早い時期、寄り鯨分配のルールを決めて触れていることは前述したが、原文を示しておく。少しだけ送り仮名を入れる。明治十三年「漁業慣例取調書類」にある「石川県庁文書」史料という。

御定の覚

一　鯨寄り候居村へ十歩之図を以て五歩可被下事

一　右居村浜並に両脇三ヶ村充て六ヶ村へ弐歩充て可被下、但し三ヶ村続き無しの弐ヶ村有之候ても同前の事

一　右居村近処里方三ヶ村へ壱歩可被下事

右の趣被仰出候条可得其意候鯨寄り候は、御在国の時分は早々小松へ可申上候御留守の刻は此方へ可及案内者也

承応二年二月十五日

横山右近

奥村河内

能州捕方　十村中

鯨の寄った村は半分の五歩、浜並びの両脇三ヶ村に二歩ずつ（計四歩）、里方の近所三ヶ村に一歩を分けるという。分配にあずかるのは七ヶ村というルールは

藤波・神目神社に奉納された「加賀藩主観覧の鯨絵馬」。長谷川文竜の作という。藩主前田斉泰が能登海防巡視途次の観覧というから、その嘉永六年（一八五三）三月二〇日から遠くない寄進であろう。写真は石川県水産総合センター提供。

「鯨一頭七浦光る」という古来の言い草※を実現したものと思われる。

最後に、能登捕鯨を加賀藩主が見物、その時の様子が絵馬に描かれている話。加賀の海で「沖の殿様」と呼ばれた鯨が「陸の殿様」とまさににらみ合うシーンである。嘉永六年（一八五三）十三代藩主前田斉泰は能登の海岸防備視察のため旧暦四月四日に金沢を出発、同十六日に宇出津宿泊、翌十七日早朝、宇出津町藤波で「鯨捕り」を見物した。この時は二頭の鯨が捕れたという。後日、その様子が絵馬に描かれ、藤波の神目《かんのめ》神社に奉納された。

絵馬の描くシーンについては二つの見方があろう。一つは台網に入った鯨を持双にかけて浅瀬まで曳いてきたところで、胴の木をはずし、かぶせていた金網も取り払し、これからトドメを刺そうとする緊張の場面。もう一つは、寄り鯨が浅瀬にもがいていたのを引き揚げようとするところ。

藩主側の記録は前後の状況を記していないので、推測になるが、海上の舟は左下に一艘しか描かれ

藩主観覧の鯨絵馬のうち、天鍵が打ち込まれた辺りを拡大している。

ず、その舟の人も見物モードに見え、一度に二鯨ということや「早朝」に見物というのと合わせると、台網から曳いてきたものと考えにくく、寄り鯨の引揚げ図とした方がいいかもしれない。

絵に注目すると、鯨の口の上に打ち込んである短い丸太状のものから延びる綱を浜にいる連中が曳いている。拡大した上図を見ると、丸太状の物は絵巻にあったあの「天鍵」である。天鍵は頭部に打ち込んだだけでなく、鯨体に穴をあけ縄を通してその長柄を結わえているかもしれない（精密な絵の観察が必要）。二鯨とも二本の綱で曳かれているから天鍵は二本ずつ打ち込んでいるわけだが、浅瀬で跳ね動く鯨に天鍵を打込むシーンこそ見ものであったであろう。

実は、神目神社には他に二額の絵馬があり、どちらにも天鍵を打ち込もうとする漁

神目神社寄進の一頭の鯨を曳く絵馬で、包丁を振り上げる漁夫。

人がすばらしくリアルに描かれている。まず、一鯨を曳く絵馬。鯨の鼻先に赤ふんどしの男が乗りかかっている。綱の付いた天鍵を片手に、もう一つの手には大包丁を構えている。鯨が暴れて天鍵が外れそうになり、頭部に穴をあけ天鍵を留め直そうというのか。それにしては大包丁である。鯨が暴れ過ぎるので脇腹にトドメを刺そうという包丁であろうか。苧麻製と思われる縄をかついで鯨に向かう男がいるから、背の立つ浅瀬である。少しでも浜へ曳き寄せた方が解体作業はやりやすく、天鍵を改めて固定し直そうというシーンなら、手前のドウブネではない船に乗る五人の漁夫は、鯨のこちら側の天鍵を付け終えて鯨体から離れたところとなろう。鯨と対決する天鍵の漁夫、絵馬の中心はここにおかれている。渚に足を踏ん張り、綱を懸命に曳く海村の人々。手前の見物衆に二本差しの武士の姿

神目神社の鯨絵馬。一頭の鯨を描く方は「海蔵院鯨」伝説（本書150頁参照）の鯨を描くとされるもので、元は恵比須堂に掲げられていたが、堂をこわしたとき神目神社に移されたという。下の二頭の鯨を描くものとともに天鍵を頭部に打ち込んで引き寄せる様子を描く、縦80センチ内外、横170センチ内外の大幅。
トドメ刺しの包丁を振り上げる漁夫は下の絵馬にも描かれている（左図）。

が見えるから江戸期の絵馬で、明治期のものではないが、浜で太鼓が打ち鳴らされていて、明治十二年「水産物取調」が網に向け鯨を追い込むのに「太鼓あるいは船端を叩き」と記していたことが思い起こされる。それは「一村の漁業者残らず出で」る捕鯨であったが、この絵馬もそういう雰囲気に満ちている。

二鯨を曳くもう一枚の絵馬にも、向こう側の鯨の脇、海中に立って赤ふんどしの男が包丁を右手にふりかざしている。今しも天鍵を打込んだところか、いや、浜がすぐそこまで迫ったので、トドメを刺そうとするところか。手前に帽子の洋装男が商人風の男と話している。右方にも女性二人に話しかける帽子の洋装男が描かれている。宣教師なら、キリシタン禁令を解いた明治六年太政官布告以降の絵馬となるが、ほかの男たちはちょん髷を結っている。幕末の日本は数か国と通商条約を結び、指定の湊で外国人の上陸を許していたから、指定港のない能登でも臨時的に上陸する異人の姿は見られたのかもしれない。

右上の船溜まりの画面中に、家内で薬研《やげん》でも使っているような様子が描かれる。どんな意味なのか、解釈をし切れないのが絵馬の魅力であろう。

先の藩主観覧の嘉永六年（一八五三）絵馬には、包丁をかざすような鯨と直接対峙する漁夫の姿は描かれていなかったが、藩主は彼らの勇壮な働きぶりに感嘆したことであろう。捕鯨夫たちを水軍に編成することを思い描いたであろうか。一頭の鯨と一人の漁夫が力をもって向かい合いシーン、天鍵を付け終えて漁夫が鯨から離れる時、見物人たちからは喝采が起こったことであろう。

神目神社本殿の鯨骨。義経奥州落ちの折、病の虎御前が樽に乗って藤波間島に流れ着いた伝説にちなむ「酒樽がえし」という奇祭が当神社で春にある。大敷網の漁夫が上組と下組に分かれ、各十人のふんどし姿の男衆が一斗入りの酒樽を田んぼや海に入って奪い合い、飲み合う。

神目神社は四キロほど北西の山中の神目にあったが、辺田ノ浜の大宮神社が明治四十一年に小社を合祀した際、現在地に遷ってきた。辺田ノ浜はその後埋め立てられて広い陸地を形成している。石川県水産総合センターもこの中にある（右が昭和43年修正「宇出津」2・5万より、左は昭和52年修正「宇出津」5万より）

神目神社の鍵を開けてくださった近くの加須屋勲氏は、昔はこの神社前がすぐ海であったとおっしゃった。絵馬のかかる拝殿の後ろ、本殿前に鯨の大骨が祭られているのを見たが、それはだから、すぐ前の海を見はるかすように祭られているのかもしれなかった。寄り鯨のもっと多からんことをという祈り、台網に入った鯨を打ち取ったという祝祭の輝き、そういう人間中心的な心機からではなく、もっと深い所からくる奉納の心のように思われた。

百海町の諏訪神社にも描かれている（左図）。

藩主観覧絵馬の鯨は何種か。石川県水産総合センター元職員の永田房雄氏の調査によれば、下あご、上あご、胸ヒレ、尾ひれにフジツボの付着物を描いているところを見ると、遊泳力のあるミンク鯨やナガス鯨ではなく、ザトウ鯨かセミ鯨。手前の鯨が背ビレをもち、目や口の形状からザトウ鯨としていいところだが、胸ヒレの形状とその全体に対する長さを思うとセミ鯨とも考えられるという。神目神社に残る二額はいずれもザトウ鯨と断定されている。

絵馬はこのほかに、七尾市百海《どうみ》町の諏訪神社にある。氷見市立博物館長小境氏の絵馬表に書き込まれた文字の判読によれば、明治八年（一八七五）、能登島を

明治八年寄進の「鯨」絵馬（百海町・諏訪神社）地図は昭和五年部分修正「小口瀬戸」五万分一。

はさんで対岸、藤波の西となり、波並の「矜田三助」が寄進したものという。現在の衿田守家の方に筆者はお訊ねしたが、先祖の奉納とは聞いているけれど、百海とのつながりは何も聞いていないとおっしゃった。

百海と波並は歴史的・地理的に直接のつながりをもたない。ただ、両地には台網文化を早くからもったという共通点がある。能登灘浦は152頁注に記したように、江戸期を越えて天正十年（一五八二）に既に「在所の網」あるいは「白鳥岸の網」と称する定置網が存在していたことが史料に見えるという。波並も江戸初期の台網設置を推察させる土地である。四百年も前から鯨との共生文化を育んできた両海村。そして絵馬が子連れ母鯨を描くように見えるのでいうのだが、衿田氏のつながりは台網内捕鯨に関するものではないだろうか。網の小さな部品の供給や取り付けの依頼という恩恵を百海の人から受けている波並の人が、その鯨への恩頼の念を現した……。明治八年（一八七五）と云えば、石川県がその五月に「鯨漁仮規則」を人々に触れた年である。その八か条に子連れ鯨を捕獲するなという項はなく、伝統のそのルールを知らせるが如き絵馬である。

浜に引揚げた鯨であろうか。「魚津浦の景」とある（『越中名勝案内』明治四十三年刊より）

越中の捕鯨

最後は越中の捕鯨である。宇出津から鯨肉が富山や越後に運ばれていることを見たので、捕鯨が宇出津に盛んであることは越中にはとくと知られていたことであろう。しかし、本書のスタートで見たように、魚津浦の親方たちは捕鯨組を、能登の宇出津ではなく、加賀の宮腰に依頼していた。

　魚津町の親方たちは、能登と不断の交流を持つから、宇出津で明治期になって網外の捕鯨も行われるようになったことを知らないはずはない。そして、明治十九年のその時には網外捕鯨がもう行なわれていないことも。魚津の地元に現役の捕鯨組がいれば彼らに依頼したに違いないが、それを生業とする者はいなかった、現役の捕鯨夫のいる浦へ頼むほかなかった。それが宮腰であったということであろう。

　魚津浦の捕鯨に関する史料は今のところ見つかっていないが、台網のある浦に捕鯨のないはずがない。証の一つは、明治十三年「石川県勧業年報」に出ていた「沿海漁船表」と「漁網表」の二つ（左頁）。現役の捕鯨夫のいる加賀四郡に「三四」艘があって、越中に「三五」艘もある「鯨網船」。鯨網を積む船であろうが、富山湾岸にあって江戸期の鯨網は台網の身網部に重ね敷く小さな網で、運搬に船の工夫は必要なく、明治期になって台網外の捕鯨が始まると鯨網が巨大となり、鯨に追いつく船脚を確保する必要が生じて改良した船をいうのだろう。

明治十三年「石川県勧業年報」掲載の表（内容は明治十二年＝一八七九年のもの）

沿海漁船表

國名	郡數	鯨網船	地引網船	八手網船	雜網船	釣船
越中	四	三五	一七四	一二四	一、一七三	八〇九
能登	四	二二	五〇二	三	二、一四四	一、一六一
加賀	四	三四	四四〇	七九	一、三六三	一三三
越前	三	……	一〇一	……	三三九	六六八
合計	一五	九一	一、二一七	二〇六	五、〇一九	二、七七一

漁網表

國名	郡數	鰤臺網	鰯引網	鰯臺網	鮪臺網	烏賊鯖臺網	諸魚引網	鯛引網	鱰釣網	大手操網	捕鯨網	指網	配繩
越中	四	九八	……	四四五	一二〇	七〇	二〇八	……	……	……	……	……	……
能登	四	二九	……	五九	三九	一五〇	一八八	……	二五	……	……	……	……
加賀	四	……	……	……	……	……	一七九	……	……	一三二	九	八七	……
越前	三	……	三二	……	九	……	一六	二八	……	二九	……	……	四
合計	一五	一二七	三二	五〇四	一六八	二二〇	五九一	二八	二五	一六一	九	八七	四

明治政府は殖産興業をテーマに掲げ、鉄道や絹織物など国営事業を次々と立ち上げた。地方政府も地元の殖産興業をすべく「勧業課」※は明治初期から県庁内に置かれた。産業各界で勧業するに値するものが探され、明治初期、たまたま木嬰氏による突き捕り法の発明があり、目を付けられた一つが捕鯨業だったと思われる。加賀沿海はやがて河波氏の網かぶせ法が主流となり、長大な鯨網をすばやく展開できる船が求められるようになったことは述べてきた通り。

県庁勧業課は河波氏と強力なタッグを組んで、県内各浦に捕鯨組織の立ち上げ

※　明治初期の勧業について『富山県史』通史編Ｖ・近代上（一九八一年刊）は、明治十三年に士族授産も目的に「勧業資金貸与内規」の内務省令、十七年に勧業委員設置準則が各県に通達されたことから書き起こすが、もちろん各県庁は明治初年から取り組んでいる。県史は農業から工業まで幅広い産業の例を記すが、水産業に関してはまったく触れていない。捕鯨に関する勧業は付け足されるべきであろう。

※　勧業に当たってみて何より実態を知らねば何もできないと県庁は痛感したのであろう、旧慣・旧税について細かい報告を求めた「水産物取調」が出るのは明治十二年である。旧税に関しては増税の参考にされたようだが、旧慣の中の資源保護に関する事項は尊重され、事後の法に活かされたという（鮭の種川制度など）。捕鯨に関する北陸の旧慣としては寄り鯨の分配法があげられようが、これは資源保護につながらない。

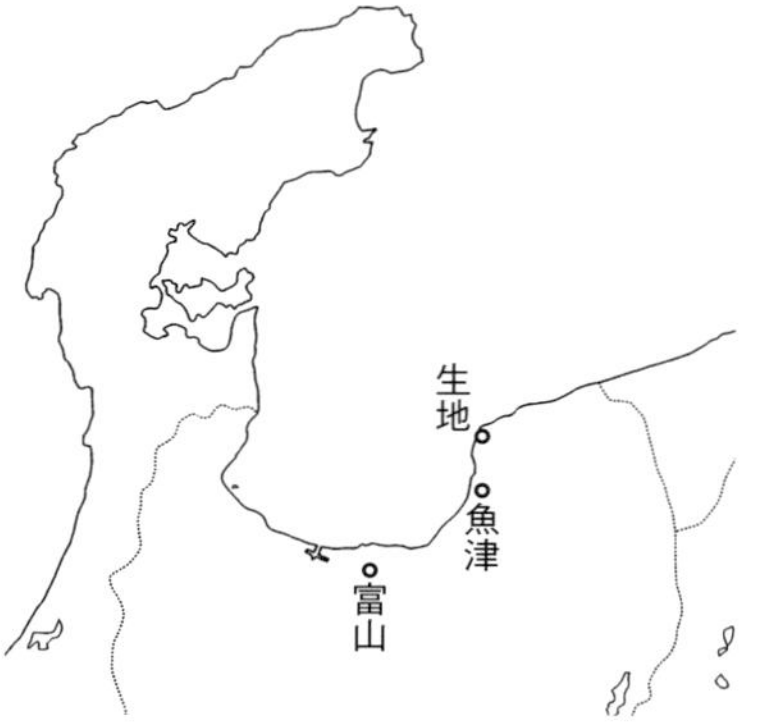

に動いた。江戸期以来のテンマ舟を少し改良して捕鯨用に仕立て、各州に数十艘の鯨網船とよべる船団を置くところまで進めた―このようなプロセスをここまでの記述の整理により記すことは許されるだろう。明治八年に石川県が「捕鯨仮規則」を策定して、隣県の富山県がそれを定めていないのは、木婴氏と河波氏の影響の有無、台網設置の多少に左右されていると見られ、台網が少ない加賀地方が捕鯨の取り組みはより進むと見られたに違いない。

大石川県の捕鯨に対する意気込みは、漁船表において船が五種に分けられ、最上段に「鯨網船」をもってくるという形に現れている。「漁網表」で「捕鯨網」が下段にきているのは、加賀にしか数字が出てこない現状を踏まえるためであろう。江戸期の能登や越中には、台網内の鯨にかぶせる一反二十七メートル長の「金網」があったけれど、それではなく、河波氏の勧めた、十八尋四方を一反として十九反をつないだ巨大網、網かぶせ法の網である。

このような台網の外にいる鯨を対象とする捕鯨が越中でも行われたことを示す史料は今のところ存在しない。行われたとしても、能登の宇出津のような束の間の捕鯨であっただろう。本書巻頭の「魚津浦に巨鯨」の新聞記事が、当浦で捕鯨が行なわれることを「近頃珍しきこと」と記していた、そのことが思い起こされる。「鯨網船」と「捕鯨網」の両欄はそれらのことを示唆するものだ。

なお、魚津町から東北へ十五キロ、黒部市生地の恵比寿神社に「鯨」の絵馬が奉納されている。明治十八年（一八八五）六月上旬、「宮川浜連中」小倉仁十郎

明治十八年寄進の「鯨」絵馬（生地町・恵比寿神社）

ほか八人が寄進とある。この神社のえびす・大黒の像はエビス祭りの七月、満艦飾の漁船に乗せられ、海を一回りして豊漁祈願がなされることで知られる。

絵馬は、おそらく渚に乗り上げてしまった鯨を浜へ引き揚げようとする図で、寄り鯨の再来を願うものである。ただ、引く綱が鯨の口先からいきなり出ていて鯨にどんなふうに掛けられているのか、能登の絵馬に見たような天鍵の存在が不明だし、鯨の描き方も尾が水平についているかどうか危うく、歯も鮫のようにギザギザで（歯クジラのつもりかもしれないが）捕鯨の実景を知らない人の絵のように見える。

この恵比寿神社を兼務される新治神社の高倉盛克宮司にお話を伺った。恵比寿神社前の浜は阿弥陀堂浜と呼ばれ、《宮川浜》はどこか分からない、《宮川》は新治神社のある宮川町を言うのかもしれないとおっしゃった。

明治十八年当時の生地村について『黒部市史』は、沿岸漁業の不振と副業の新川木綿の衰退がかさなり、翌年三月の「中越新聞」が「漁業者の中でも甚だしき者は日々粥の重湯さへ飲むことができず、近郷へ乞食に出る者二百余名の多きにある由」と伝えると記している。また、生地の漁民十人が北海道のニシン漁に初めて出稼ぎしたのは二年前といい、コンブ漁に渡るのはこの五年後、十年後には五百人もの出稼ぎ漁になったという。

前述のように当地の漁民は「生地の十貫命」と勇猛ぶりを称えられる人

上は阿弥陀堂浜の護岸堤から見る恵比寿神社と、うっすら能登半島の見える富山湾。下の地図は『富山県案内帖』呉東版・アトラスＮＳＫ・昭和57年刊で、生地町の新川神社・宮川町・恵比寿神社の位置関係を見る。

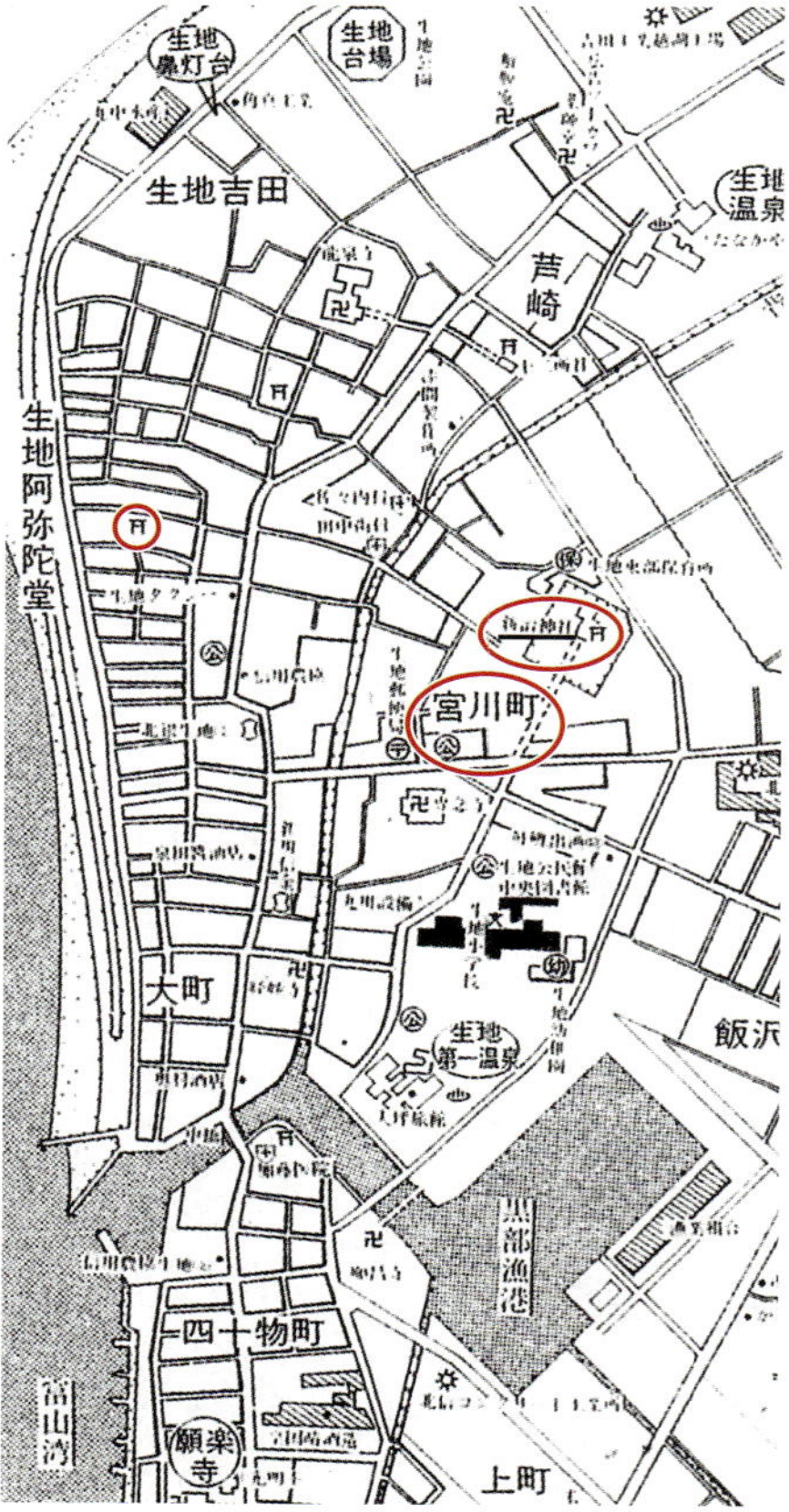

たちで、小船による冬季の遠距離交易にも挑戦してきた。絵馬の鯨上辺に数艘の和船が描かれるのがそれであろう。しかし、正業も副業も不振となれば、勇気の振るいようは遠い北海道への出稼ぎしかない。半年も出稼ぎしようとする漁民たちが多くなれば、町部の人たちが困る。商い人たちが《宮川浜》連中と自称して寄り鯨を願う絵馬を奉納するのは、漁民たちを当町に引き留め、町の賑いを続けて欲しいのである。絵馬は寄進人の切なさをにじませるもので、漁民たちを日々の顧客とする町部の人たちが描いたクジラというなら理解できる描さである。

留意すべきは、新川郡の十村役を務めてきた生地町の田村家のこと（この頃すぐ南の堀切村に在住）で、当主の田村惟昌氏は明治十六年から富山県会議員を三期つとめるから、この町の不振と出稼ぎについて何らかの働きをなしていると思われるが、明治四十一年に大日本捕鯨会社の重役になっていくことを考えると、捕鯨に関心を持つようになったのはこの絵馬奉納時期なのかもしれない。捕鯨会社重役については後述（１９５頁）することになろう。

さて、台網に入った鯨を捕る技法は、富山湾岸でも古くから存在した。富山湾岸は大小河川の流入により森林有機物の供給に欠ける所がなく、浅深に富んで魚族を引き付ける海であったから、台網の発祥地の一つに数えられるくらい漁獲技術の発達した地である。能登の捕鯨記録でも挙げた、元文三年（一七三八）「郡方産物帳」の中に、当地を含む新川郡と、氷見を含む射水郡の双方に捕鯨の記録があり、魚津浦で捕鯨が行なわれてきたことは間違いない。

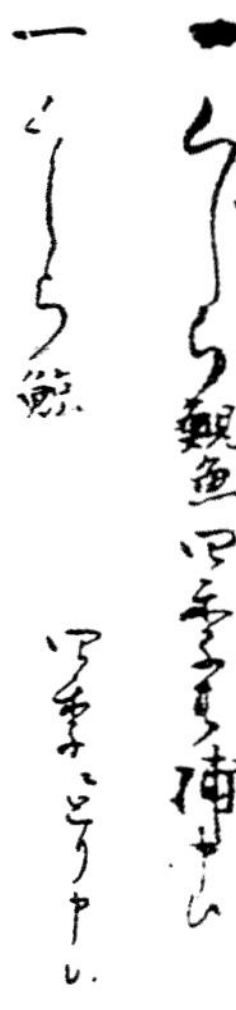

元文三年「郡方産物帳」にある射水郡と新川郡の「鯨」の項

「くじら鯢魚四季□捕申候」新川郡

「くじら鯨　四季にとり申候」射水郡

これらの捕鯨が台網に入った鯨を対象にするものだったことは、これより以前の享保年間（一七一六〜）の柴屋彦兵衛家に伝わる文書が明かしている。柴屋は新湊放生津町を代表する海商の一人で材木問屋を営み、町年寄も務めた家。原文書は現在失われているが、一九六四年刊『新湊市史』七三五頁に次の六例が読み下し文で紹介されている。

ブリの網起し（昭和四十年代の光景・藤井昭二編『富山湾』１９７４年刊より）

※　旧『新湊市史』７２６頁に、「…「明神配」という漁場が開発されたのは、中世末期に遡ると考えられる。ここにいう「明神配」とは、この漁場が建網によって開発された漁業区域をいうもので、明神本岸（秋網）を磯網とし、これに又岸（岸二番または二番岸）が本岸より沖出して建網された統網（継網または次網）で布設をみた建網であった。明神岸二番の秋網は、二代藩主利長のころの免許といわれ、…」とある。

享保四年　放生津浦の又助網で三、四尋の小鯨が二、三頭捕獲され、代銀九百五十目で売渡された。

享保六年春　明神沖の渡辺岸の夏網に大鯨が寄り、明神配の各網が協力し木合網の船と合舟した二艘絡めで、枠曳して浜辺へ引揚げた。この売価は銭二十二貫余であった。合力舟へはそれぞれ二貫文を支払った。

左頁の台網配置図は新編『新湊市史』のもので粗いものだが、旧市史のものを見ると、伏木浦から打出本江沖まで、大陸棚の広がりと海谷の割り込みに沿って台網が何個も沖へと直列に配置され、たとえば「神楽」は七番まで袖網がつなげられている。これほどの密度で台網がめぐらされたところは全国でも少ないという。《木合網》と《明神配の各網※》は丸囲みのところ。その二つの台網の舟が《二艘絡めで、枠曳して》という。能登の項で検証した胴舟二艘で鯨を挟みつけ胴の木と金網に絡げる持双の形をいうのであろう。「枠曳」はうまい言い方で、持双よりその形をよく現すかもしれない。銭二十二貫文は金貨五・五両。

享保七年　明神浦の明神二番に八、九尋の鯨が入り、明神三番網と神楽網から協力し、沖でとどめを刺し曳船で磯上げをした。大鯨の故に難義し、一時は沖で合力舟に半分を与えるという掛声もでたが、地元役人らの仲裁があって結局売代銀二貫目に対し、網元六分、合力手伝舟四分という歩率で割符した。

上は放生津沖合の定置網配置図（昭和九年＝1934年「新湊商工便覧」より）下は富山湾等深線図（藤井昭二編『富山湾』1974年刊より）

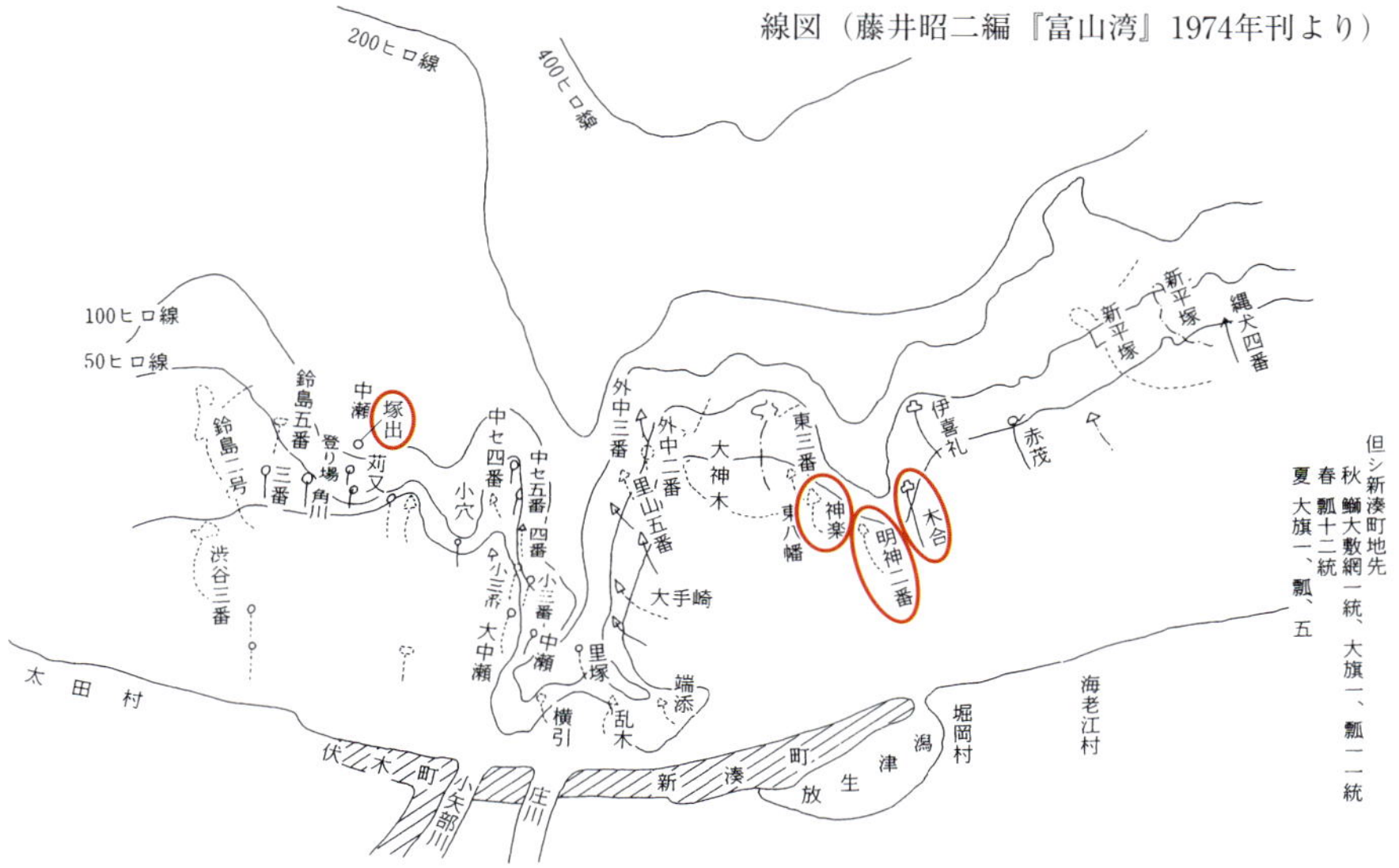

「新湊商工要覧」（昭和９年）

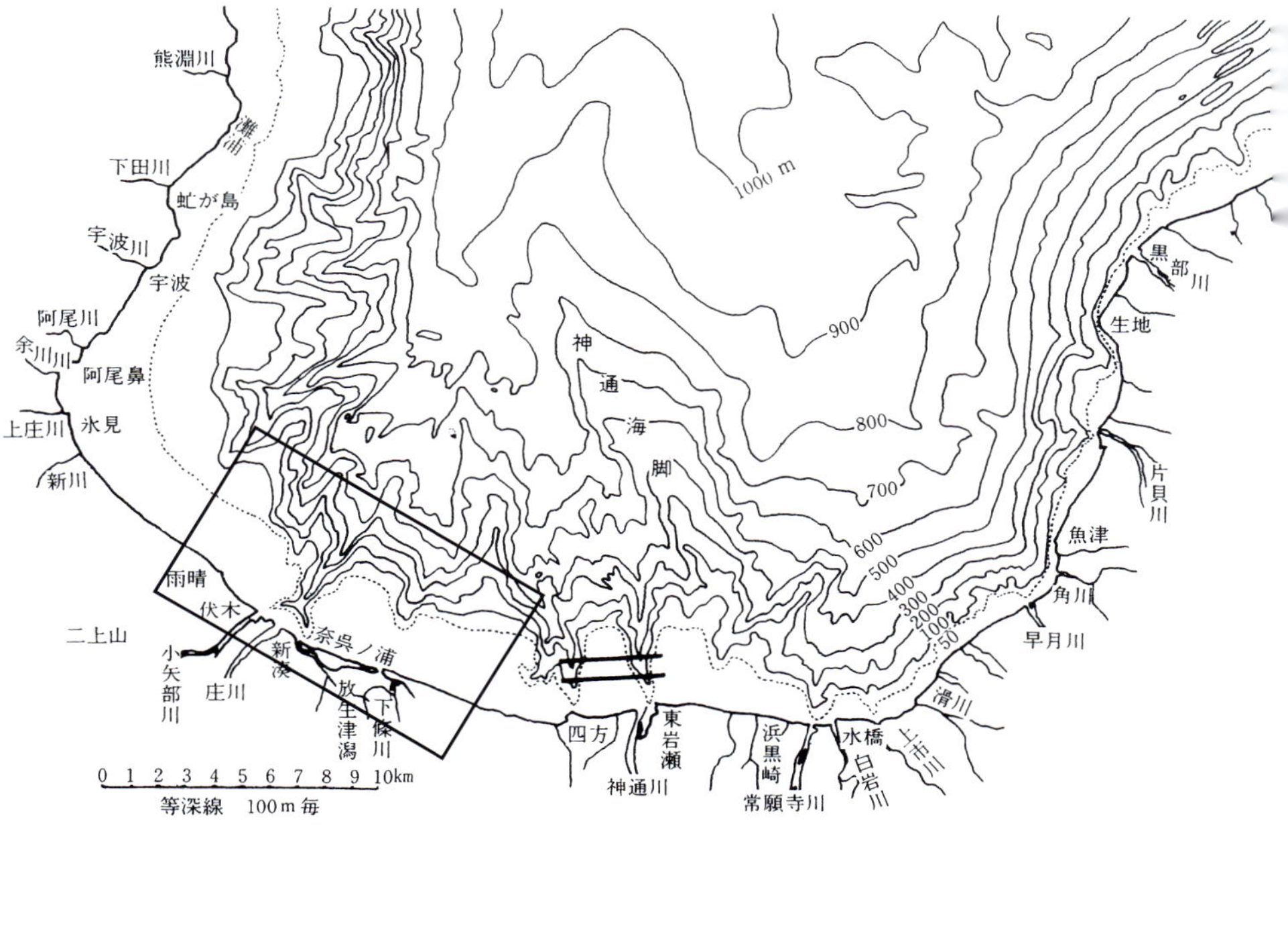

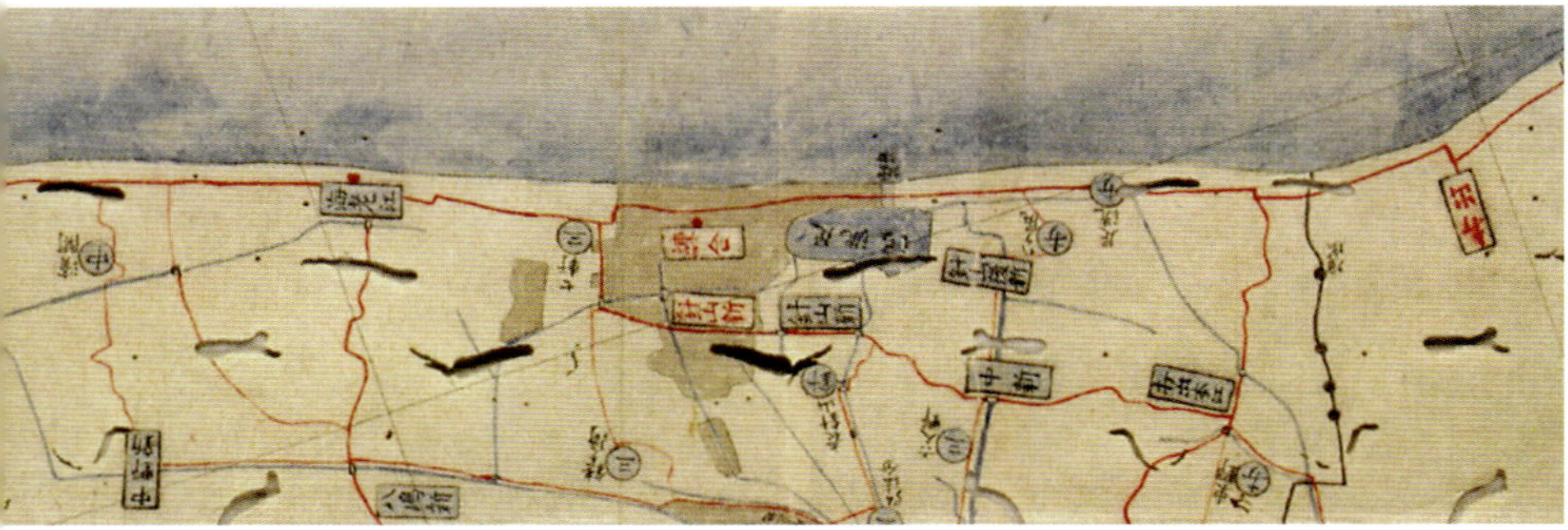

奈古の浦の村々「文政十年（1827）倉垣組分間絵図」石黒信由作図・斎藤家文書より

八、九尋（十二〜十三・五メートル）の大鯨で難義したという。台網の中で鯨が暴れたのであろう、とり鎮めに苦労して合力の舟に半分を分けると掛声がでるくらいであった。先の享保六年例で二十二貫文のうち一割弱の二貫文を合力に支払うのをみれば、半分は途方もない分け前。しかし、半分という掛声を取り消すことはできない。村役の仲裁が入っても四分という大枚の支払いとなった。《沖でとどめを刺し》は、持双を壊しかねない、あまりに危険な暴鯨であったからであろう。ミンク鯨は死ぬと沈むから磯辺まで枠曳せねばならないが、死んでも沈まないセミ鯨かマッコウ鯨なら、沖で殺しても曳くのに苦労はない。

享保十年　海老江沖の本岸に六尋四尺の鯨がはいり、とどめを刺そうとしたが暴れ廻り、網口へ突進したので難義した。足洗沖の小角網らの筒船四艘に小舟もでて合力し、磯上げした。十村の大白石村三郎右衛門の裁断をもとめ、結局網元六分、手伝い方四分の鯨分けをした。

享保十一年二月　放生津浦の中瀬二番・同三番網から合力舟がきてとどめを刺し、敷網を巻いたまま二艘の筒船に絡みつけ、そのまま曳いて磯上げをした。寄合った舟が十七、八あった。鯨分けは合力の程度で銭六百文、九百文、一貫五百文の三段階にきめたが、この手間賃について悶着があり、ながい争いとなった。

鯨に《敷網を巻いたまま》という表現は、能登における金網を巻き付けてというのと同じであろう。とどめを台網の中で刺すことが結構あるようだ。

『新湊市史』は「この地方の浦に上った鯨の事例は甚だおおい」と記して、この六例を挙げるわけだが、なぜこの六例かについては「享保ごろの寄鯨と捕獲の状態および鯨分けを例示する」としか述べていない。村役では収まらず、十村という村役最高責任者の裁断を求めるなど、鯨分けトラブルを伴う例が多い所からすると、おそらく鯨分けが簡単なものではなかったことを示そうとして享保年間の例を選んだのであろう。網内捕鯨の最古記録はさらにさかのぼるはずである。

越中で台網が登場してくる最古の記録はこの放生津浦ではなく、今のところ「慶長十九年（一六一四）二番夏網」と出てくる氷見の宇波村である。そのことを考えれば、十七世紀にさかのぼる網内捕鯨の記録があってもおかしくないのであるが、まだ見つかっていない。能登の捕鯨で見たように、台網に入った鯨は最後に金網で包まねば磯辺まで引けなかった。そのことを考えると、金網、つまり苧麻網が作られるようになった時期が捕鯨技法の成立時期としていいのかもしれない。『氷見市史』はその確かな史料のあるのが宝永年間（一七〇五～）としているが、実態としてもっと遡ることは十分にあり得る。

なお、鯨分けのことであるが、同市史は里方にも確かに分配された史実として明和九年（一七七二）放生津浦の黒山三番網に入った大鯨により、放生津新町も鯨分けを受け、その代銀をもって町網（のちに塚出）を購入する資金としたこと

放生津潟から見た海岸松並木（昭和十年代）

を紹介している。町が網主となっていることに留意しておきたい。網配置図の「伏木浦」沖合にたしかに「塚出（春）」と記されている。新湊博物館の松山充宏学芸員にお聞きすると、町祭りの諸費用などは町網の揚がりで賄ったのだろうと言われる。また、八幡宮の所有する網もあると指摘された。

　放生津浦は大伴家持の万葉集に歌われた有磯の海といわれるが、その磯辺に建つ放生津八幡宮は漁業神としても崇められてきた。その八幡宮の前を通る浜街道は松並木を伴い、よい魚付き林であった。明治三十年の第二回水産博覧会審査報告は次のように記す。

「富山湾は西方能州を擁して海湾の形勢、台網を建設するに適するがゆえ、至る所台網の敷設を見る。殊に越中新湊町沖のごとき台網漁業についてもっとも有名なり。（略）新湊町内、処々樹木鬱蒼《うっそう》し、なかんずく八幡神社以東の松林は大いに東方の魚族をしてその陰影を慕いて群集せしめ、…」

　山岳や海浜の森林が海の魚族とつながること、来鯨はイワシ・サバ・烏賊の大漁を招く吉兆であるというのは全国浦々で言い伝えられてきた話。明治二十三年（一八九〇）六月六日の富山日報は、放生津沖で去る二日、八九尺の鯨二頭を捕獲、意外の高値に売りさばけたが、近海に烏賊の捕獲がおびただしく、イカ一尾わずか一厘八毛しかしないと悲喜こもごもの記事を載せている。放生津の東となり堀岡の俳人が昭和初期に「鰯舟はるか汐ふく大鯨」と詠んでいるのは、これらの伝承を踏まえる一つである。

また、堀岡の東となりの海老江浦には「鯨御輿《みこし》」という面白い伝説がある。

「嘉永二年（一八四九）のある夜、船主の稲垣清与衛門、船頭の竹内彦兵衛に、夢で海の深瀬に大きな獲物が眠っているという神のお告げがあった。翌朝、彦兵衛船頭がこの事を清与衛門船主に話すと、清与衛門も「不思議な事もあるものだ。私も同じ夢を見た」と言い、さっそく船をくり出し、深瀬へもぐった。すると、大きな鯨が死んでいるのが見つかった。これは大変だとロープを巻きつけ、海老江中の男女を呼び集めて引き上げた。その鯨を売ったお金で御輿を奉納することになり、能登（石川県七尾市楠木町）の中島右兵衛に依頼して製作したということである。以後、御輿のお供役として、両氏は羽織・袴をつけ、御幣を持って付き添いをしていた。現在は、その年の還暦の男子が白丁を身につけ、お供役をしている」

（『雄飛に富んだ海老江のあゆみ』二四四頁・二〇〇〇年刊）

寄り鯨が浦々にとっていかに事件であったかである。このエピソードは絵馬に仕立てられて昨二〇一四年、地元の加茂神社に奉納※されている。なお、海老江と七尾がこんなつながりを持つことは留意されねばならない。

さて、富山湾において捕鯨史が編まれているのは氷見浦で、氷見市立博物館の

『雄飛に富んだ海老江のあゆみ』二四四頁、平成十二年刊より

※　一九六四年刊『新湊市史』に天保十五年（一八四五）三月、海老江村に上がった死鯨の記録があり、これも十村の裁許をもって「拾い人に七分、地元村へ三分（十匁代）」と分配したという。海老江村の加茂社「夷堂」はこれをもととしたと記している。

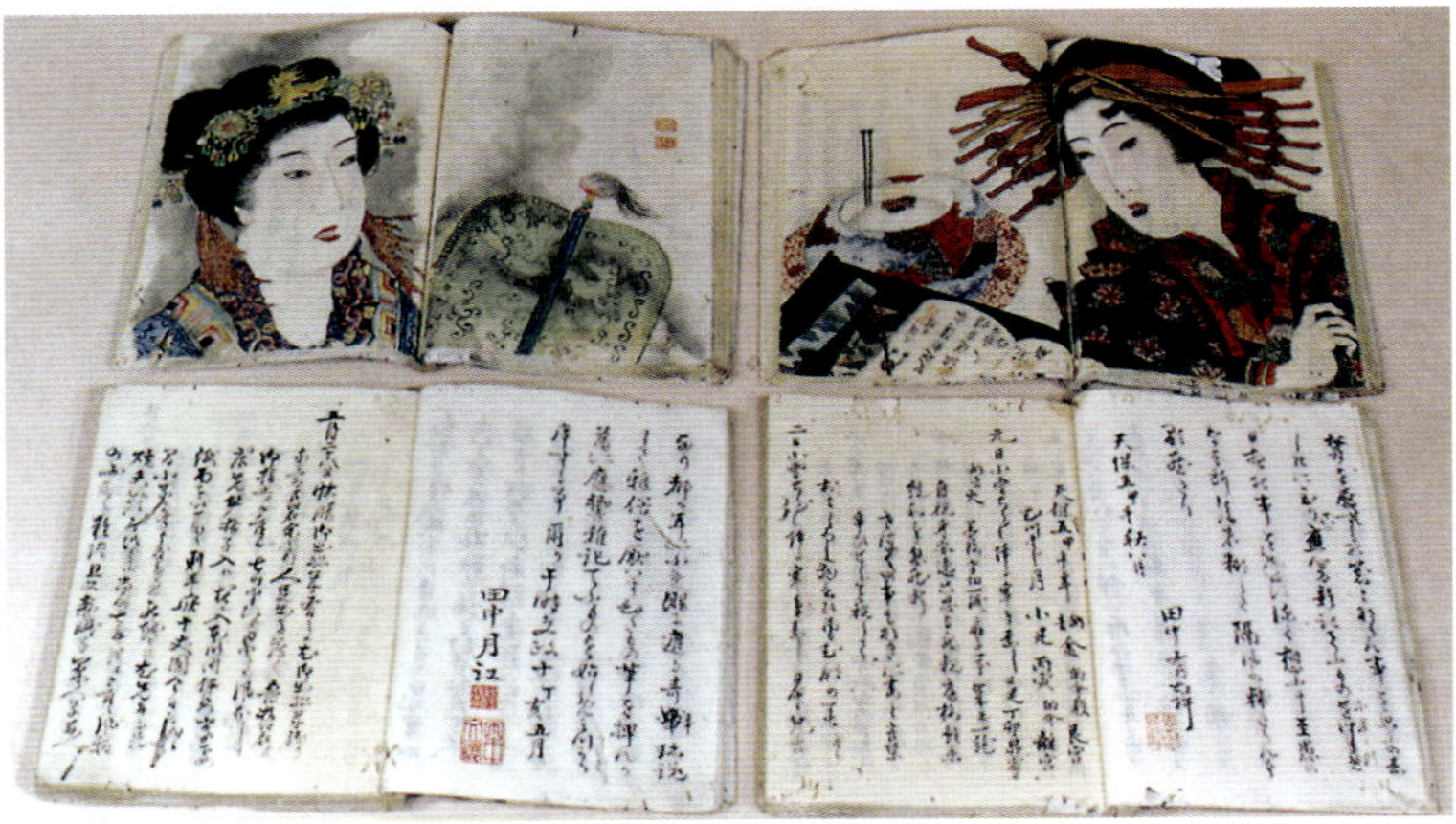

「応響雑記」の原本（氷見市立博物館提供）

小境卓治館長が二〇一三年に記された「クジラとヒト」は、氷見浦における鯨に関するさまざまな記録を集め、さらに『聞書き日本の食生活全集』五十巻から全国のクジラ食に関する事項を抄出、人々の暮らしとのかかわりを丹念に調べられている。ここでは、文政十年（一八二七）から安政六年（一八五九）まで三十三年にわたる氷見町年寄・田中屋権右衛門の日記『応響雑記』から小境氏が鯨情報を引き出されているところ、天保十一年（一八四〇）の一例を参照しよう。

「五月十日　快晴。暖也。日命巽。昨日取しめ候鯨は近年稀なる大魚にて、十二尋ばかりと申す事。注進にては八尋の丸三尋と書出し申し候。（略）四ッ頃、濱町三国屋嘉兵衛家下へ鯨切上ヶ方締りに月番切並御横目北浦知太夫殿ら出役。尤も、同町より願いによりて罷り出申し候。右鯨の傍へ船に乗り罷越し申し候。鯨、実正の処、十五尋ばかり、廻り漸く五六尋くらいと見え、長き鯨に御座候。夕方帰宅。今日漸く三ヶ壱ばかり切上げ候様子なり。夕方より曇天。暑し」

文中の《注進にては》は、藩に届け出るにおいてはという意で、体長八尋（十二メートル）、胴回り（丸）三尋（四・五メートル）と届け出るが、《実正のところ》は《十五尋》《廻り五六尋》と、ほぼ二倍の大きさ。なぜ半分にも小さく申告するのか。鯨の切り分け現場は、捕鯨のいきさつにより配分を争う関係者が居並び、横目役の武士だけでなく、町年寄も立ち会って検分するという。

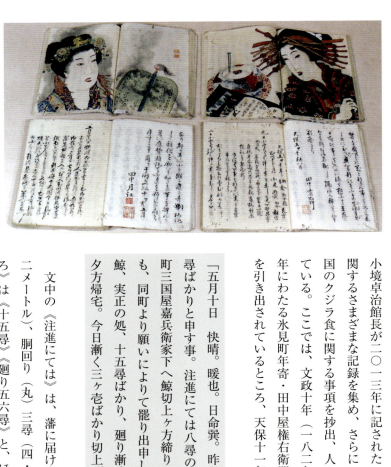

半年前の天保十年[※1]十一月十七日にも「八尋ばかり」の鯨の捕り揚げがあり、田中屋は浜まで見物に行き帰宅の後、仲間の家で「酒最中に」横目役もやってきたと記している。翌日、鯨の切取り検分に立ち会い、横目役と同席。その翌日に「生鯨、金沢など近付き中へ遠進つかまつり候」という一連の記事を見つめると、横目役人と田中屋はそれぞれ金沢などへ生鯨の進物をする必要もあり、藩への過小申告について了解しあっているという推断が導かれよう。町の依頼で町年寄の田中屋が検分に立ち会うのも、町の取り分、あるいは鯨分一[※2]の手加減のためもあるかしれない。小境氏は「行間を読むとそうなります」と仰った。

※1 ちょうどこの天保十年、難破漂流した越中人がアメリカの捕鯨船に救助され、当船の捕鯨の活動についてくわしい記録を残しているが、森田勝昭『鯨と捕鯨の文化史』一九九四年刊がその五章を「鯨よ、あれがウラガの灯だ！」と題してその紹介と分析に当てているので参照されたい。原本翻刻は三一書房『日本庶民生活史料集成』第五巻・一九六八年刊に「時規物語」と「蕃談」の全文が載る。

※2 鯨分一は、藩が鯨の水揚げに対し十分の一の税を課していること。

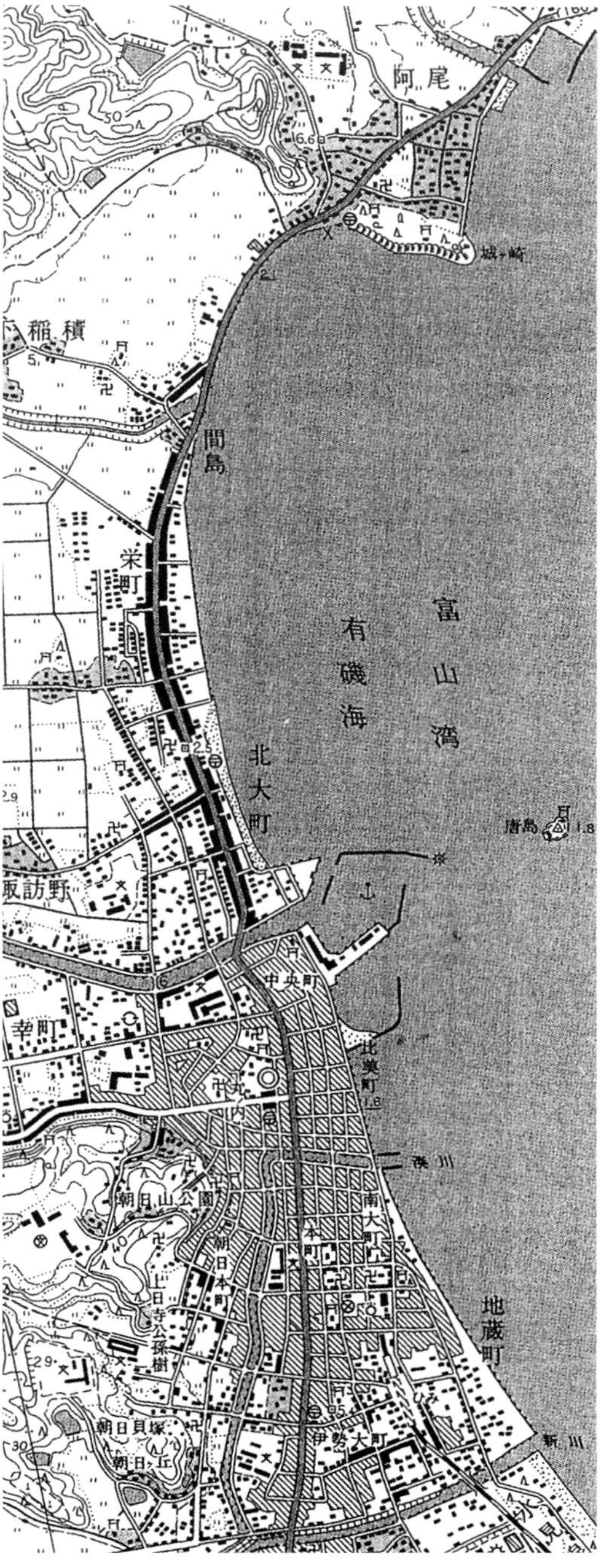

二万五千分の一「氷見」昭和四十三年測量より

寛政八年（一七九六）「氷見浦等夏網下方ノ図（部分）」田中屋文書に描かれた氷見町沖合の台網配置＝『氷見市史8・資料編六絵図・地図』平成十六年刊より

田中屋の日記を整理して小境氏は、三十三年間に四十五頭の鯨捕り揚げがあったとされる。六十カ統以上の台網が沖に連なっていた氷見浦において、この捕鯨数が多いのか少ないのか、ちょっと悩ましい感じである。

小境氏が分析に意を注がれた一つは、明治十五年（一八八二）「芹足四番クジラ捕揚売価決算簿」である。それによると、宇波浦の四人のワラ台網主に揚がり利益の七割が分配されているが、ほかに苧網が浜から運ばれて鯨捕に至ったらしく、苧網方へ三割が配分されていることを析出、能登の金網が当浦にも存在することを明かして、江戸期以来、氷見浦は能登同様の捕鯨法であったと推定されるようだ。また、決算簿に現れる「目度皮代」という語は、クジラにとどめを刺す役とその手伝い人の費用と解されているが、能登捕鯨に「メドを切り」という語があるのを参照されるからであろう。

氷見浦北方の灘浦の明治二十五年「夏場々二番鯨捕揚諸雑用決算帳」では、「一円　大栄寺法事ノ志」とある記述に氏は注目されている。この年、脇方村の船元が苧網の助成を得て十一尋半（十七メートル）の大鯨を水揚げしたが、その供養のため、隣村の浄土宗大栄寺において法要をつとめ、志納金として一円を支出しているという。当地で「クジラ墓、クジラ供養塔は確認されていないが、ブリやマグロ、イワシなど他の魚では行われない、クジラの供養のための法要が勤められているのは興味深い」と記されている。

越中の捕鯨の項、最後は新聞記事から少し。明治二十八年（一八九五）十二月

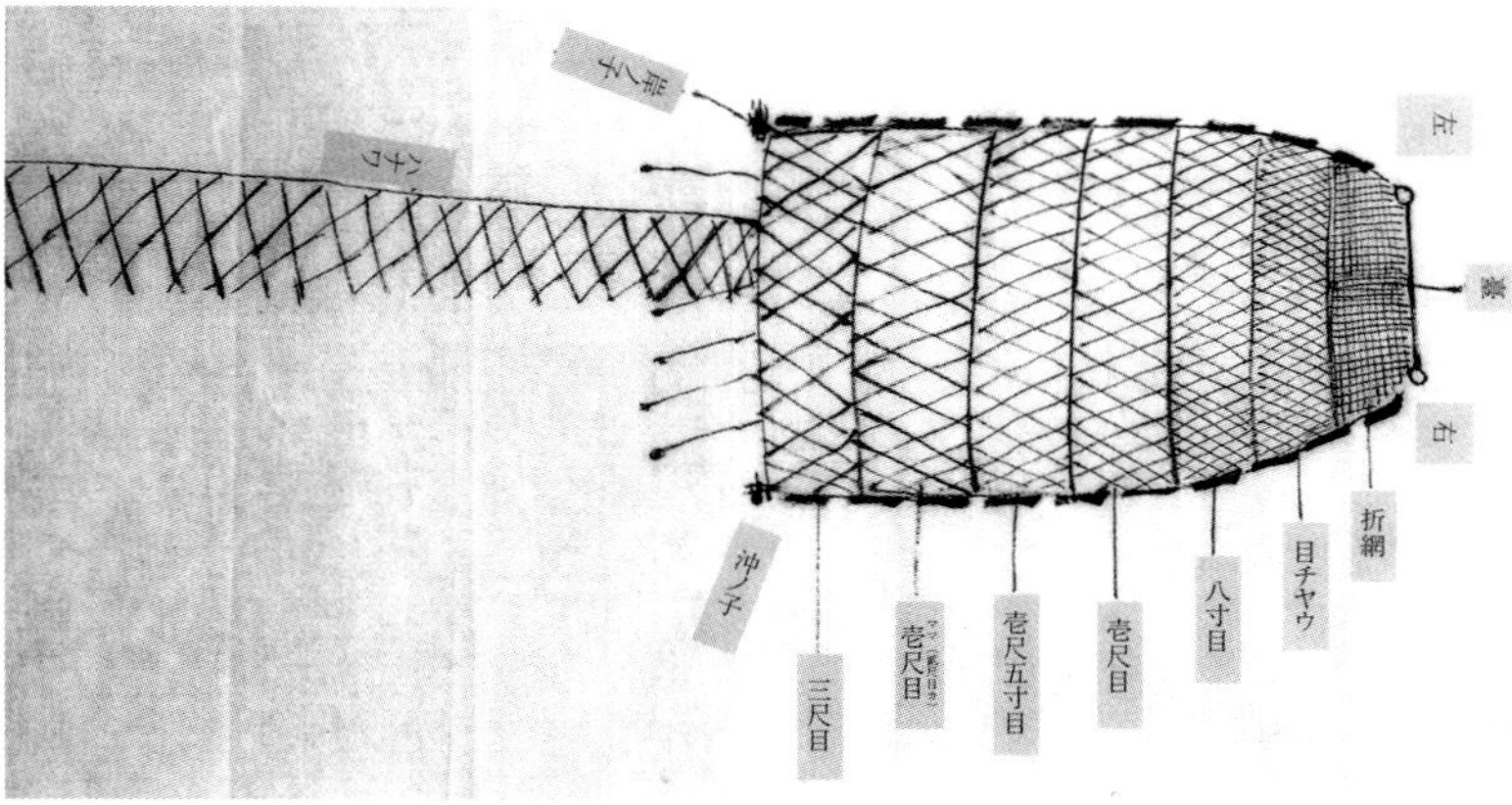

台網各網目の名称。中村屋文書46「台網（春網並びに夏網）網目名称図」＝氷見市近世史料集成第二十八冊・平成18年刊・氷見市立博物館発行より

二十七日の富山日報。婦負郡四方沖の網に鯨が入り捕獲したが、その際、四十歳の漁夫が「鯨の尻の尾にて足を打たれ負傷」、市立富山病院で治療したという。

富山湾岸には寄り鯨もあり、人々の口によく上るものだったようで、明治十九年四月二十三日に「鯨魚喰用法」という記事が出ている。《上新川郡》の食用法とあるが、富山市民を含むと思われる。鯨の各部位の名前は、中園成生・安永浩『鯨取り絵物語』の参考資料「鯨肉調味方」を参照すると、捕鯨の先進地・長崎県生月島に伝わるそれとほとんど名前が一致した。これは北陸捕鯨と九州捕鯨の交流を意味するもので、たんに流通経済的な関係なのかどうかなど、分析の対象になるだろう。中園氏の解説の一部を各語ごとに引用し、小文字で書き入れよう。中園氏は生月島の博物館「島の館」学芸員である。

「鯨魚の肉は生にて喰い、あるいは塩漬として喰うことは世人のよく知る所なり。その臓腑の部分に至っては食法区々なるが、いま上新川郡の喰用法の試験成績を得たれば、左に掲ぐ。

一ノドワ　生にて造り身となし生醤にて喰う。また塩漬にして貯う

喉のことで、骨は白く、身は赤く硬い。

一イカワタ　仝上また湯で生醤にて喰う

脾臓のことで薄桃色。味は淡薄、煎焼にして食べる。

一フキワタ　仝上

富山県射水市海老江練合の神明宮に奉納の捕鯨絵馬。昭和十年（一九三五）一月十三日、練合と足洗の境沖合百メートルの浅瀬に鯨が乗り上げたので両村共同で曳こうとしたが、重過ぎて揚げられず（十五メートル、四・五トン）海中で解体したと『雄飛に富んだ海老江のあゆみ』平成十二年刊・248頁に記されている。巨鯨に綱を十文字にかけて曳いており、能登の絵馬に見たような天鍵は使われていない。解体の道具は氷見港から借りたという。縦一〇五×横一三五センチ。

肺のことで赤黒い。ザトウ鯨のものは美味しい。煎焼がいい。

一テウジ　仝上

胃のこと、外側は白く赤色を帯び、内側は白い。味はくどい。

一キモ　仝上

一マルノカワ　仝上また乾かして太鼓に張る

一アカワタ　湯で生醤にて、また味付を喰う。また塩漬にて貯う

十二指腸のこと、外が黄色で内が赤い。柔らかいがザクザクしている。

一マメワタ　仝上

腎臓のこと、赤黒い中に白い塊がある。味は良い。

一百尋　仝上

ヒャクヒロといい、小腸のこと、外が薄赤がかった白で、内は少し黄色。

一カラキモ　味なし肥物になすのみ

肝臓のこと、鼠色で食用にならない。

一ゾウアブラ　油に製しその糟は煎カラと云う牛醤にて喰う。また青菜などのカブシによし

（臓油と書くのか。カブシは漁師たちの船でとる汁鍋のこと＝著者注）

一カブラ骨　薄刃にてたたき鉋にて削り水に浸し海苔の製法に仝乾かす。五六日晒しまた五六日塩漬け粕漬にて貯う

頭骨の中にある髄のこと、白色で、若い鯨のものが良い。骨の中では一番

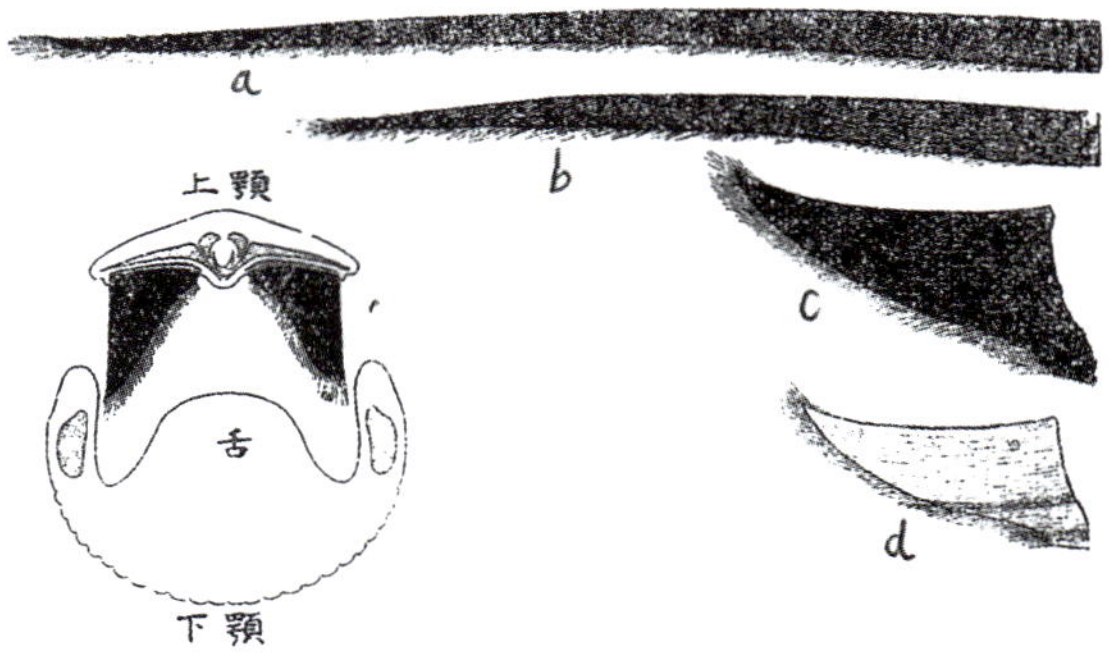

鯨鬚(ヲサ)　aホッキョク鯨　bセミ鯨　c白ナガス鯨　dナガス鯨
左図は鯨頭部の横断面（『鯨—その科学と捕鯨の実際』昭和十七年刊・水産社より）

右ページ絵馬の掲げられる神明宮に保管される鯨鬚。ナガス鯨のものと思われる。

柔らかく上品である。世の人はこれを大変賞味している。

一骨肉　すき焼きになしまた塩漬けにして貯う。また塩出し汁の身に用い味美なり。

一大骨ニト車毎ニハズシ其間々ニマワシト云フ白肉アリ　軽く湯に通し汁の身にして味美なり。また塩漬けにして貯う

マワシは丸切りの骨を包んだ肉のこと、白くて硬い。

一指節ノ間ニアル軟骨マタ扇子骨先　生にて喰う。また塩漬けにして貯う。

一ヲサ岸肉　竹の腹にてヲサをとり肉は振塩にて喰う

（ヲサは髭のことなので、ヒゲ回りの肉か＝著者注）

一トコ　細造り生醤にて喰う

一タケクカイ　乾かして貯う暑中をしのき土用中必ず用い大効あり

一扇子骨・脇骨　バネまた種々の細工に用ゆ

扇骨はヒレの根元にある骨のこと、この骨の根元の方の、小口の柔らかい所を切り取ったもの。カブラ骨より硬く、色は特に白い。

一スジ　薄く小口に切り湯に通し汁の身などに用ゆまた塩漬けにして貯う

丸切りの内側にある。生は白いが、干し上げると少し赤みを帯び、味は淡薄で上品である。

一骨一切　斧にて割りまた銫にて小割し水と共に釜にて煮油を製しそれより

搗臼にて再砕きまた煮出す。糟は肥物にす。

タケクカイという部位の説明に《暑中をしのぎ土用中に必ず用い大効あり》と記すように、富山には土用の鯨食習慣があったようだ。※1 この記事から三十三年後、大正八年（一九一九）七月二十六日の北陸タイムスが、その鯨の煮汁による土用の食中毒を報じている。氷見郡速川村の小学校教員が夕餉にしようと魚行商人から皮鯨二百二十匁（約八百グラム）を買い、ネギを入れた煮汁にして食したら激しい食中毒にかかり、医師に診てもらったが二日後に死亡という。終わりに「同地方は古来よりの習慣にて夏季土用入りに際し、鯨汁を食用することは一つの迷信となりおれる由」と記す。現在のウナギのかば焼きの位置を《鯨汁》が占めているわけで、ここが氷見でも山間部の村であることを思うと、海浜の村々にとどまらない広がりをもって鯨肉が親しまれていることが分かる。※2

明治捕鯨の転調

北陸の捕鯨について江戸期、そして明治初期から中期までを見てきた。能登内浦や越中で十七世紀に台網漁法が始まると、そこに入った鯨の除け方にも工夫が始められたことと思われ、鯨網を発明し、捕鯨先進地と変わらぬ水準の仕法を十八世紀初めに越中放生津浦が確立していたことを知った。

※1　鯨食習慣については『石川県水産試験場業務報告』一九一二年刊がその２１頁に「北陸人士は宗教の関係上獣肉を食膳に供するを忌むも、鯨肉は魚肉と等しくこれを嗜好するの習慣あるをもって初夏の候鯨肉の値低落しその販路に窮するの時においてこれを缶詰となし安価にして且つ栄養分に富める食料を軍隊兵営に提供し以て鯨肉の利用を謀らん」というのが、鯨肉と牛肉の大和煮の比較試験の主眼と記している。
　鯨の皮下脂肪を「皮鯨」とよぶが、「皮鯨は東京および京阪にては夏季に需要多けれども、北陸地方には寒中売れ行き多く、且つ昔より元朝の吸物に必ず鯨を用ゆるの慣例あり。皮鯨を調理するには素麺のごとく或は短冊のごとく薄片に小切りこれを鉢に盛り米糠を混和して揉み水にて数回洗いたる後二三回熱湯を注加し箸を以て攪拌すれば透明に変じ而して調味せば佳肴となるなり」と記すのが、室伏次郎兵衛『水産実業録』明治二十九年刊・大日本水産会・72頁。

※2　氷見地方における鯨食について『氷見市史6・民俗』平成十二年刊は62頁で「鯨は稀魚として扱われ、普通の魚とは違う。（略）大敷網に鯨が入ると、三隻の船で追いつめ、経験豊かな若者が四、五人、海に飛び込んで、三カ所を船に縛りつける。そのまま問屋に行き、地揚げしたのち、まず味見をした。それには、鯨のオツケを作って食べた。味によって値段が上下した。総身の何割かを残し、あとを競り市にかけた。残した鯨は船元（船主）、各漁船の乗務員やそのほかの関係者のカブスとなった」とある。

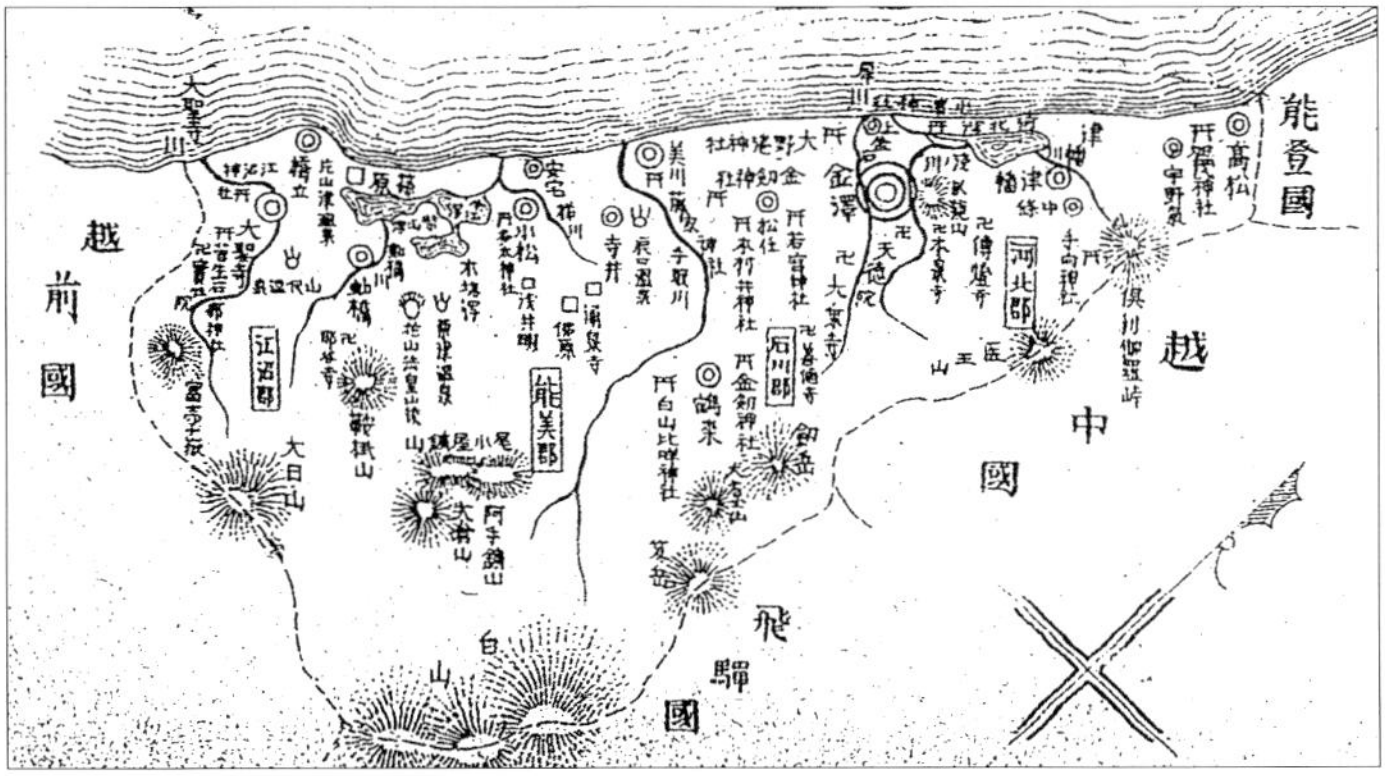

明治期の加賀国沿海（明治三十二年刊『北陸鉄道七尾鉄道中越鉄道案内記』より）

加賀藩政は、十九世紀初めに捕鯨業の殖産的有利性に気づくが、調査結果の分析を十分にしないまま、そこから撤退してしまう。

明治初期、捕鯨はまず地方政治のテーマとして復活する。人民からの税収を中央政府に取り上げられた藩政府が、地方の自由になる税収源の発掘を迫られ、中央と同じく殖産に力を注ぐことになったためである。

加賀・能登・越中のうち、捕鯨を有力な産業と見定めたのが加賀。越前境から能登境の羽咋まで二十里（八十キロ）にわたる加賀の遠浅沿海では、冬季の強風のため台網が発達しなかったことがその動因であったろう。

漁業は基本的に季節的な回遊をする魚を待つ生業で、通年操業ができない不利面をもつが、定置網はそれを和らげてくれる。その定置網を持たない加賀沿海は網子・漁夫の雇用が季節的とならざるを得ず、漁獲も不安定さが大きい。それに加えて、幕末になると外国との通商が始まり、民衆の知らないところでグローバル化や資本主義の拡大が始まり、諸物価は高騰していた。ほかの沿岸もそうであるが、加賀の各浦はとりわけ後背地の町部や農村部と個別に労働や消費の関係を結んで暮らしを成り立たせていた面が強い。

加賀の沿岸民たちが「沖の殿様」と呼んで畏怖してきた鯨に対し、県官僚の支持を得た士族・河波氏と漁民木嬰氏が捕鯨の勧めを始めると、畏怖の気持ちを振り払い人々は捕鯨に参加していく。「沖の殿様を撃て」という風潮はおそらく沿岸を席巻したことと思われる。その中、すべての海村が捕鯨に参加してきたわけ

明治期金石港の灯台（明治三十二年刊『北陸鉄道七尾鉄道中越鉄道案内記』より）

左頁写真・昭和四十年代に富山湾岸で荒木健氏が撮影したもの

でなかった。これも先の「海村」の事情、後背部との関係によるのであろう。

沿岸漁業といっても、エンジン動力のない手漕ぎ舟の時代、沖合へ漁域を広げたくとも船脚の点で限界があったが、捕鯨においては見張り役が五キロ沖の来鯨に狼煙を上げても、ドブネ改良船を八挺櫓で急ぎ、鯨とまみえるところまで恐らく三十分以内に着く。また、河波氏の網掛け突き捕り法なら二十人チームと効率的である。漁の海域は広がり、将来に希望が見えたということであろう。

しかし、捕鯨を始めてみれば、先駆けた金石でも長くは続けられなかった。明治十九年の魚津浦に出張しての捕鯨はかんばしい成績を上げなかったし、榊原守郁日記に見たように河波氏は明治二十一年には金石でなく美川に出向いて捕鯨を見ている。金石捕鯨は明治二十年（一八八七）くらいまで続いて後は尻すぼみになったと考えられる。内灘は金石に続いてよく奮闘するが、やはり明治二十年くらいに北海道への出稼ぎに人心が移っていった。能登内浦では台網捕鯨から一歩すすんで明治十年代初頭に網掛け突き取り法に打って出たが、数年ではかなく消えた。能美郡の日末村だけが捕鯨地として名を高めるが、明治末には終焉を迎える。美川の捕鯨の消長は史料がなくて分からないが、当時のメディアや郷土史に言及がないのを見れば、日末より続いたとは思われない。いずれの浦も来鯨の減少を如何ともしがたく、束の間というべき十数年、北陸海に花を開いて消えた捕鯨史と言わねばなるまい。もちろん、台網捕鯨はずっと現在も続いているから、鯨文化がまったく消え去ることはないけれど…。

年次	鯨《クヂラ》 漁獲数量	鯨《クヂラ》 価格	鯨《クヂラ》 一貫ニ付平均価格
三四	? 貫	— 円	— 銭
三五	一三〇〇	九一〇	七〇
三六	三七八〇	三三〇三	八七
三七	一五〇〇	一三〇〇	八七
三八	?	—	—
三九	五〇〇	二〇〇〇	四〇〇
四〇	五〇〇	四〇〇	八〇
四一	?	—	—
四二	一二〇	六〇	

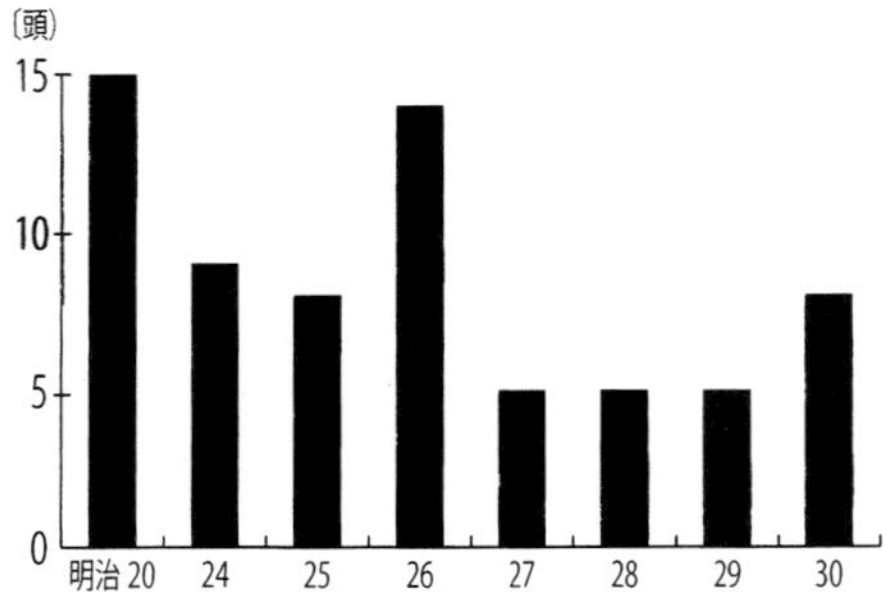

「石川県勧業年報」に見る捕鯨数

総括して石川県内の明治期捕鯨頭数の推移を紹介したいが、明治初期はデーターがない。『石川県勧業年報』に載る明治二十年から三十年までの数字をグラフにして示そう。頭数ではないが、明治三十五年から四十二年まで貫目の数字が『石川県水産試験場要覧』に載るので、それも紹介しておく。

明治二十年の能美郡十数頭、鳳至郡二頭、計十五、六頭が一番多いけれど、明治十年代が最盛期であったと言っていい。二十年代は十四頭という年もあるが、だいたい一ケタの頭数である。現在の能登漁協の方の話では年間四、五頭の鯨が定置網に入るといわれるから、明治末期の先の頭数はほぼ台網捕鯨だけになった状況を示すと思われる。

これらの趨勢は北陸だけのことではなかった。米欧のすさまじい乱獲が日本周辺を襲って鯨資源を少なくしていったようである。明治二十九年に刊行の『捕鯨志』が「我が捕鯨業が安政以降ようやく衰頽し、慶応明治に至ってその極に達したるの原因は」と問うて「まったく外国捕鯨業に基づく」と、数字を挙げて説明している。要約すると、アメリカの捕鯨船の一隻が北太平洋と北氷洋に出船したのは一八三五（天保六）年が初めで、八年後には百八隻にも増え、さらに三年後には二百九十二隻の多きに達した、それから一八六〇（万延元）年まで二百隻をくだらない出船が続き、その後少しずつ減少、慶応の初年に六、七十隻という。日本が捕獲対象にするセミ鯨・ナガス鯨・ザトウ鯨は、北は白令海・オホーツク海より、南は日本海・黄海を往来するので、外国捕鯨船がこれらの海で捕獲すれ

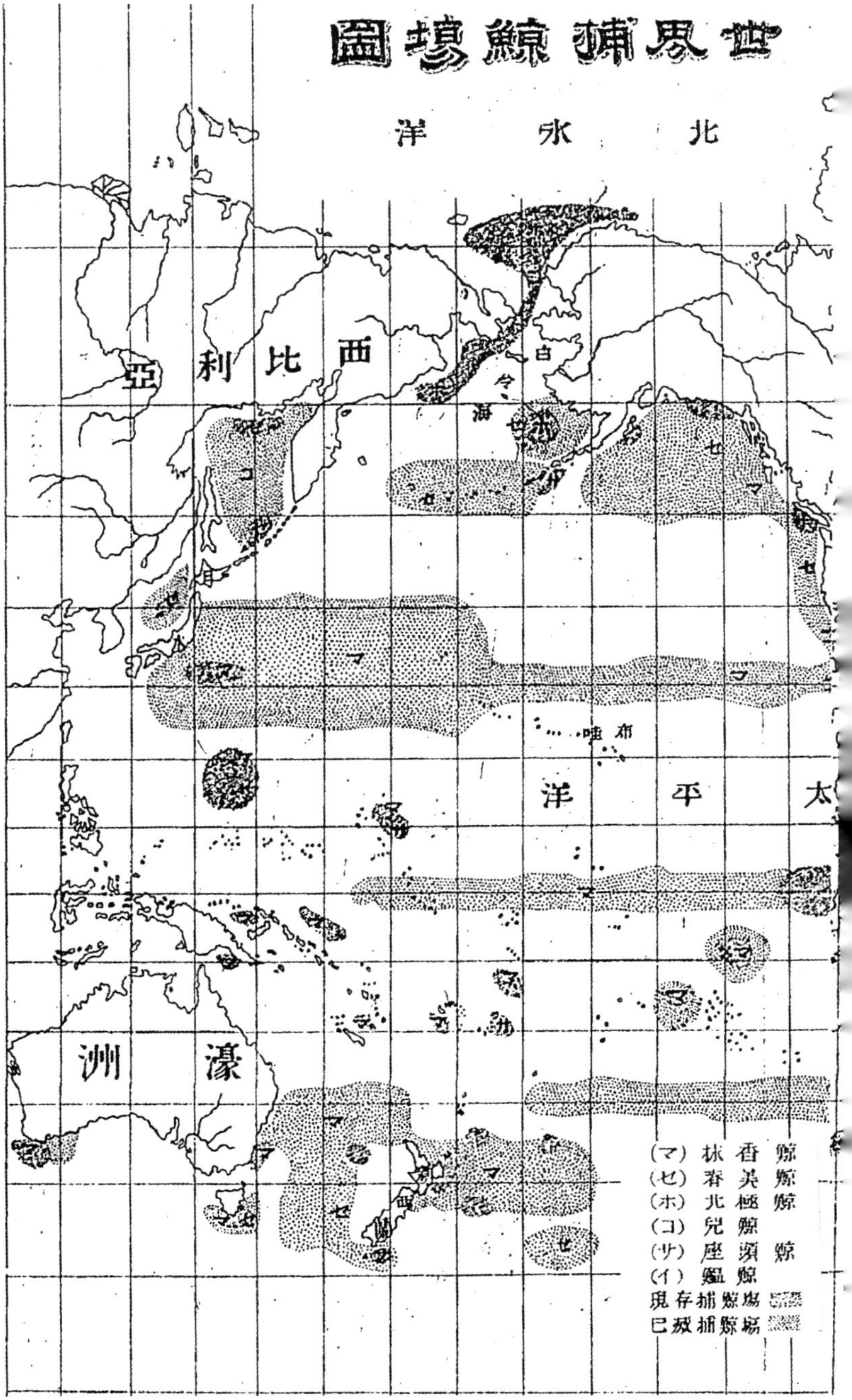

右の「世界捕鯨場図」は大西洋側もあるが省いた。明治二十九年『捕鯨志』大日本水産会編より。

ば日本沿海で鯨影が薄くなるのは当然。嘉永・安政のころ、九州五島地方に外国製の銛を受けた斃鯨《へいげい》がしばしば漂着したのはその端的な証―。米欧においても捕鯨に変化があった。死んでも沈まないセミ鯨を地球規模で捕り尽くし減少したので、沈むけれど大型のナガス鯨に狙いを変え、銛打ちから捕鯨銃・捕鯨砲へと技術を革新させる。一八七〇年代、決定的な技術改良が出現。汽船の船首に捕鯨砲を据えて、ロープ付の爆薬を仕込んだ銛を鯨体に打ち込むノルウェー式捕鯨である。

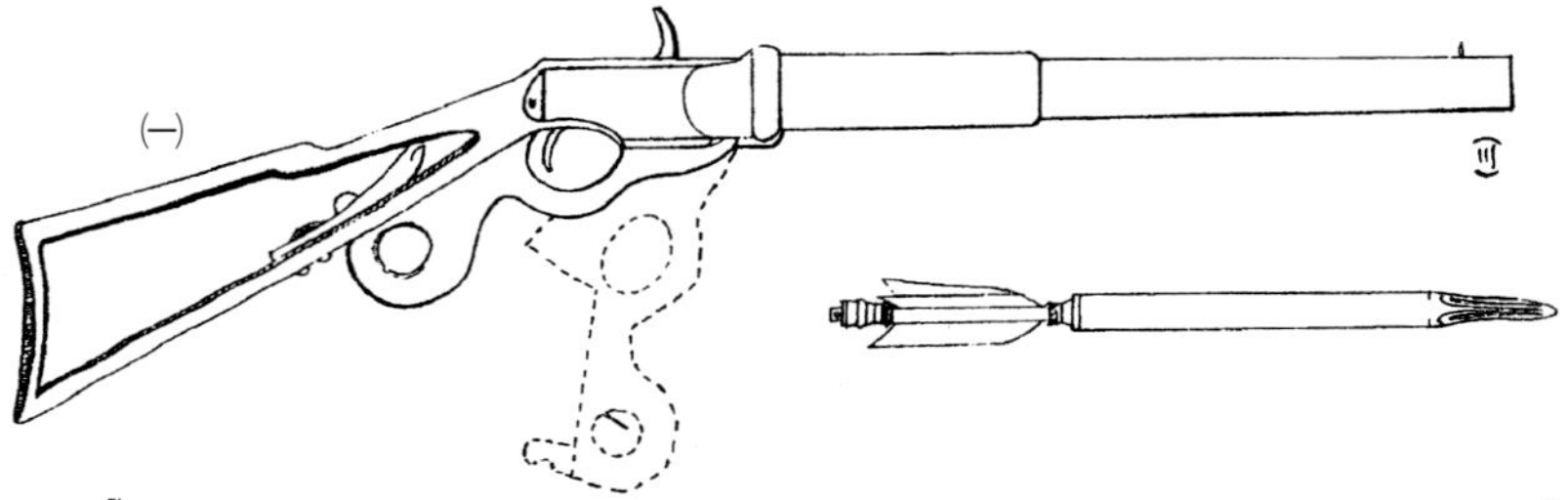

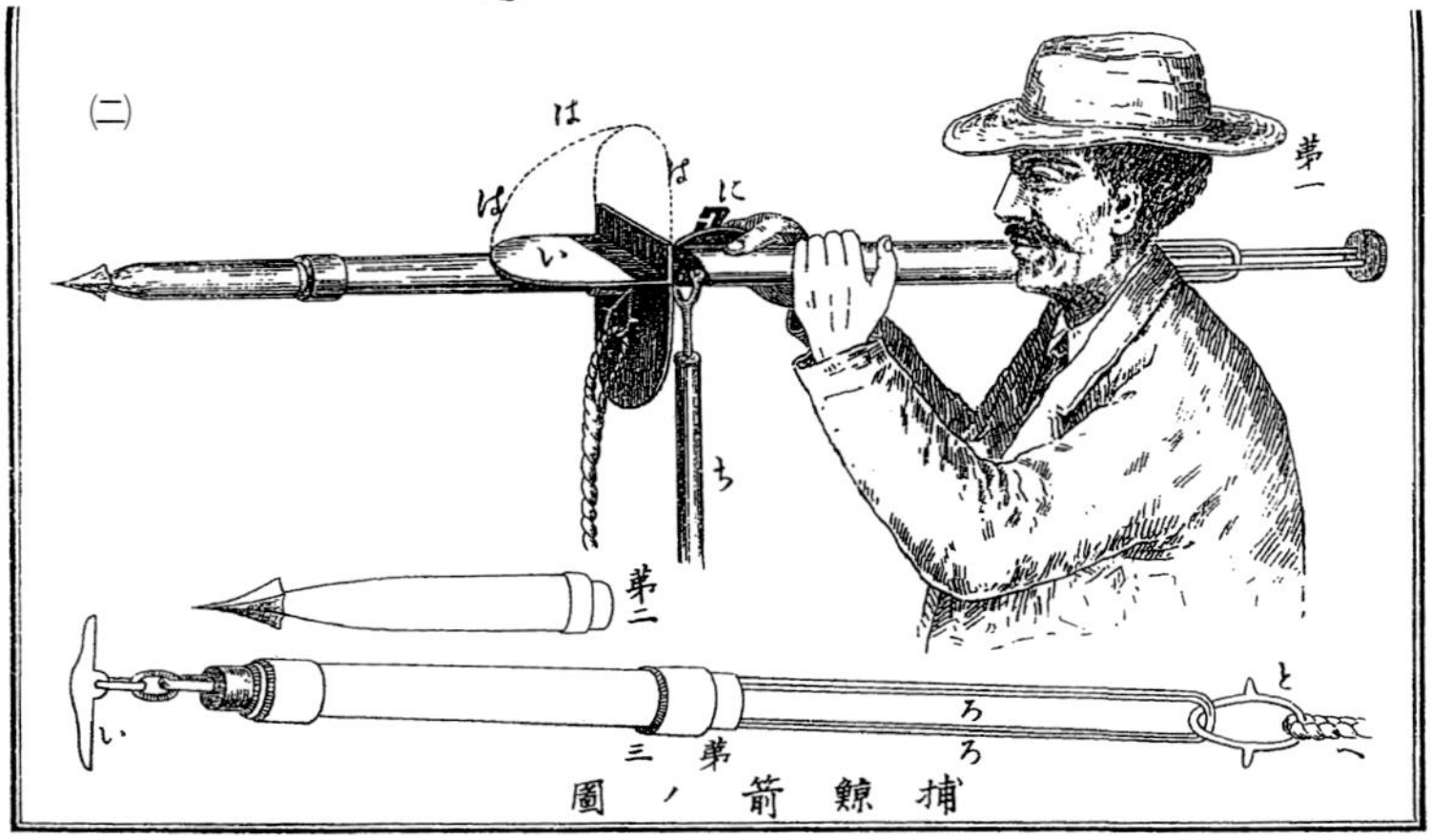

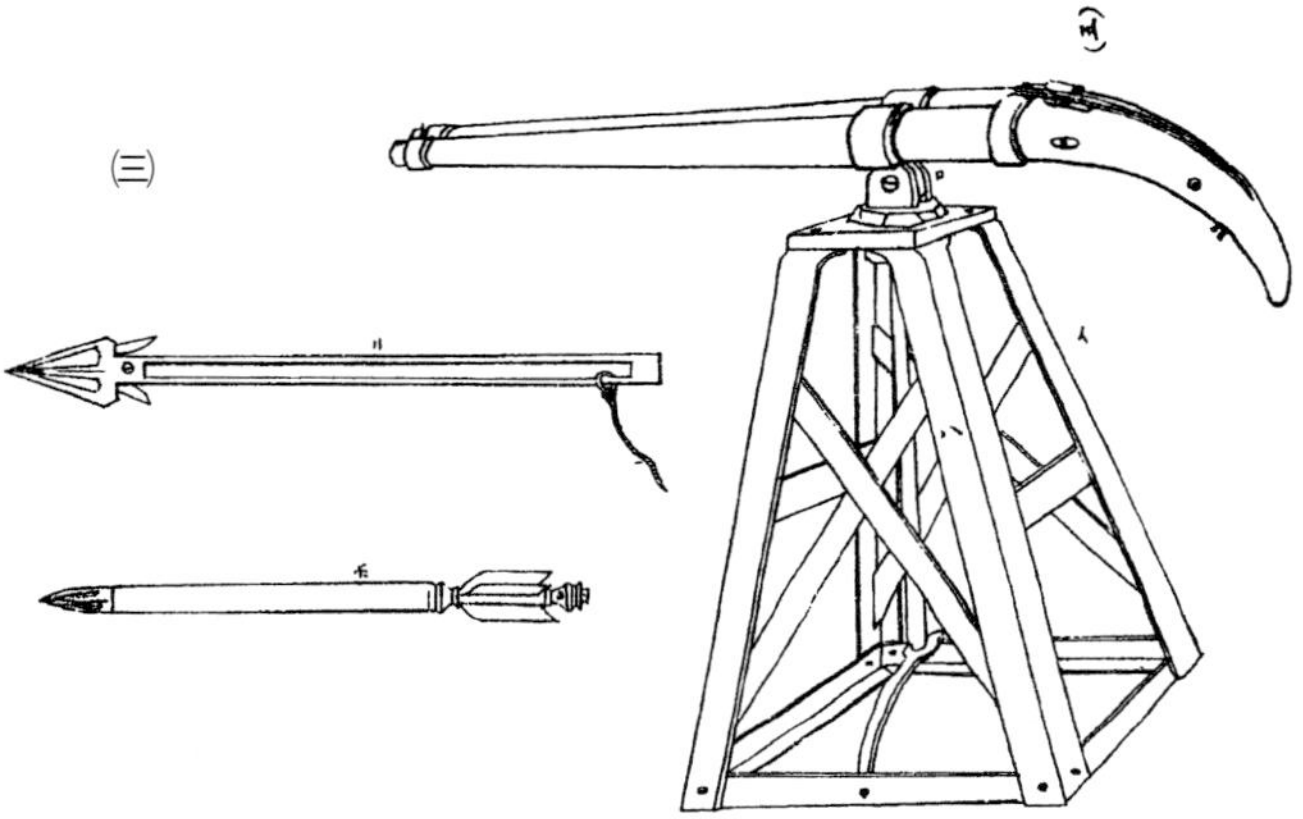

上の(一)図は捕鯨銃で砲筒長さ一尺三寸・口径八分・台尻長さ九寸、イの破裂矢（一尺五寸長さ）を装填する。火薬二十匁を用いる（明治二十七年事業の水産調査所報告書より）。
(二)は捕鯨箭を放つ様子で、Ａのポンプランス十五吋をＢの捕鯨箭（綱付き）に装填、支柱（ち）上に置き肩に乗せ発射する（明治二十九年『捕鯨志』より）。
(三)は二連発の中砲。砲筒長さ二尺五寸、口径一寸と一寸二分（「金華山沖合捕鯨試験成績・関沢明清報告」明治二十七年刊に所載）。

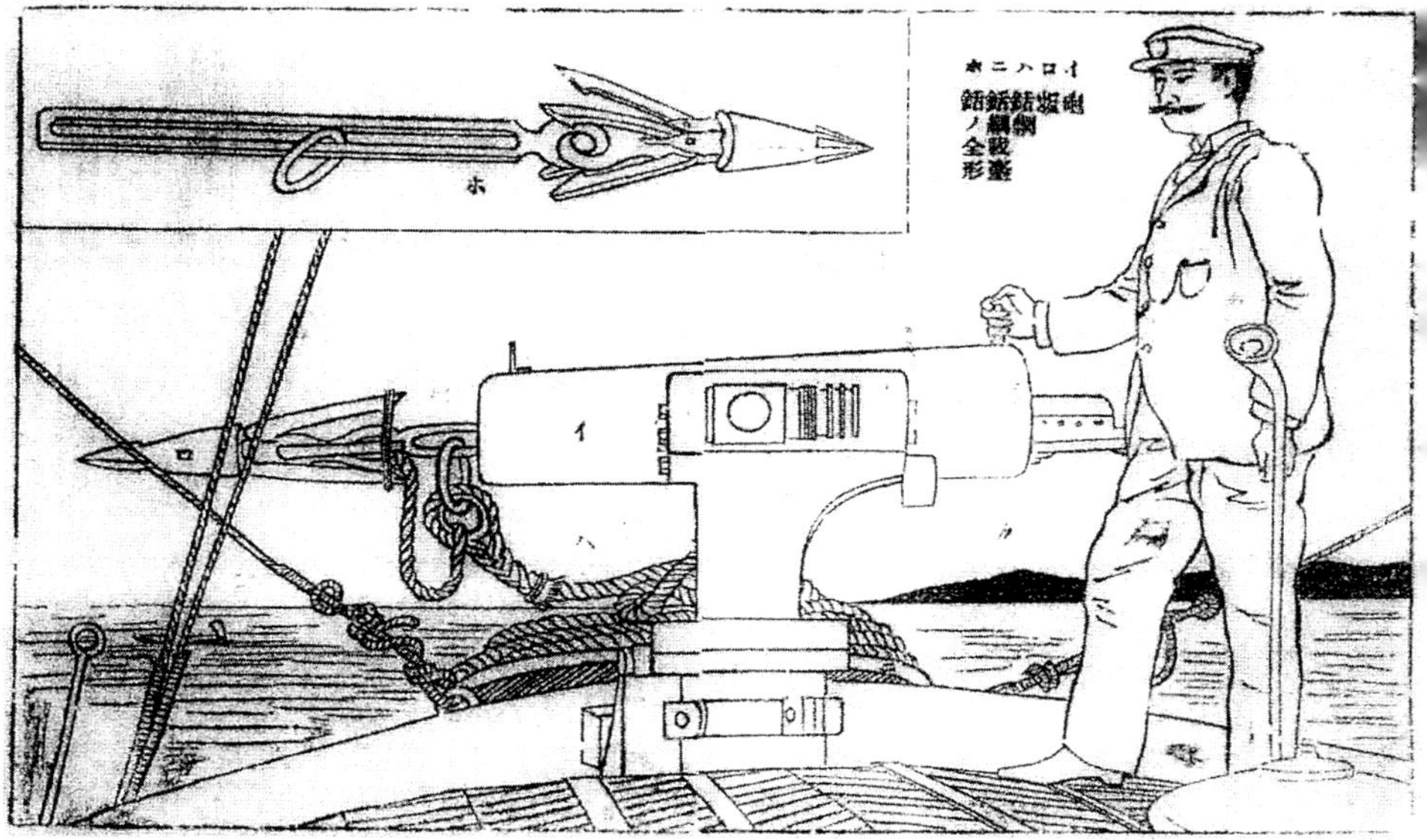

ノルウェー式捕鯨砲（川合角也『漁撈論』大正二年刊。イ砲、ロ銛、ハ銛綱、ニ銛綱載台、ホ銛の全形）

米欧の捕鯨船は鯨油を全目的としてきた。だが、灯明用は石油・石炭に、石鹸用は植物油にそれぞれとってかわられ、捕鯨国は一八六〇年代に出猟を減らすほかなかった。捕鯨界は需要先を必死に模索、食用というテーマに挑戦して、一九〇五年（明治三十五）に油臭さを全く感じさせないマーガリンの製造に成功する。そのおかげで鯨ビーフやミートボールの缶詰が見直され、鯨肉を食べる嗜好が米欧人に広がったという。

ノルウェーのスヴェン・フォインが一八七二年（明治五）に発明した捕鯨砲はそういう鯨利用の拡大という時代の流れの中、画期的であった。鯨に命中すると体内で爆発する銛なので鯨はたちまち瀕死の状態になり、銛に付けたロープは汽船の方で蒸気エンジンによるウインチ操作ができて、鯨の動きに合わせてロープをゆるめたり引っ張ったり、二十トンの鯨にも耐える滑車装置と緩衝装置につなげられたので舷側曳き付け作業は格段に効率化された。運搬船がそれを解体基地まで運び、巨大なボイラーを使用して皮脂・肉・骨のすべてから搾油し、残骸は肥料用と、日本のような全利用となった。

従来のアメリカ式の捕鯨船は三、四百トンの帆船を母船として沈まない鯨を狙って遠洋に出たが、ノルウェー式では百二十

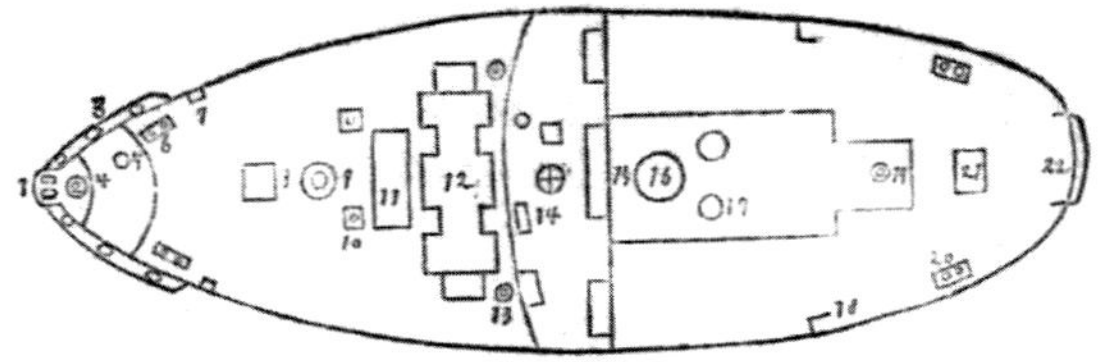

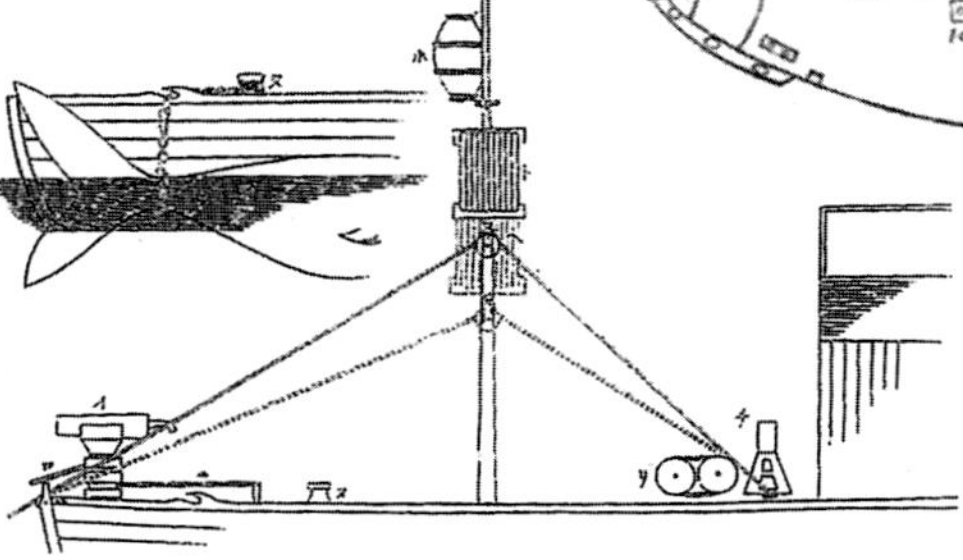

上は捕鯨船甲板上の説明（２大砲、11ハッチ入口、12ウィンチ、16煙突。川合角也『漁撈論』大正二年刊）。
左は捕鯨砲と緩衝装置（『大日本水産会報』より）

トンくらいの十ノット以上出る軽快な蒸気船となり、ボイラー水や燃料の積載の関係もあって沿岸であらゆる種類の鯨を狙う捕鯨船となった。鯨の回遊ルートに沿って陸地のある日本近海は、格好の漁場である。捕鯨効率は格段に進んだ。山下渉登氏の表現は次のようだ。

「一八〇四—七六年の七十二年間に、アメリカ捕鯨は約四十二万頭のマッコウ鯨、セミ鯨を捕獲した。年間約五千八百頭である。これにイギリスなども加えると、年間およそ九千頭ほどだったと推測できる。対して一九〇四—七八年の七十四シーズン、現代捕鯨が南氷洋だけで捕獲した数は約百三十九万三千頭、一シーズン平均で約一万九千頭である。他の海域も含めると、年間およそ二万四千頭ほどが捕獲されたと推測できる。捕獲数だけだと三倍弱だが、捕鯨に従事した人間の数を考慮すると、その三、四倍の高率になる。」

比較された年月間で抜ける、一八七六年（明治九）から一九〇四年（同三十七）は、日本の伝統捕鯨がノルウェー式の近代捕鯨へ移行する年月である。北陸で木嬰氏や河波氏が伝統的捕鯨を開始したのが明治七年くらいだった。後の明治三十七年は、日露開戦により日本海軍がほとんどのロシア捕鯨船を拿捕、その貸し下げを得た東洋捕鯨会社が日本沿海を独壇場とするに至る年である。

ノルウェー式捕鯨を日本海に最初にもちこんだのはロシアの捕鯨船であった。

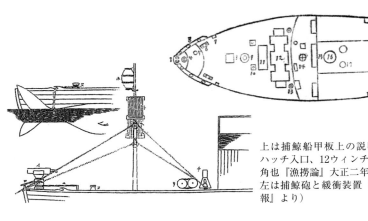

初の日本製ノルウェー式捕鯨船「第一長周丸」百二十二トン＝『本邦の諾威式捕鯨誌』東洋捕鯨株式会社編・明治43年刊より

※1　明治34年9月1日から3日間、金沢兼六公園内の県会議事堂で島根・鳥取・東都・兵庫・福井・石川・富山・新潟の一府七県の代表者ら二百五十余名が参加して行われた。報告書は石川県水産会が同年刊行。

※2　「松島」は日韓で領有が争われている「竹島」、韓国でいう「独島」のこと。江戸期から明治期にかけて、日本領に編入される一九〇五年まで松島と呼ばれることが多かった。

一八八九年（明治二十二）冬から翌年春までに、朝鮮半島沿海で二十頭ほどを捕獲、発明者スヴェンド・フォインの親戚二名が乗っていたという。だが、この捕鯨船が嵐のためか消息を絶って、ロシア政府は一八九三年、大金を投じて二隻の捕鯨船と水上捕鯨基地というべき三千五百トンの汽船を建造、一八九五年から国策として捕鯨業を本格的に再開する。夏はウラジオストックから樺太近海で、冬季は日本海から朝鮮半島近海で操業、長崎に鯨肉を安値で輸出している。

長崎への安い鯨肉の入荷は、日本の低迷する捕鯨業関係者の奮起を促したようで、山口県会議員であった岡十郎が、ロシア捕鯨船の貸し下げを受け「日本遠洋漁業株式会社」を一八九九年（明治三十二）、長門市に設立する。捕鯨砲手はロシア船との契約が切れて長崎に滞在していたノルウェー人を雇い、韓国領海の漁場での捕鯨許可を強引に取り付け、ノルウェー式の捕鯨船を模造国産して一九〇〇年二月に出漁、最初に巨大なナガス鯨を捕獲している。

当時の日本海にどれほどの鯨が回遊していたか。明治三十四年、石川県で第二回の日本海方面府県連合会水産業大会[※1]があり、そこで講演した水産試験場技手・松牧三郎の証言がある。演題は「日本海の捕鯨業について」。

「…九月頃から朝鮮元山の沖にぽつぽつ下って参り、十月、十一月頃は元山沖はよほど盛んで、十二月になれば、元山から少し南の方に下って、一月、二月頃には隠岐の島の少し向うにあります松島[※2]と、江原道から隠岐の島にかけて非常に大

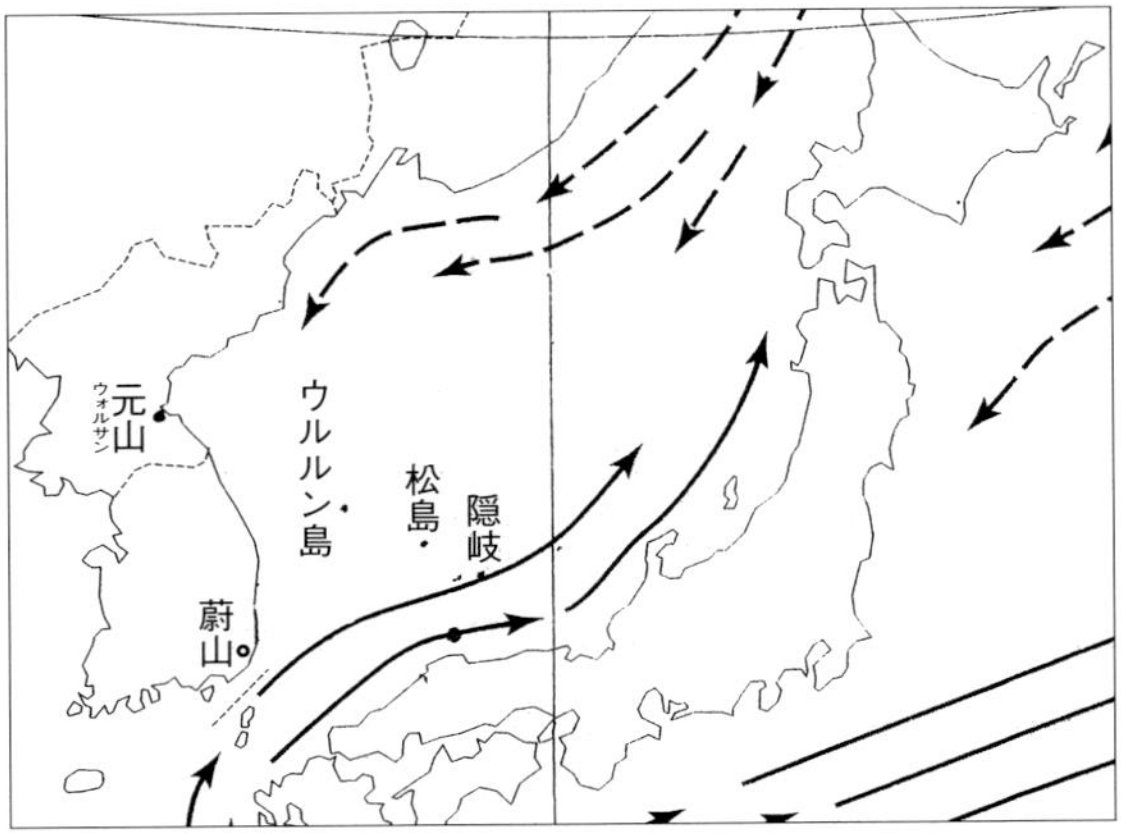

日本周辺の海流

群がいる。その大群の数と云うものはどのくらいあるか、数え切れない。ほとんど何百、何千か数え切れない。十哩四方のみならず、汽船のブリッジの上から望遠鏡で見て、見える限り鯨で、その先にまた煙の見えているのは、汽船か捕鯨をやっているのである。これまで肥前辺りで、鯨が三頭とか十頭とか或は十五頭とかいう群をして来たのは、その何千という沢山の群の中から離れて、沿岸に来たのである。そうしてその殆んど鯨の本部ともいうものが団を成して、玄海まで下って来る、三月半ばになればその大群は何処に行ったか、殆んど行先の判らないように散ってしまう。その行先は、南の方に行くのもありましょうし、また長州の沿岸から、この山陰道、北陸道を下って北に行くものであろうということを、吾々は思うておりましたが、今度こちらへ参りましてお話を聴いてみれば、その群は北に帰るのじゃなかろうかということを想像されるです。…」

現在からは想像もできない鯨群泳の光景であるが、講演の松氏は、鯨群の最も多いのは三月半ば、朝鮮の陸から十マイル（十六キロ）の沿岸まで迫るといい、最多の何千といるのはナガス鯨という。日本海で鯨漁しているのはロシアが二隻で年間百頭以上、イギリスが一隻で七十頭、日本は一隻で昨年は三十七頭。日本は蔚山《ウルサン》を根拠地にして松島まで二百マイルの間を行ったり来たりして獲っているが、当石川県の水産家の方々は根拠地といい、販路といい、非常に便利がよいから是非、捕鯨業をやるべきだと勧めている。

右が舟木錬太郎（1856〜1923）加賀出身。中は横山一平（1863〜1932）加賀出身、左は田村惟昌（1856〜1926）

こうして日本人によるノルウェー式捕鯨が朝鮮沿海で始まる。日本遠洋漁業会社はすぐに日本沿海の捕鯨地にも進出、各地に事業場と称する基地を置いて捕鯨を始めた。九州や紀州・土佐など網掛け突き取り捕鯨を守り、必死に食いつないでいた各浦はたちまち来鯨の衰微に直面、廃業せざるを得なかった。当会社は明治三十八〜三十九年猟期に二百九十二頭も捕獲したので、その利益の莫大なことが知れわたって、二年後には捕鯨会社が十四社にふくれあがる。

その一つ、大日本捕鯨会社は明治四十年起業で東京に本社を置くが、北陸人によるので少し記しておく。社長は元海軍少将の舟木錬太郎（石川県・衆議院議員）で、明治四十一年二月の富山日報に「捕鯨会社新発展」と題する提灯記事が載っている。

「舟木錬太郎、横山一平、田村惟昌らの経営せる大日本捕鯨会社は前期中の漁業成績極めて良好にして年一割強の利益配当をなしたるが、将来なお大発展を計るべきはずにて、このほど台湾総督府より同島沿海の捕鯨事業特許を得、いよいよ来る三月より二隻の捕鯨船を同島南端の鵞□鼻付近へ出漁せしむべしと。なお、去月より本県出身の入江鷹之助監査役に推定され、同社の全権はほとんど加越能三州人に握られしがごとき姿なりと…」

銚子、紀州の二木島や串本、土佐中浦などで昨年は白ナガス三十七頭を捕獲、

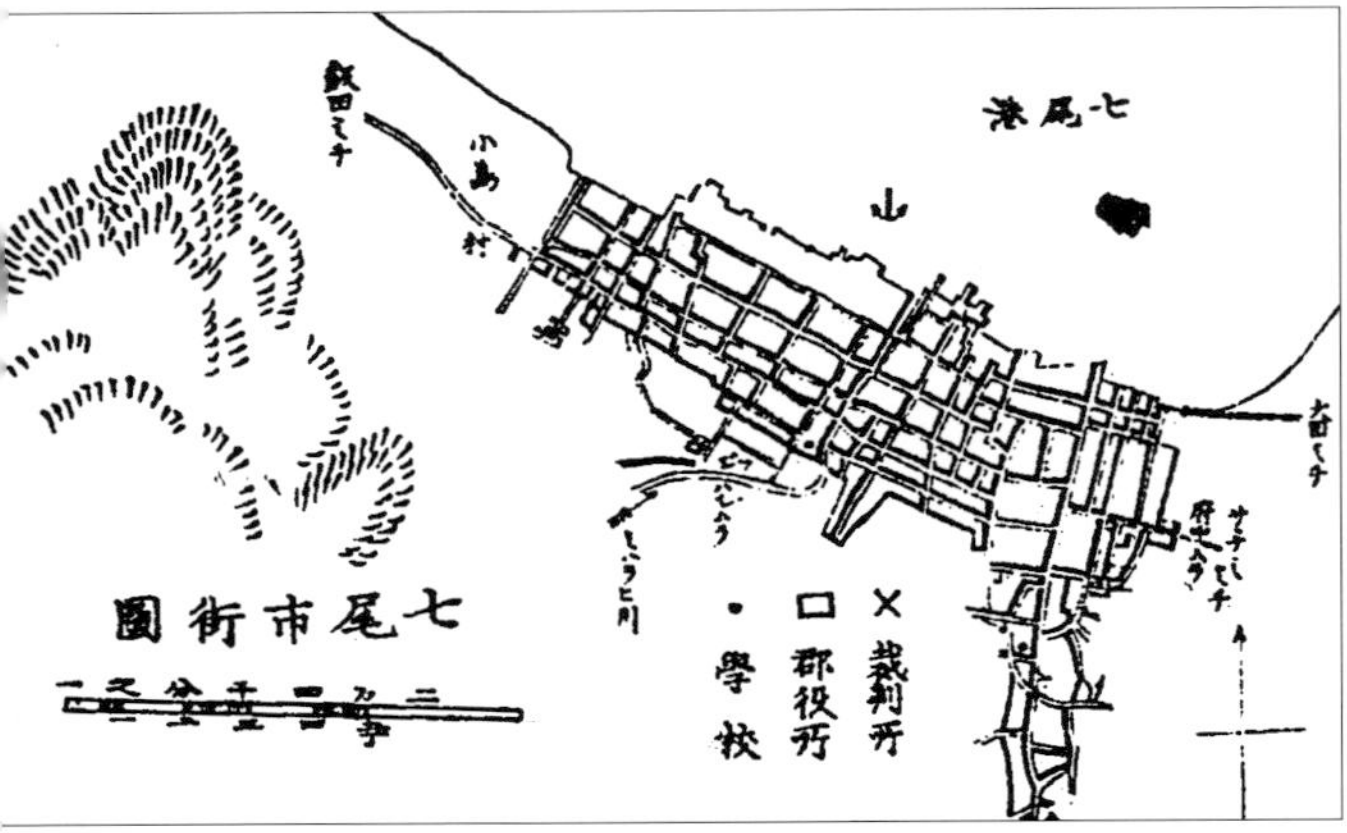

七尾市街図（明治二十二年『石川県地誌』より）

一頭二千円以上というから七十万円超の売り上げである。注目は田村惟昌氏が名前を出していることで、先述したように彼は富山県生地町の出身、この記事の時は衆議院議員となっているが、六年前まで富山日報の社長であった。この七年後に社長に返り咲く。横山一平も石川県出身。石川・富山両県の人物と資本が捕鯨業に向かったのには、明治十年代に展開した県内捕鯨熱の影響があろう。

捕鯨会社の乱立で朝鮮海に過当競争が起きることを心配した韓国政府は、捕鯨社は二社だけに許可、猟期は秋～翌春の六か月間だけ、子連れ鯨は捕獲禁止などとする世界初の捕鯨規制を設けるに至る。

日本市場では鯨肉が過剰となり、鯨価の下落、砲手や水夫の不足、鯨油の品質基準、事業場の設置をめぐる地元とのトラブルなど、問題が多発してくる。それに対処するに捕鯨社は統廃合をくり返し、明治四十二（一九〇九）年には、六社が合同して東洋捕鯨株式会社を設立、例の岡氏が社長に就任する。大日本捕鯨会社の舟木錬太郎は役員に、横山一平は常務取締役に入っている。壮大なる規模の捕鯨会社が成立して、北陸の海も穏やかではなくなった。能登の宇出津に東洋捕鯨会社の事業場が設けられ、それらの問題が集約的に現れることを最後に見たいと思う。まず知っておかねばならないのは、ノルウェー式捕鯨が日本に持ち込まれて初期はどのような捕鯨実態であったか、である。

明治四十三年（一九一〇）四月十八日から富山県の高岡新報が東洋捕鯨会社の捕鯨船に乗っての視察記事を連載し始める。その全文をここに紹介する。ルポ記

七尾港桟橋（山田毅一『能登半島』大正２年刊）

※番持（ばんもち）は何十貫という石を持ち上げ、重さを競う伝統の行事。

事は捕鯨業支持論のアピールを狙ったものである。一か月前の三月十二日、東洋捕鯨会社の捕鯨に反対する声が能登の沿岸民から上がったことを隣県の北國新聞が報じたことから、捕鯨業に対して賛否両論が巻き起こったようで、富山県内で不支持の新聞は北陸タイムス。支持の高岡新報のルポを紹介した後、沿岸民の声、新聞の主張、国や県の態度について総括しよう。

四月十六日の記事「未だ捕鯨船の人たらず」によれば、劔峰という記者は高岡から北陸線の汽車に乗り、津幡で七尾線に乗り換える。「ちぢ（千路）」という小駅で「駅側の空地に若者達の蝟集して番持※をなし、子女の晴着を着けて嬉々として徘徊するを認めたるが、想うに此処もまた祭礼なりしならん」と風俗スケッチを成している。七尾には夕方の五時半に到着。人力車で波止場に数歩の津又旅館に行き、投宿。以下、連載の記事につながる。見出しは新聞のままである。

捕鯨船上に突立つ　能州沖の勇壮なる光景

◎今朝、水揚喞筒《ぽんぷ》の轆々《ろくろく》たる音に目醒《さ》むれば六時なり。風やや劇《はげ》しく雨戸を打つ。十一時三十分、旅館を出で汽船共益丸に搭乗すれば、風凪《な》ぎ能州の連脈は春霞に蔽《おお》はる。午後二時三十分、汽船は予定のごとく宇出津港に着泊せり。

◎東洋捕鯨株式会社宇出津事業場を艀船《はしけ》にて仰ぎ望めば、つい対岸に在る建物は

まだ仮建築なるも、すこぶる広潤《こうかつ》なり。事務所に至り刺《し》を通ずれば、かねて照会し在りしこととて事業場長・田丸隆三郎氏は慇懃《いんぎん》に請じて遠来の労をねぎらわる。折しも捕鯨船レックス丸は身長五十九尺の長須《ナガス》鯨一頭を曳いて帰港せりとの快報に接し、田丸氏はその解剖を見よと導かる。かくて記者は勇敢なる捕鯨船を見るに先だち、壮快なる解剖を見ることとせり。捕鯨の状況視察ありて後の解剖なり捕鯨記を記するには先づ序を遂《お》うてなさざるべからずや。故に捕鯨記はさらに稿を起こすことゝなし、ここには同捕鯨会社が沿革、事業が現状などにつき少しく述ぶる所あらんとす。

◎同会社は東洋漁業株式会社と称せしを昨年五月、長崎捕鯨合資、大日本捕鯨株式、帝国水産株式の三社と合同し資本金六百万円の大会社を組織し、本店を大阪に支店を東京、下関に設置し、現下一株五十円総数十四万株のうち第一回拂込み二百五十万円を終了したるなり。社長は岡十郎氏にして常務取締役横山逸平、原信一、曾根忠兵衛、外に顧問として官界に勢力ある前農商務省水産局長・長牧杭眞氏あり。農商務省が制限せる三十艘の汽船中十九艘までは同会社の有に帰し居ると聞く。同会社が昨年度すなわち五月の夏場より本年本月の年度替わりまでにおける捕鯨の予測高は千頭に及ぶはずにて、この価格約二百万円。そのうち諸經費に百万円を要するとするも百万円の純益あり。株主には本年度において四割の配当をなし得べしと云う。

◎宇出津港にて捕鯨に従事しおれる捕鯨船はレックス丸、六甲《ろっこう》丸の二艘にて、レックスは昨年七月より三十九頭を、六甲は十四頭を得、去月中におけるレックスの成績は二頭、六甲四頭なるが本月に入りてよりは六甲丸ますます成績良好にて日々一頭ないし二頭を捕獲し居り。レックスの成績不良なるは船体に故障あるにて本月中従事せば修繕のため一旦大阪港へ引揚ぐべく、その補充船として肥前有川事業場より名砲手諾威《ノルウェー》人ボーゲンの乗込み居る諏訪丸は本日入港せり。船長は伏木の出身にて串岡亀吉氏、機関長藤本半次郎氏と云い、明日より直ちに能州沖にて捕鯨に着手すべく、記者は明朝午前三時、この初陣なる諏訪丸に搭乗し、壮絶快絶なる捕獲の実況を視察するはずにて、もし幸いに奏功して多数の捕獲を得ば、記者また所謂《いわゆる》猟男なる名誉を荷《にな》うはずなり（十六日夜、宇出津港古川旅館にて。剣峰生）

宇出津港内の捕鯨船二隻の碇泊（山田毅一『能登半島』大正2年刊）

▼巨鯨！　巨鯨！　悠々迫らざる砲手の態度

明治期の宇出津町（5万分1「宇出津」明治42年測量判の拡大140％）

◎事は遡るが、前夜、事業場長の田丸氏とレックス丸が捕獲して来た長須鯨の解剖を見終って事業場に引返すと、その所へ諏訪丸船長・串岡亀吉、機関長・藤本半次郎の両氏が訪ねられた。田丸氏は予を紹介し併せて便乗方を交渉せらる、と船長は快く了諾された。

◎古川旅館に行きて仮寝して居ると、『諏訪丸から短艇《ボート》が迎えに来ました』と午前四時に亭主が揺り起こすので、寝具を蹴って立出ずれば、水夫は我が隣宿の若松屋に船長が宿泊しておらる、を呼び起こし、間もなく四人は短艇の繋留場へと向うた。

◎四隣は暁の夢円《まる》やかにて番犬の吠ゆるを聞くの外、寂《せき》として音もなく、晨星燦《しんせいさん》として満天に輝き、春とは云い暁風、粛《しゅく》として思わず外套《がいとう》の襟を正しむるのである。『喧《やかま》しい諏訪丸が入って来たから明日からは随分と捕るだろうと皆が言っておりましたよ』と船長に打ち語るのは水夫である。予に諏訪丸が技倆のほどは未知なるも入港して既に一般の人々からかく期待さる、ほどなれば、その活動の勇ましさも想察された。

◎諏訪は敏（すば）なり語音より云うもすこぶる縁起よく、しかもその初陣に予の便乗し得るは至大の光栄にして、諏訪の功績は換言して予の栄誉となると窃《ひそ》かに快感を禁じ得なかったのである。そのうち、船長と予を乗せたる短艇は闇夜に暗き水面を縦断して遙か停泊の諏訪丸へと急いだ。

◎船門には水夫らが残らず出迎え、船長は予を船躰内面下の自室へ案内し、睡眠

※「六甲岬」は「禄剛岬」のことであろう（地図は『石川県地理詳説』明治39年刊付図）

不足の躰躯を寝床へと去った。予も小豆色の絨毯を張詰めた腰掛けに横たえて不足の睡眠補わんとした。船は四時十分、六甲岬※の東方に向って進発したのである。

◎須臾《すゆ》にして萃胥《すいび》に入らんとする時、サッと一抹の沫は窓外より浸入した。打ち驚いて眼醒むれば暁海の波浪やや荒く、船躰の内面を越えて一波は突入し、予に東天紅《くれない》を知らしたのであった。所へ十六七ばかりの一少年が現われ、着たる鳥打帽を脱し恭《うやうや》しく一礼して浸水の掃除を滞りなく了し去った。されど予はなおも睡気の襲うに再び横臥し、一時間にして甲板に立つと、東の方朝暁は赫燿《かくやく》として輝き、四囲の深霞は眩光の反射を受けて一面に淡紅に彩り、茫洋《ぼうよう》たる大海は金線を宿して、一波飛び一浪躍る毎に、あたかも金鱗の閃《ひらめ》くがごとき壮美を現出し、その雄大、華麗に転《うた》た恍惚たらしむるのである。

◎日本海上の颯爽《さっそう》たる潮風に嘯《うそぶ》きつゝ、室に戻れば、先刻の好少年は朝食を報じ来る。食後、再び甲板に起ち、約三十分ほどを經過する時、檣上《しょうじょう》のトップ、人二人くらい優に立ち得る桶を装置しある見張場より、前方五百尋くらいの距離にて巨鯨を発見すと信号する！　驚破《すわ》、鯨！　船中は俄然活気を帯び、船長は令して最急行！　船は今六甲岬を距《さ》る東方約二十浬《かいり》の海上にあるのである。この時、右舷の砲座に我が勇敢なる砲手・諸威人ボーゲン氏の豪宕《がが》たる勇姿が現れた。

◎ボーゲン氏は諏訪丸に職人砲手となるや、この所に満二年、十、十一、十二の三ヶ月間には百数十頭を得た捕鯨砲術の名手である。その一度照尺を定めて火蓋《ひぶた》を切って放つや百発百中は疑いなしの人である。船は大鯨に近づいた。船長は再

C・ボーゲン砲手＝『本邦の諸威式捕鯨誌』東洋捕鯨株式会社編・明治43年刊より

び徐行を令した。彼我の距離は二百五十尋くらいに接近した。
◎砲手ボーゲンはと見ると、大なるパイプにて悠々煙草を燻《く》ゆらしている。実に沈着なものだ。
◎かかる間に二百尋くらいの近距離に接近した。大鯨はサッと潮を吹いた。あたかも噴水のよう。ボーゲン砲手はパイプを捨て、矗前《ちょくぜん》と砲座に立った。停止、とこの度はボーゲン砲手によって令せられた。船は停止した。彼我の間約二十尋の短距離とはなった。ボーゲン氏は電《いなずま》のごとく砲身の位置を定めた。一同は目を見張り肩唾《かたず》を呑んで行手を望む。
◎余りの壮快さに船欄よりころげ落ちんばかりに伸び上ったが、手には一杯に汗は握られてある。機は熟せしが、ボーゲン砲手は跨《また》を割り、引金に手を掛けた！
（十七日午後五時諏訪丸船上にて剣峰生）

▼三度浮き三度沈む―我が捕鯨船と鬼ごっこする
◎この時の巨鯨は舳頭《へさき》を距る二十五尋ほどのところに尾の幾分かを現した。砲手は放つかと思うと、容易に弾金《ひきがね》を引かない。予は船欄に倚《よ》ったまま、一心に呼吸をもつかずに鯨と砲手を見つめている。砲手は鯨が頭をもたげるところを狙っているらしい。ところが、敏《さと》い鯨は船の接近したのを感じて尾の幾分かを見せたのが最後で、水中深く沈んでしまった。予の失望―それは張り詰めた五体の関節が一時に弛《ゆる》んだように落胆してしまった。

砲手が銛を発射せんとする刹那＝『本邦の諸威式捕鯨誌』東洋捕鯨株式会社編・明治43年刊より

◎船員もやや失望の気色はあれど、比較的平気である。ボーゲン氏はまた破格の暢気《のんき》さで悠々迫らず例のパイプでポカリポカリやっている。砲手が砲座に着かぬ間は鯨はおらぬはずであるが、それでも予は浪頭の白沫を立てるのを、鯨の潮か千鳥の波間を渡るのをそれか、遠き白帆を潮を噴く高さかと一心に凝視肝仰《かんぎょう》していた。

◎しかるに、沈んでから十八分を経た、七時五十五分に檣上の望楼から前方五百尋ぐらいのところへ先刻の鯨が浮いたと知らした。スワ急げ、船長は信号指示器の鈴を鳴らし令して急速力！

◎船は箭《や》を射るごとく進行してまたも射距離の二十尋くらいまで接近した。砲手は徐行から停止を掛けた。砲身を定むるや再び弾金に手をかけんとしたが、この刹那《せつな》！　船は進行の反動でやや斜めに搖動して、砲身は鯨の反対の位置に立つの止むなきに至ったので、放てば尾を掠めるくらいに止まる。打てば百発百中疑いなしの我が砲手は、その代わりまた一発も苟《いやし》くもせず、ここに至って躊躇《ちゅうちょ》した。時に鯨は名残りの浮遊を見せて再び海中深く没入した。その身長の大なりしこと約十五尋もあったろう。ボーゲン砲手はこれを認めたとき、失望と喫驚《きっきょう》とに西洋人一流のこの場合の表情として手を上げ股を開いて、弾撥《ばね》仕掛けのように一尺も高く飛び上った。予の落胆もさることながら、ボーゲン氏の態度の可笑しかったこと。覚えずほくそ笑みを禁じ得なかったのである。

◎船は東へ東へと針路をとっている。また十分くらいを経過した時、こん度は遥

※　潮吹きは形や勢いが鯨種により異なり、白ナガスは非常に強大、ナガスは細く、ザトウは太く小さく、マッコウは四十五度の角度で斜め前方に上がるという。鯨は通常数回反復して水面上に現れ、呼吸した後、大潜水するが、ザトウやマッコウでは尾部を全部海面上に現すのが特徴という。鯨の大潜水の時間は鯨種を問わず通常七～八分、多くて一〇分だが、驚いたときなどは三〇分またはそれ以上も潜水する。マッコウ鯨はとくに烏賊を餌にするので深海まで潜るから三〇～七〇分といわれる。鯨がなぜ長時間の潜水に耐えられ、急浮上して潜水病に陥らないのかはまだ分かっていないという（左は鯨四種の識別法で、『鯨―その科学と捕鯨の実際』昭和十七年刊・水産社に掲載のもの）

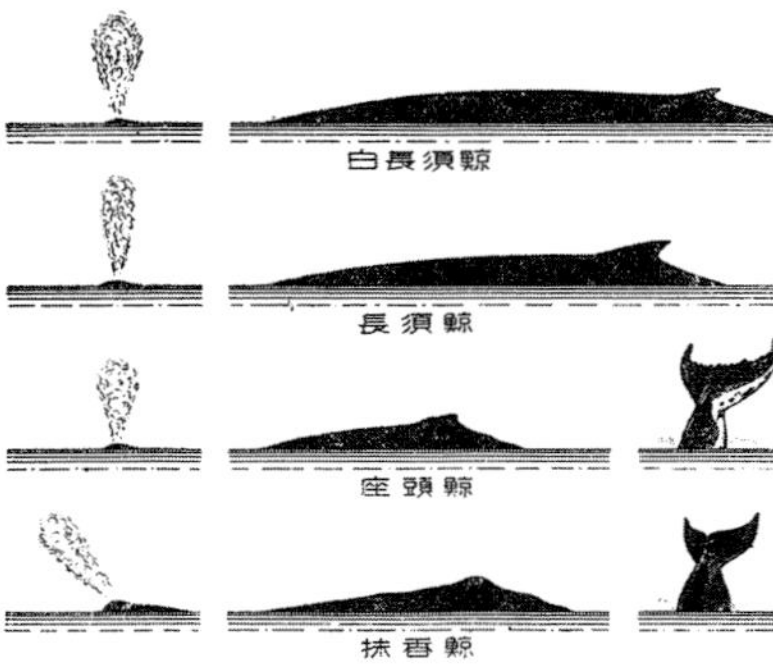

か檣方四百尋ぐらいの海面に先刻の鯨が浮き出した。船長はさらに急速力を信号した。砲手は以前のごとく停止を命じて方針を定めんとしたが、鯨はまたもや水中に姿を没した。かくて十五分ぐらいにしてまた姿を現せば、船は最急行して追撃せんとする。鯨現れ船追い、船止って鯨没す。ただ見る、船と鯨は春光暖かき大洋上、浮世離れて鬼ごっこを演出しているに異ならない。

◎腹立たしくもあり、可笑しくもあり、壮快でもあり、海洋上のこの壮観にただ茫乎《ぼうこ》として夢のように心酔しておると、そこへ例の快活な船童が昼餐《ちゅうさん》を報じてきた。連れ立って食堂に入ると、昼餐のご馳走は鮠魚《はや》の旨煮《うまに》に同じ肴と豆腐汁、それに青菜の漬物など美味を極めておる。炊事長のお心尽しがありがたい。

◎船童に『どうもはしこい鯨だなァ』と云うと『まるで木賃宿のように狡《ず》るずるです』と笑っている。食事をしたためて上甲板へ登らんとする途中で炊事長が『貴下は少なくとも船にはお酔いになりませんなァ』と言われる。『船になんか酔うものですか』とグッと反身《そりみ》になった途端、船は一揺《ゆ》り、大きく横に揺れて身体が漂々となったので、ここすこぶる赤面した。

▼巨鯨痛手を負ふて血花洋上に散る

◎鯨はその後、一回も浮遊せなかった。船長は捕鯨覚束《おぼつか》なきを察して直江津近海へ針路を執るべく命ずると、『奴、とうとう出やがらんなァ』と水夫らは船長を囲繞《いぎょう》して不満と失望の苦笑を漏らした。船はやがて針路を一転し、六甲岬の西南

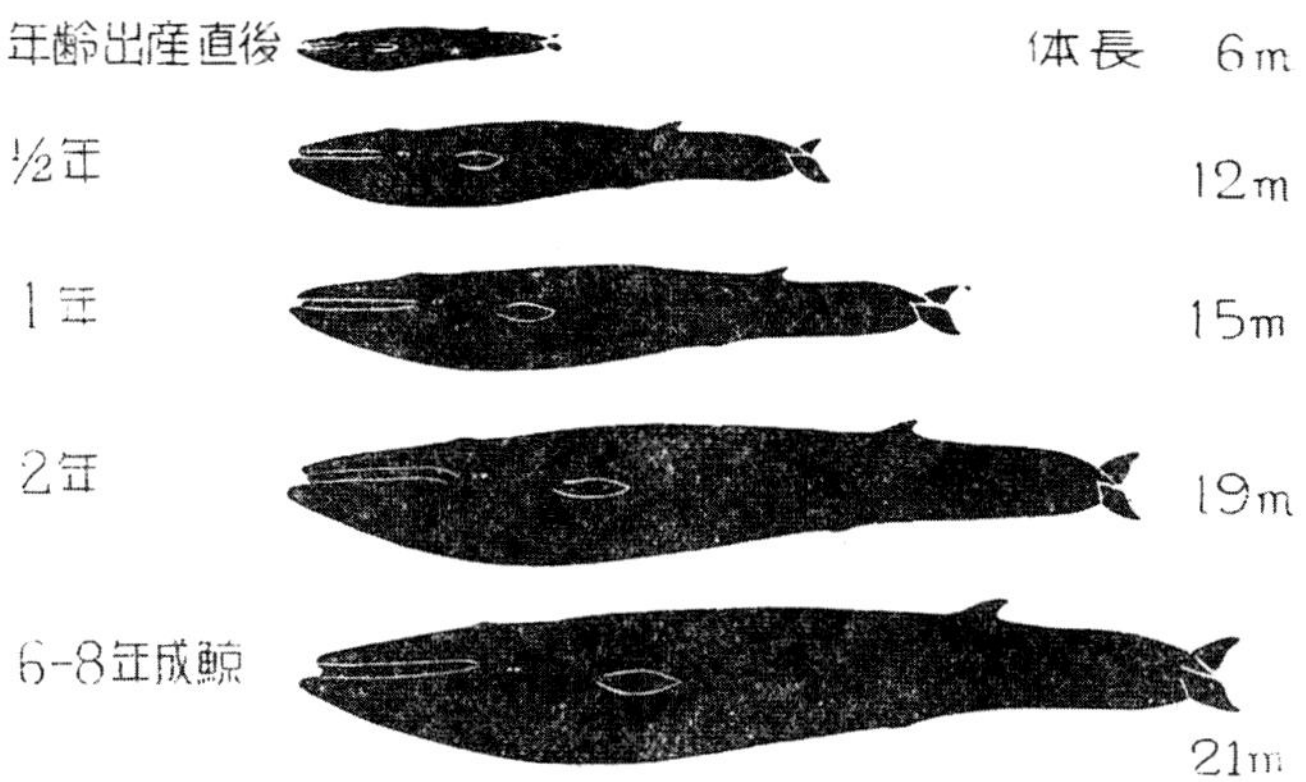

左図のように、鯨の成長度には目を見張るものがある。ナガス鯨の場合、出産時6メートルが半年で倍の12メートルになるという。『鯨―その科学と捕鯨の実際』昭和十七年刊・水産社に掲載

に向かって進行したのである。

◎予はこの所に至って気勢が脱《ぬ》け、妙に心身の疲労を感じた。所作無しに甲板上の船長室に入ると、そこに珍しい草花の一鉢が竝べられある。草花は何？ それはいみじくも咲き匂いる撫子《なでしこ》の花であった。ア、、可憐なる撫子の花よ！ 汝は我が海国男児が天分の海業に従事し洋々たる青海の大動物を捕獲する捕鯨船と知るや？ 汝が季に先だちて咲き誇れるは少時の栄華を夢見てか？ そもそもこの勇壮なる海員の戦労を慰籍《いせき》せんとてか？ さわれ、予は後者にとりて汝を賞せんとす。眼界一物の遮《さえぎ》るものなき海洋上、烟露《いんろ》消え白鴎《はくおう》去り目的の鯨なき時ただ僅かに汝あるがため慰められ、我が船長は雄大の裡に艶《や》さしき温情に湧かしむるのである。咲けよ撫子！ 咲いて我が戦士の身労を慰《い》せ。

◎空想に耽《ふけ》りつゝ、あること少時、予はさらに甲板上に立ち、船長に諏訪丸の組織など精細なる説明を聴いた。元来、船は猟船であるがゆえに組織は大ではない。諏訪丸の頓《トン》数は百十四頓、速力八節《ノット》、石炭容量四十頓、水は六頓半、船身百尺、檣長五十尺。乗組員は砲手一、船長一、機関長一、炊事部長一、甲板部五、機関部四、炊事部二に船僮を加えた十五人で剰員《じょういん》は一人もない。

◎諏訪丸に特殊の装置として人目を惹《ひ》くは舷首の諾威《ノルウェー》式捕鯨砲で、形状が一見臼《きゅう》砲のに似て太く短かく、長さ四尺二寸くらいに徑が三尺四寸もある。口徑は凡そ三吋八分の一、その中に長さ五尺五寸、量目十四貫の鋼鉄製の銛が嵌《は》められ、銛には徑五寸くらいの前綱を結び付け、その端をウキンチに巻かれてあるが、三百

銛を砲身に挿入し、これに銛綱を連結した様子。砲身はハンドル操作により前後左右上下に回転自在＝『本邦の諾威式捕鯨誌』東洋捕鯨株式会社編・明治43年刊より

五十尋くらいまでは延ばすことの出来るようになっている。発砲する銛が飛び出して、当たれば銛尖《さき》に填充《てんじゅう》の火薬が爆発して錨のごとく開くから、命中すれば到底逃げることは出来ない。そして鯨の弱った頃にウキンチで巻戻すのであるとか。『今にはどうでもその活用をお目にかけることが出来るでしょう』と船長は大要以上を言って話の終わりを結んだ。

◎時は午後の二時三十分、船は間断なく奔《はし》っている。檣上の望楼から船の位置より北西三百尋くらいにおいて鯨が浮き出したと信号した。船中はにわかに気勢を恢復して船は急速力をもって追撃する。この度は先に失敗を嘗《な》めているから、一同はすこぶる慎重の態度をとって百五十尋くらいの所から手真似、目顔に物を言わせ、船長も伝話口にてすらすこぶる小声で徐行、大徐行と、俗に言う忍び足の形で姿を失わぬよう漸くにして射距離にまで接近した。

◎鯨は二回目の呼吸を終って、またもや沈んで行衛《ゆくえ》知れずとなった。が、たいてい十分もしくは十五分を置いて呼吸する。それも三回くらい浮き沈みするのが通例で、殊に今度は感知されていないから、どこへ浮き出すかその模様を見ようと、停止したまま形勢を窺うことゝした。だが、まことに頼りないことである。何分相手は広漠たる海洋を世界とした穏顕《いんけん》出没自在の怪物で、右顕左出《うけんさしゅつ》自由であるから……と予は心中に思った。

◎しかし偶然！　眞に偶然！　鯨は舷首正面、約十五尋に当って三回目の浮遊を試みた。船は停止している。船員は今度浮いたらと意気が張っている。いかで見

「発砲の刹那」（『鯨—その科学と捕鯨の実際』昭和十七年刊・水産社に掲載のもの）

遁《のが》さうや、我がボーゲン砲手は迅雷《じんらい》のごとく砲身を定め、把手《ハンドル》を握るや否や、鯨のもたげた頭を目掛けて骨まで貫れと弾金を引いた。一発轟然!!!! パッと火勢閃き、砲手は濛《もう》々たる白烟に消ゆ。瞬時にして躍然《やくぜん》と飛び上がるボーガン砲手の姿を認めた。ウヰンチはけたたましく鳴り響く。的中! 万歳! 船中は歓声に動揺した。予も万歳を絶叫して、余りの愉快さと歓喜に船欄から転落せんとした。痛手の鯨は今や死物狂いに遙かの沖合へ奮迅《ふんじん》の勇を揮《ふる》って遁走《とんそう》する。ただ見る一条の水道—海上—は痕《こん》々たる血潮の大洋と化す。『アレアレ鯨が血を……』（十七日諏訪丸船上にて剣峰生）

◎今まで吾を忘れてありしが、聞き馴れぬ声にフト心付きてふりかえると、声の主は予の背後に何時どこから現れしか、明眸皓歯、花恥ずかしき一美人が立っていて、しかして嫣然《にっこり》一笑し、叮嚀《ていねい》に会釈した。予は咄嗟《とっさ》の場合でいささか面喰《めんく》らった。行手を視ると、鯨は九死一生の断末魔! 船を距る二百五十尋くらいの海面に浮つ沈みつ、痛手に激怒して波浪を巻き苦痛に悶《もだ》えて潮を吹く。暴れに暴れ、狂いに狂い、海は紅々たる血濤《けっとう》と化した。その壮観! その偉観! 少しく語弊はあるかは知らぬが—事は余りに偉大であるがため、凄絶悲惨などの感は毫《ごう》も起きないのである。

◎ウヰンチのけたたましい響きはなおひとしきり起って、綱は最後に二百七八十尋くらいまで延びた。この間の船員の活動はまた目覚ましい。機関長はウヰンチ

解剖船甲板上のウィンチ（前面に横たわれるは捕獲鯨体内より出た胎児という）＝『本邦の諾威式捕鯨誌』東洋捕鯨株式会社編・明治43年刊より

の機縦《きじゅう》をやる。油差は油を要部へ注入する。綱が車輪より脱せぬよう警戒するものがある。一方には敏速に砲身を掃除し、火薬を填充し第二の銛を装置するものがある。また捕鯨を繋下《けいか》する鉄鎖を用意するものがある。乗組少数の船はこうなれば非戦闘員の炊事長も船僮《ボーイ》もあったものではない。船長自身が舵輪を握る仕抹で、ほとんど全員がこれに全力を傾注するのである。ただ、かかる間もボーゲン砲手は例のパイプでプカリプカリだから驚く。左のみ自分の功を誇るような顔付きもしないこの人は、どうしてもその悠然自若として迫らない態度は雄大な鯨と同化した人である。

◎『船長さん、鯨がまたァたくさんに血を噴きますこと……幾時ほど經ったら死ぬでしょう』『先ず二十分くらいあんなに暴れているでしょう。ヤァご覧なさい。頭をもたげたからモウ直《じ》きに死にますよ』この間、船と美人との間にかかる談話が交わされた。果して鯨は砲撃されてから二十分間にして頭をもたげ、喘《あえ》ぐような呼吸二三を続けて血濤中白い腹を出して真一字に絶命した。銛の打ち込まれている所は右鰭《ひれ》下を深く、人間でいう肋骨である。それからはウヰンチで引寄せ、右舷側に尾を先にし頭を後に鉄鎖を結び付けたが、その大さは身長五十三尺、胴廻り二十一尺あって、我が諏訪丸が船身の半分以上もある。船はその重量で約一尺の傾斜をしたのだ。偉いことである。

◎ボーゲン砲手は今度は意外にも心配し始めた。それは□□綱が下方に向いているので、大切の銛がもしも脱落せないかという懸念であったので、位置を換えて

大鯨を曳いて帰る捕鯨船レックス丸（江見水陰『実地探検捕鯨船』明治40年より）

充分に注意をした。ボーゲン氏は心配するも無理はない。日本で製造させると一本二百五十円から三百円くらいかかるからである。かかる間にボーゲン氏は甲板に上がって来て、予に向って『鯨チッチャイ、チッチャイ。貴方あっちでお休みなさい』と、すこぶる愛嬌を振り蒔いて去った。首尾よく捕鯨を終わった船は、今は早や火の消えたよう。船長は甲板より消え、機関長もおらず、むろん先刻の美人は何時しか影を消して行衛知れず。甲板には予とただ舵手あるのみで、たまたま耳朶《じだ》を撲《う》つは、船に繋げる捕鯨に波浪の逆うて瀑布の巨岩に砕けるがごとき響きを立つのであった。予は甲板の船長室へ這入《はい》った。午後四時、船は針路を今帰途にとっている。（宇出津にて剣峰生）

◎須臾《しゅう》にして船僮は㓡匏《たんぽう》と珈琲を持参した。先刻から余程の間、力瘤《こぶ》を入れたので非常に空腹を感じていたのでその甘かったこと、実に言語に絶した。『先刻の美人は？』と船長に尋ねると、ボーゲン氏がこの船に乗込むと同時に神戸から連れて来た妾《もの》で、始終同船し、停泊すると共に旅宿に引き上げる。なお、ボーゲン氏には国には家族五人もあると聴いた。砲手の給料は一頭を捕らえれば大小に拘らず四十円であるが、他の船員は捕鯨が五十尺以上ならば船長□円、機関長二円というような割で、特別賞金を授与される。もしそれ以下となると半減されるので『先刻来、余り小さいようなので少々心配しておりましたが、漸くにして資格がありました』と船長は呵《あ》々大笑された。

漁場で鯨歌を唄う漁夫たち（江見水陰『実地探検捕鯨船』明治40年より）

◎予は船長室にて盛んに鉛筆を走らせいると、前面の舵手は

祝い目出たの若松さまよサァヨー
枝が栄える葉も繁るサァヨヤサー
竹になりたいお山の竹に旦那栄える
のぼり竹サァヨヤサー
納屋の轆轤《ろくろ》に綱くくりかけて
鯨巻くのに暇がないサァヨヤサー

麗日《れいじつ》を浴びつゝ、鯨歌を音吐《おんど》朗々、節面白く唄い出した。予は融《ゆう》々たる春の長閑《のどか》さが身に沁むように覚えて何時しか華胥《かしょう》の境に入ってしまった。

◎鋭い汽笛の音響にフト目を醒ますと、船は早や湾頭に進行していて、深碧《しんぺき》の水面は既に薄暗く、附近の山々には夕霞《もや》は模糊《もこ》とたち篭《こ》めている。埠頭《ふとう》には田丸事業場長に馬場書記の両氏が出迎え居られて『いよいよ曳いて帰られたですなァ』と云はれる。『どうです、お約束通り猟男になったでしょう』と、ここは大いに鼻高々であった。

◎鯨は右岸に横付きの解剖船レスニ丸に引渡され、予もまた解剖船上の人となった。対岸の家々にチラホラと灯を認むる頃、解剖船の周囲には篝火《かがり》が点じられた。予はフトその篝火の原料が普通の薪と異っているので馬場書記長に尋ねると、それは鯨骨に少しの劣等鯨油を注いだものであると。今さら鯨の重宝さに驚いた。

◎解剖船のレスニ丸という帆船は元米国の猟船であったが、露領沿海で密猟を

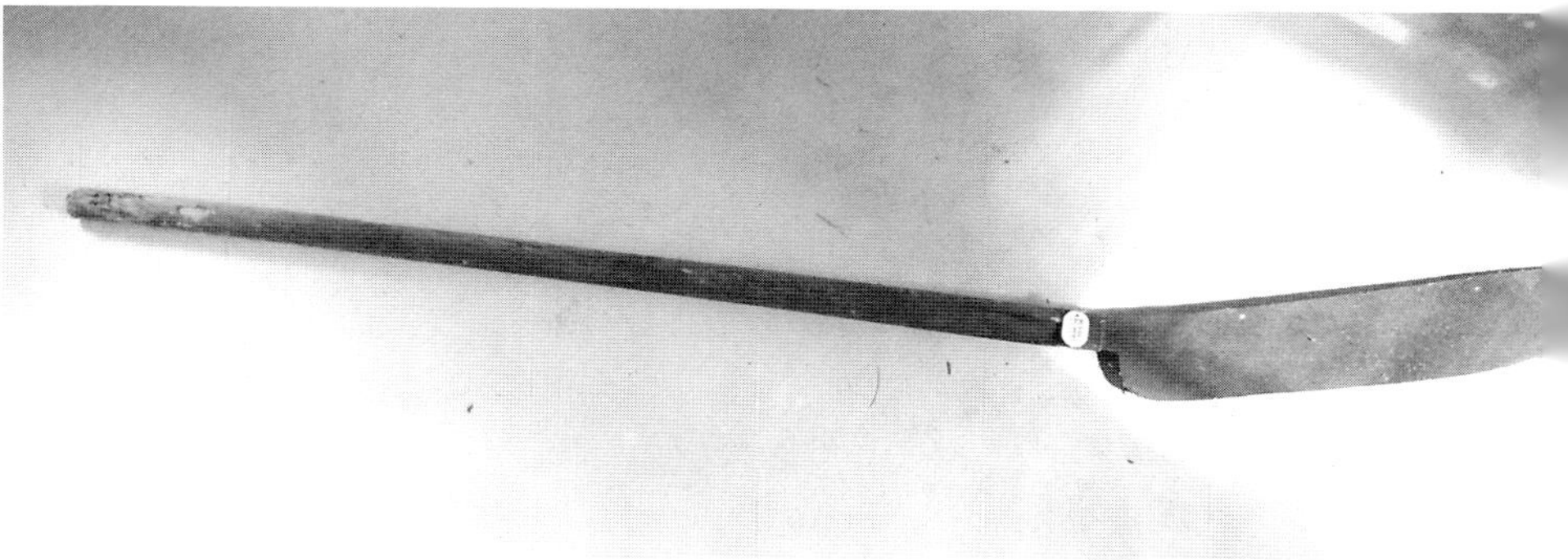

解剖に用いる長包丁（能都町民俗資料館に展示）

やって拿捕《だほ》され、日露の役には猟以外のことをやってまた我が国に拿捕された妙な歴史を有する船で、頓数は九十五頓、これに五馬力のウヰンチが装置されあって鯨を引上げる。船長は河霜福太郎といって、かって海事小説家の江見水陰が同会社が以前東洋漁業といった時分、蔚山《ろうさん》方面の捕鯨を視察した時に共に大猟祝いをやった人である。

◎さて、解剖は如何にしてやるかというに、船の前櫓《やぐら》と後櫓との間に吊《つる》を取った鋼鉄索の先に三尺くらいの大鍵を結び付け、それをもって引掛けて解剖夫が吊し切りをやると、裁割夫《さいかつふ》一尺四方くらい宛の賽《さい》の目に切る。鍵引きというものが得て、保肉場まで桟橋の上にトロッコを敷いてあるのでそれに積載しては奥に運ぶのである。なかなか魂気《たまげ》たくらいの大仕掛けだ。それで細かく説明するには勢い要部要部について観察せねばならない。（宇出津にて劍峰生）

◎先づ解剖長というのがシャツ一枚でズボンを着け長靴を穿いて、手には薙刀《なぎなた》と青竜刀との中間を行く長サ二尺五寸くらいの刀に三尺五寸ほどの柄の着いた奴を抱き込み、同じ扮装の解剖夫二名を率いて伝馬で本船側の鯨に乗り付け、鰭の付根へヒラリ一太刀を加え、ウヰンチの方へスライキと令すると、悪魔の手のような鍵がヌッとばかりに下がって来るので、早速引っ掛けヒボーイとやると、鍵がグット引上がる。その途端、鯨の鰭と胴がメリメリと大音響を発して剥《は》ぎ裂かれる。上では待ち構えたといわぬばかりにこれも青龍刀式の奴でヒボーイ、ヂヒ

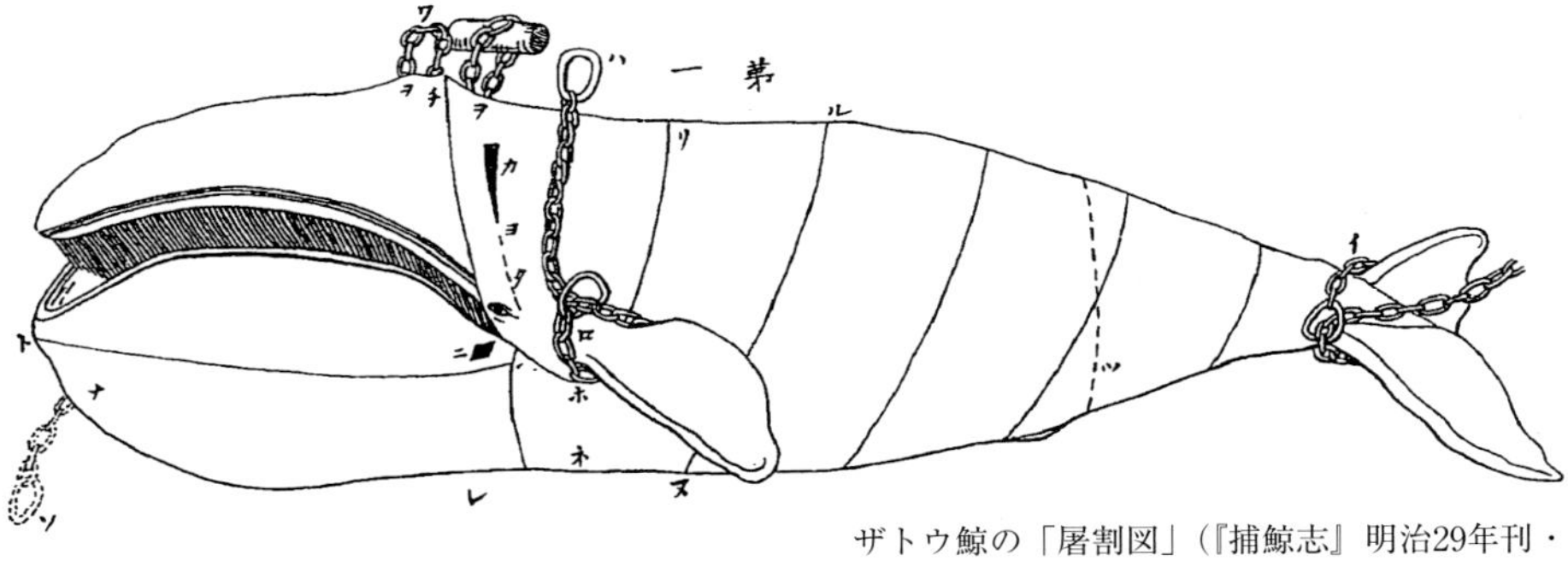

ザトウ鯨の「屠割図」(『捕鯨志』明治29年刊・大日本水産会)

ボーイ、スライキ、レッコとその時と場合を見て掛け声しつゝ鋭利な刀で皮は皮、肉は肉と、たいてい一太刀で物の見事に撫で切るのである。刃が鈍れば小さな砥石を持っていて撫でつゝ、再び切り出す。その巧妙！　その鋭利！　眞箇《ほんと》に道によって賢しである。

◎甲板上はために血やら油やらヌルヌルで、彼らまた血の雨、油の霧を浴び、それに汗も手伝って生きたる不動尊のようになって寸隙も入れず立ち働いている。下手に混《まご》つくと足踏み辿《たど》らして、鯨を切る前に同類の胴腹をお見舞いせぬとも限らぬのであるが、それを巧妙にやり果たすのが彼らの男一匹、花の花たる所以であろう。解剖は七時三十分より開始して十時三十分、三時間にして全く終了した。

◎次に鯨の用途はというと、赤味に皮及び舌が食用に供せらるのみならず、この皮を九州地方では塩漬けにして置いて夏時に塩除《しおだし》をして汲物《すい》にする。もし料理屋に鯨を出さぬと『彼の家は鯨さい出さぬ』と客が軽蔑するくらい、鯨肉は愛用されるのである。それから皮から製した鯨油は最も優良品で、これは多く洋食の材料として各地に需要が多く、骨で製した油は蝋燭石鹸の原料になって、一つの骨を三回くらい煮出すことが出来て、この後が肥料となる。たいてい一頭の鯨で二百石の油が搾取されるそうである。

◎その外に、世美（セミ）という鯨になると、歯の長さが一丈三四尺あるので、その歯で編んだチヨッキなどが出来、一枚八九円に売れる。また、抹香（マッコウ）という鯨の嘴骨《しこつ》で杖《ステッキ》が取れ、牙が印材となる。この頃は鯨の廉《やす》い時であるか

宇出津港
鳳至郡に在り船舶の出入多くして繁華の港なり
其左の遠島山に城址あり天正年中上杉景勝の麾
下長景連の居りし處なり山上の眺望大に佳し又
は魚類の集散地にて漁民も多數ありて水產試驗
場は此所にあり

「宇出津港」（『案内記』石川県水産組合連合会・明治44年刊）

ら普通一頭千四五百円であるが、厳寒中となると三四千円は下らないそうである。かく観じ来ると、今日では用途のないは血だけで、その他は皆一廉《ひとかど》の役に立つ。ア、、鯨よ。汝は死してなお余栄ありと謂うべしである。

◎宇出津の事業場は目下のところ、鯨油だけは冷肉場と接続の建物で直經六尺くらいの大鍋七八個も据えて沸々と製しているが、他の歯などの仕抹は大坂の本社へ直送して処分しているのである。なお、付言したいことは、当地方へ売りに来る鯨肉を喰うと何だか熟蒸臭《いきれ》いことがあるが、向うで新鮮なのを喰うと決してしかることがない。当地などに売り歩くのは腐敗に近い奴と見て可なりである。

◎かくて予は、十九日の早朝、帰高したのである。編輯同人諸君は予の潮風に焦けた銅色の顔をツクツク眺めて『少しは男らしくなったね』と賞辞を下さった。終わりに予の捕鯨視察に多大な便宜を与えられた田丸事業場長、串岡船長、藤本機関長、馬場書記の諸氏及び当路諸君の御厚意を深謝する。（完）剣峰生

捕鯨事業へ反対の声

高岡新報の捕鯨ルポは美文調で、勇ましい捕鯨の印象をもたらすものになっているだけでなく、船長やノルウェー人砲手、船員らが鯨の大きさや数により割増しが付くといい、工場で品物を増産するような感覚で鯨を追いかけることが肯定的に描かれる。地元漁民の声はいっさい拾われていない。高岡新報社の姿勢か

捕鯨事業

信ずべき最近の調査に依れば、本邦漁民一人一箇年の平均漁獲高は六十五圓餘にして、之れを米國の同平均五百十六圓、英國の一千三百二十七圓に對すれば其差違の餘りに甚だしきに驚かざるべからず、四面環海の我國は水産の饒多なる太古草昧の世より夙に漁撈の進歩を來たし、上代の歴史は隨所に斯業の記事を以て充たされ、著名の人士にして海産物を其名に取れる者頗る多かりし如きは世界に類例を見ざる…奇觀なるにも拘らず、漁民の收獲逐年減少し愈々生活難の度を高むるは何の

高岡新報・明治43年４月18日

筆の雫

▲鯨を漁れば小魚が不漁になる、と言ふのは拔く可らざる事實である▲諾威にも餘り捕鯨をしたので漁業が絶滅になり懸けた、其所で政府は捕鯨に制裁を加へて漁業家を救ふた歴史が有る▲わが日本海でも、此の捕鯨のために莫大なる損失を漁業に與へたと言ふので▲岩瀬の有志は、檄を飛ばして、日本海の捕鯨に反對の運動を試むるさうだ▲是は縣下、水産業

北陸タイムス・明治43年４月24日

らくるものである。

主筆は井上江花といい、大正七年に富山県の水橋町・滑川町で起きた米騒動について、「女一揆」というテーマで取り上げ、全国紙が注目したことで有名。捕鯨ルポを急いで掲載するべく動いたのはその江花で、記者が四月十四日「視察の首途」に「いつの間にか準備されけむ東洋捕鯨会社常務取締役・曽根忠兵衛氏の添書を示さる」と記すように、捕鯨支持を請け負っての視察である。ルポ掲載初日の四月十八日、江花は社説「捕鯨事業」を書いてその支持の理由を「…我が漁業界は外海を目的とせる文明新式の斯業に手を着けざるべからざる運命を担いつつあるものにして、惰眠を貪る者は眼前に他の巨利を獲得するを傍観するの外なきことを覚らしむるものと謂うべし」と記す。ノルウェー政府が鯨族の絶滅を防止するため禁止令を出し、ニュージーランドが鯨族減少のため捕鯨船や器具を日米に譲り渡すに至ったことは、何時か日本にもふりかかる事態であろうが、「さりながら地方漁業者に向ってさしづめ要求すべきは」外海漁業への注意であり、新たなる運命の開拓が必要で、「鰤大敷網の一盛一衰に全幅の精神を傾倒して」いていいのかという。

高岡新報と同じく富山市に拠点を置く北陸タイムスは、四月二十四日「筆の雫」欄に次のように記している。出てくる「岩瀬」は富山市の外港である。

「鯨を捕れば小魚が不漁になる、と言うのは抜くべからざる事実である。わが日

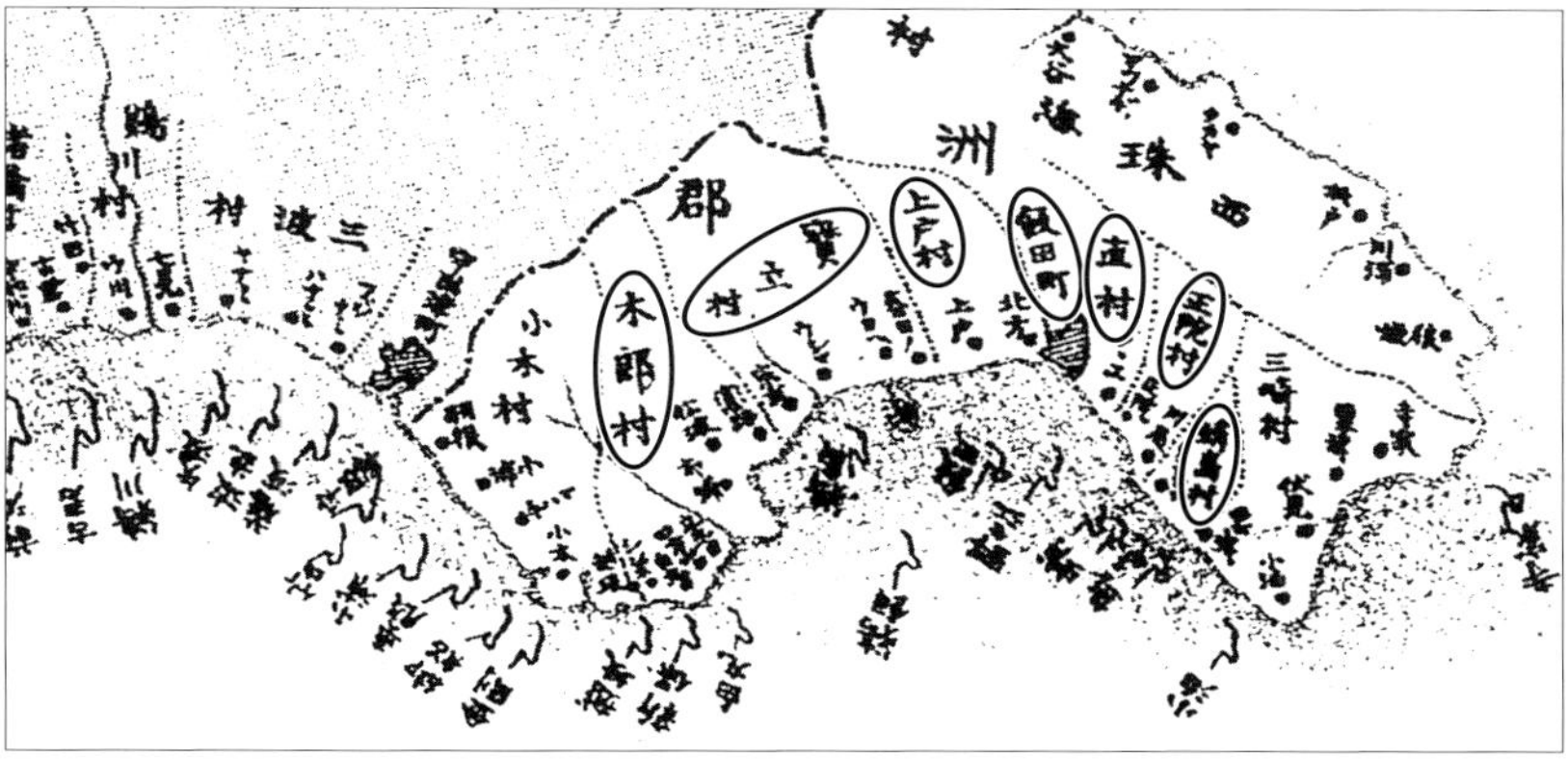

「石川県管内海岸図」（『案内記』石川県水産組合連合会・明治44年刊）
捕鯨船を訴えた珠洲郡沿岸「三十余字」は、線で囲んだ村の浦々。

本海でも、この捕鯨のために莫大なる損失を漁業に与えたというので、岩瀬の有志は檄を飛ばして、日本海の捕鯨に反対の運動を試みるそうだ。」

高岡新報も同じ四月二十二日、社説「富山湾に水産調査所設置の急務」を掲げて、明日から始まる富山県水産大会の議事に「氷見郡沿海町村水産組合」提出の「鰤および鰮不漁の原因の調査」と「富山湾内においての捕鯨業は定置漁業に妨害あるものと認むその善後策」の二題をとりあげ、富山湾に国費をもって水産調査所の設置をその筋に請願しようという氷見郡の説に賛成している。

富山湾の沿海では「岩瀬」と「氷見」がまず捕鯨業に反対を唱え始めたようであるが、能登ではもっと早い三月十二日、反対の声が出ている。北國新聞が載せた次の短信が第一報と思われる。

「珠洲郡の内浦なる鉢崎村より木郎村に至る沿岸三十余字の漁民は、東洋捕鯨株式会社の同地方における捕鯨業をもって、他の一般漁業を妨害し漁民生計の途を奪うものなりとし、漁民総代三十余名の連署をもってこれが禁止方を農商務大臣および石川県知事に歎願したるにつき、知事は果たしてさる事実あるや否を実地調査せしめたる上、相当の処置をなすこととし、門脇水産技師に出張を命じたり。同技師は多分本日発にて同地方に赴き調査に従うはず」

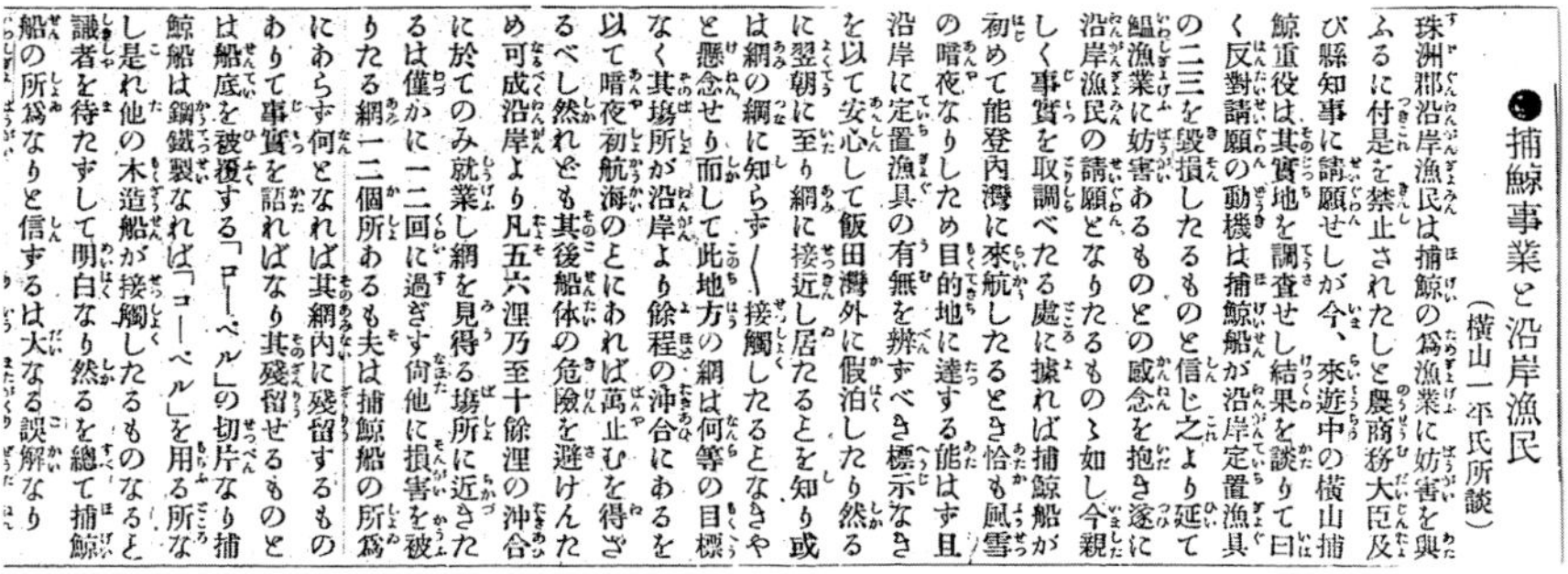

●捕鯨事業と沿岸漁民（横山一平氏所談）

珠洲郡《すずぐん》沿岸漁民《えんがんぎよみん》は捕鯨《ほげい》の為《ため》漁業《ぎよげふ》に妨害《ばうがい》を與《あた》ふるに付是《つきこれ》を禁止《きんし》されたしと農商務大臣《のうしやうむだいじん》及《およ》び縣知事に請願《せいぐわん》せしが今《いま》、來遊中《らいいうちう》の横山捕鯨重役は其實地《そのじつち》を調査《てうさ》せし結果《けつくわ》を談《かた》りて曰《いは》く反對請願《はんたいせいぐわん》の動機《どうき》は捕鯨船《ほげいせん》が沿岸定置漁具《えんがんていちぎよぐ》の二三を毀損《きそん》したるものと信《しん》じ之《これ》より延《ひい》て鰮漁業《いわしぎよげふ》に妨害《ばうがい》あるものとの觀念《かんねん》を抱《いだ》き遂《つひ》に沿岸漁民《えんがんぎよみん》の請願《せいぐわん》となりたるものゝ如し今親《いましたし》く事實《じじつ》を取調《とりしら》べたる處《ところ》に據《よ》れば捕鯨船が初《はじ》めて能登内灣に來航《らいかう》したるとき恰《あたか》も風雪《ふうせつ》の暗夜《あんや》なりしため目的地《もくてきち》に達《たつ》する能《あた》はず且《かつ》沿岸に定置漁具《ていちぎよぐ》の有無《うむ》を辨《べん》ずべき標示《へうじ》なきを以て安心《あんしん》して飯田灣外に假泊《かはく》したり然《しか》るに翌朝《よくてう》に至《いた》り網《あみ》に接近《せつきん》し居《ゐ》たることを知《し》り或《あるひ》は網《あみ》の綱《つな》に知《し》らず〳〵接觸《せつしよく》したることなきやと懸念《けねん》せり而《しか》して此地方《このちはう》の網は何等《なんら》の目標《もくへう》なく其場所《そのばしよ》が沿岸《えんがん》より餘程《よほど》の沖合《おきあひ》にあるを以て暗夜《あんや》初航海《しよかうかい》のことにあれば萬止《ばんや》むを得《え》ざるべし然《しか》れども其後《そのご》船体《せんたい》の危險《きけん》を避《さ》けんため可成《なるべく》沿岸《えんがん》より凡《およそ》五六浬乃至十餘浬の沖合《おきあひ》に於てのみ就業《しうげふ》し網を見得《みう》る場所《ばしよ》に近《ちか》づきたるは僅《わづ》かに一二回に過《す》ぎず尚《なほ》他に損害《そんがい》を被《かうふ》りたる網《あみ》一二個所《かしよ》あるも夫《そ》は捕鯨船の所為《しよゐ》にあらず何《なん》となれば其網内《そのあみない》に殘留《ざんりう》するものありて事實《じじつ》を語《かた》ればなり其殘留《そのざんりう》せるものとは船底《せんてい》を被覆《ひふく》する「コーペル」の切片《せつぺん》なり捕鯨船は鋼鐵製《かうてつせい》なれば「コーペル」を用《もち》ゐる所《ところ》なし是《これ》他の木造船《もくざうせん》が接觸《せつしよく》したるものなること識者《しきしや》を待《ま》たずして明白《めいはく》なり然《しか》るを總《すべ》て捕鯨《ほげい》船《せん》の所為《しよゐ》なりと信《しん》ずるは大《だい》なる誤解《ごかい》なり

「コーペル」は真鍮（銅と亜鉛の合金）のことらしい。北國新聞・明治43年３月28日

三月二十五日の続報では、調査を終えた技師が、気候・風向・潮流の変化、鰯・鯨・海豚・鱶・浜鳥・鴎など海中海上の動物との関係を宇出津の水産講習所とともに調べたが、不漁の原因が捕鯨のためか否かは軽々に断じられないと答えている。現地を訪れ、調査した東洋捕鯨会社の横山一平常務取締役は、三日後の二十八日付で「反対請願の動機は、捕鯨船が沿岸定置漁具の二三を毀損したるものと信じ、これより延いて鰮漁業に妨害あるものとの観念を抱」いたようだとし、次のように釈明している。

「…捕鯨船が初めて能登内湾に来航したるとき、あたかも風雪の暗夜なりしため目的地に達するあたわず、且つ沿岸に定置漁具の有無を弁ずべき標示なきをもって安心して飯田湾外に仮泊したり。しかるに翌朝に至り網に接近し居たることを知り、あるいは網の綱に知らず知らず接触したることなきやと懸念せり。（中略）なるべく沿岸よりおよそ五六浬ないし十余浬の沖合においてのみ就業し、網を見得る場所に近づきたるは僅かに一二回に過ぎず、なお他に損害を被りたる網一二ヶ所あるも、そは捕鯨船の所為にあらず。何となればその網内に残留するものありて事実を語ればなり。その残留せるものとは船底を被覆する「コーペル」の切片なり。捕鯨船は鋼鉄製なればコーペルを用いる所なし。…」

捕鯨船が定置網に触れ破損させたという疑惑は否定し、捕鯨がイワシ漁を妨げ

石川縣水産試驗場

鳳至郡宇出津町に在り明治三十七年石川縣水産講習所を廢して本場を起せり縣下水産の漁撈・製造・養殖等に關して試驗事業を爲せり

（『案内記』石川県水産組合連合会・明治44年刊より）

※　缶詰・肥料業の発展や築港のてがかりを得ようとする勢力が漁業組合理事と官憲の力を借りて捕鯨事務所の誘致を強引に進めていたため、十一月一日早朝、湊村役場裏に集まった漁民たちが、警官の制止をきかず事務所に乱入、放火。誘致派幹部数人の自宅と派出所を破壊した。

るという苦情に対しては僅かな日数の研究で因果関係を割り出せるものではない、この場合は実例をもって推測するほかなく、我が社が捕鯨を開始してイワシが獲れなくなった地方はないとして、次のように言う。

「鯨を恵比寿と唱えたる時代はすでに過去に属す。もし捕鯨が珠洲漁民の言うごとく他の漁業を蹂躙し地方の生産を奪うものならば、如何これ十数年間捕鯨を継続し如何にして今日の盛況を見んや」

大企業の理屈である。イワシの不漁と捕鯨との関係を短期間に科学的な証明をすることは難しいことで、それを見込んで地元と協調している実例を持ち出す。しかし、同社が二十カ所の根拠地すべてで地元漁民とうまく協調できているわけではなく、この一年後、青森県三戸郡湊村（現八戸市湊町）の漁民千百人余が鮫村にあった同社事業所を襲い、焼き討ちするという大事件が起こっている。※

県水産技師の調査をもとに石川県知事が大臣に報告、大臣は国の調査官を派遣してその報告を待つ中、意外な成り行きとなる。二か月後の五月十七日、次のような記事が北國新聞に出る。

「東洋捕鯨会社宇出津根拠地は本月十日をもって期間終了し、捕鯨を中止するの止むを得ざるに至りし（中略）根拠地の継続願を怠りたる会社の落ち度なるを

●捕鯨事業の内情

能登《のと》に於ける捕鯨事業《ほげいじげふ》は昨年會社《さくねんくわいしや》が一時試《じし》驗的《けんてき》に行はんが為本年五月を一期限として出願せし者《もの》にして其事業《そのじげふ》の成績如何《せいせきいかん》に據《よ》り更《さら》に繼續出願せんとする内意《ないい》なりき然《しか》るに昨今該期限《さくこんがいきげん》の到達《たうたつ》せしと共《とも》に沿岸漁民《えんがんぎよみん》は繼續認可を妨害《ばうがい》し反對運動《はんたいうんどう》を試みつゝあるが縣當局者《けんたうきよくしや》は一應調査《おうてうさ》の上主務省《うへしゆむしやう》に對して意見《けん》を添《そ》へんとし岩崎技手を派《は》して取調《とりしらべ》を遂《と》げしめ同技手《ぎしゆ》は一昨日歸廳復命《さくじつきちやうふくめい》に及《およ》びたれば追《おつ》て主務省《しゆむしやう》に添申《てんしん》する處あるべし漁民《ぎよみん》が反對《はんたい》の口實《こうじつ》は捕鯨《ほげい》の為鮪漁《ためしびぎよ》に妨害《ばうがい》を來《き》たし魚道《ぎよだう》を絶《た》つと及び鯨の血液及《けつえきおよ》び汚物《をぶつ》が海上《かいじやう》に流出《りうしゆつ》せらるゝが故脆弱《ゆゑぜいじやく》なる魚類《ぎよるゐ》は死せりと言ふにあるも捕鯨《ほげい》の為に鮪漁《しびぎよ》に故障《こしやう》を與《あた》へざるとは組合《くみあひ》に在《あ》りても既《すで》に證明《しようめい》せる處にして近年《きんねん》鹽釜附近に於て日々《にちく》七八尾《び》の鯨を捕ふるも更《さら》に害《がい》なく却《かへつ》て昨年《さくねん》の如きは大《たい》漁《ぎよ》を見《み》たり汚物放流《をぶつはうりう》の為魚類《ためぎよるゐ》の死《し》せる事實は認《みと》むるを得《え》ず漁夫《ぎよふ》は豊漁《ほうぎよ》の際河豚《さいふぐ》の如き價値なき魚類《ぎよるゐ》を放棄《はうき》せるより此誤想《このごさう》を來《き》たせる者《もの》にして決《けつ》して漁民《ぎよみん》が叫《さけ》ぶ如く妨害《ばうがい》を見《み》るとなし會社は漁民《ぎよみん》に妨害を與《あた》へても強《し》ひて是《これ》を為《な》さゞるべからざる理由なきも捕鯨《ほげい》事業《じげふ》の為《ため》に能奥地方が如何《いか》に潤《うるほ》ひつゝあるかは事實《じじつ》の證明《しようめい》する處にして現《げん》に日々《にちく》二百餘名の人夫《にんぷ》を使役《しえき》し消耗品《せうまうひん》の需用《じゆよう》及び大阪商人等の入込《いりこ》むが為旅館料理店《りよくわんれうりてん》の如き最《もつと》も繁昌《はんじやう》を呈しつゝあるに今、區々《くゝ》たる事情の為に是《これ》を排《はい》せんとするは甚《はなは》だ惜《をし》むべし農商務省《のうしやうむしやう》は既《すで》に一たび許可《きよか》せしことにあれば無論《むろん》繼續《けいぞく》を許可すべく何《いづ》れ遠《とほ》からず指令《しれい》を見《み》るな

北國新聞・明治43年５月20日

もって目下かく事業を中止し、慎重に継続の許可を待ち居れども…」

宇出津を根拠地とする許可は今冬から春五月十日まで短期のものだったが、ここまでに「三十五頭」を捕獲したといい、もちろん継続のつもりで、ルポにあったように事務所や解体施設などを建築中であった。うっかりミスなのであろう。すぐ継続願を出し、農商務省からいい返事の出るのを待とうとする。三日後の五月二十日の北國新聞は、珠洲漁民の反対理由を「捕鯨のため鮪漁に妨害を来し魚道を絶つこと、鯨の血液および汚物が海上に流出せらるるが故、脆弱なる魚類は死せりというにある」と出し、鮪漁に妨害をなさないことは漁業組合が認めている、血液や汚物云々も誤解である、と捕鯨支持の論調である。捕鯨事業のため能奥地方がいかに潤っているか、日々二百余名の人夫を使役し消耗品の需要、大阪商人らの入り込みのため旅館・料理店が繁盛している現状を捨てるのはあまりに惜しい、捕鯨中止の現在、無為徒食の船乗組員五十四名、解剖夫六十三名、合計百二十一名の賃金で一日三百円の損害としている。

高岡新報の井上は、五月二十四日の社説で捕鯨業必要論を保持しながらも「捕鯨のごとき漁業は、その性質より見るも、港湾以外の海上において行なうを至当とし、越中湾内に入りて鯨族を駆逐するは甚だ異様の感あらしむ」と、沿岸漁業への配慮を見せている。富山日報は同日、県水産大会の議事を詳しく報道、捕鯨妨害を訴える氷見郡沿海町村連合の広瀬氏の弁を伝えている。

浜田長次郎（1865～1933）魚津市経田村の初代村長で、県会議員を三期つとめた。発動機船の利用や樺太・朝鮮沿海の漁場開拓に功績を遺した。

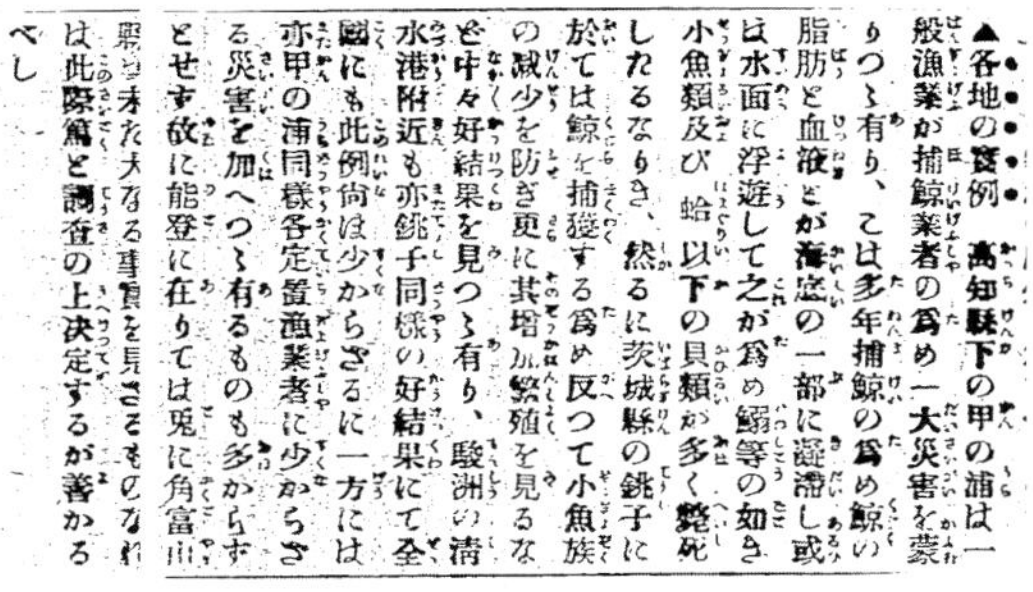

▲各地の實例　高知縣下の甲の浦は一般漁業が捕鯨業者の爲め一大災害を蒙りつゝ有り、こは多年捕鯨の爲め鯨の脂肪と血液とが海底の一部に凝滯し或は水面に浮遊して之が爲め鰯等の如き小魚類及び蛤以下の貝類が多く斃死したるなりき、然るに茨城縣の銚子に於ては鯨を捕獲する爲め反つて小魚族の減少を防ぎ更に其増加繁殖を見るなど中々好結果を見つゝ有り、駿洲の清水港附近も亦銚子同様の好結果にて全國にも此例尚は少からざるに一方には亦甲の浦同様各定置漁業者に少からざる災害を加へつゝ有るものも多からずとせず故に能登に在りては兎に角富山縣は未だ大なる事實を見ざるものなれは此際篤と調査の上決定するが善かるべし

北陸タイムス・明治43年5月25日「置定漁と捕鯨」の末尾

「鯨は遠海の魚族を湾内に駆込みてもって定置漁業者に天然の便を与うるものなり。しかるにこの鯨を捕獲し且つ富山湾内にまでその区域を拡張せんとする会社の行動は、本県の漁業には不利なるをもって、これが禁止を農商務省へ申請せんとす」

富山県水産組合連合会長の浜田長次郎氏は大日本捕鯨会社役員の田村惟昌氏の実弟で、この議事決議を延期したいと述べたが、大方は捕鯨妨害を認め、止める方法については連合会に一任したらしく、原案は可決されたと伝えている。

北陸タイムスは五月二十五日、定置漁と捕鯨の関係について、来県している農商務省の田浦技師の所見をたずね、報じている。技師はいまだ決め難いけれど、何らかの処分はしなければといい、賛否両論の根拠を述べるにとどめている。

「高知県下の甲浦では多年捕鯨のため鯨の脂肪と血液とが海底の一部に凝滞し、あるいは水面に浮遊してこれがため鰯などのごとき小魚類および蛤以下の貝類が多く斃死したるなりき。しかるに茨城県の銚子においては鯨を捕獲するため反って小魚族の減少を防ぎ、さらにその増加繁殖を見るなど、なかなか好結果を見つつあり。駿州の清水港付近もまた銚子同様の好結果にて、（中略）能登に在りてはとにかく、富山県は未だ大なる事実を見ざるものなれば、この際、篤と調査の上、決定するがよかるべし」

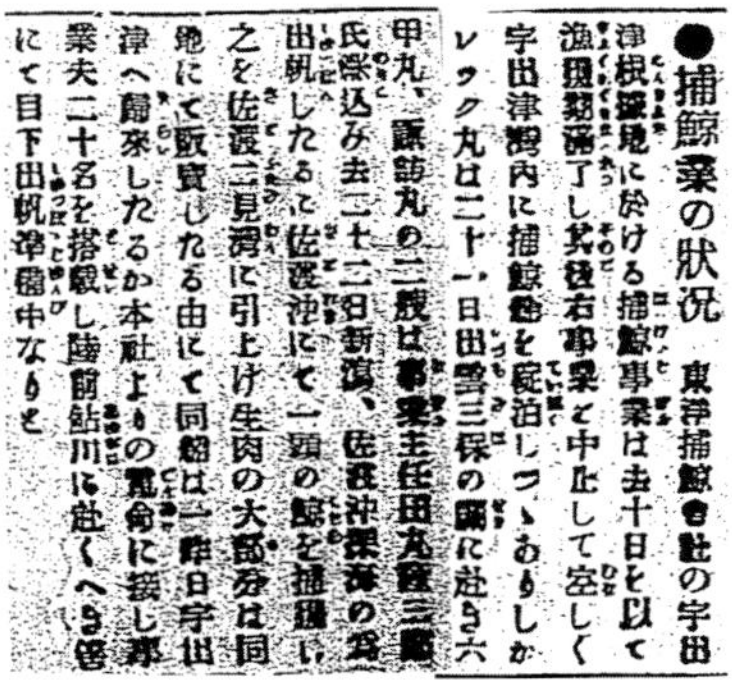

●捕鯨業の状況　東洋捕鯨會社の宇出津根拠地に於ける捕鯨事業は去十日を以て漁期満了し其後右事業を中止して空しく宇出津湾内に捕鯨船を碇泊しつゝありしがレツク丸は二十一日出雲三保の關に赴き六甲丸、諏訪丸の二艘は事業主任田丸三氏乗込み去二十二日新潟、佐渡沖探海の為出帆したるが佐渡沖にて一頭の鯨を捕獲し之を佐渡二見湾に引上げ生肉の大部分は同地にて販賣したる由にて同船は一昨日宇出津へ歸來したるが本社よりの電命に接し事業夫二十名を搭載し陸前鮎川に赴くべき筈にて目下出帆準備中なりと

北陸政報・明治43年５月28日

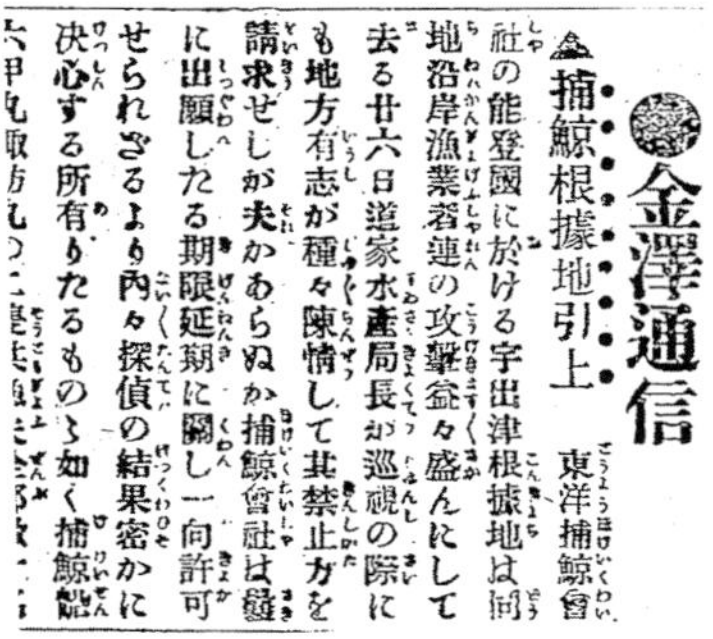

金澤通信

▲捕鯨根據地引上　東洋捕鯨會社の能登國に於ける宇出津根據地は同地沿岸漁業者連の攻撃益々盛んにして去る廿六日道家水産局長が巡視の際にも地方有志が種々陳情して其禁止方を請求せしが夫かあらぬか捕鯨會社は曩に出願したる期限延期に關し一向許可せられざるより内々探偵の結果密かに決心する所有りたるものゝ如く捕鯨船

北陸タイムス・明治43年５月29日

五月二十七日、北國新聞は「捕鯨船全部引揚ぐ」と題して短信を載せる。

「…捕鯨船レックス丸は本月二十一日抜錨、出雲の国三保関に航行し去り、六甲丸・諏訪丸の二艘は同二十二日出帆、新潟・佐渡の沖合探海中二十三日佐渡沖にて一頭の鯨を捕獲し、佐渡二見湾に引揚げこれを解剖して二十五日、宇出津に帰港したるが、これに先立ちて二十四日、同社より電命達しおりし趣にて、二船は事業夫二十名を搭載して宇出津を引揚げ、陸前鮎川に赴くべく目下準備中」

東洋捕鯨会社は宇出津根拠地の継続を断念したようである。北陸タイムスがその間の事情を五月二十九日に伝えている。

「…沿岸漁業者連の攻撃ますます盛んにして去る二十六日、道家水産局長が巡視の際にも地方有志が種々陳情してその禁止方を請求せし」「（会社主任の言）漁場としては能州沖もすこぶる有望なれど、佐渡はさらに有望にして殊に相川町民は町の発展上盛んに歓迎するものありと」

東洋捕鯨会社は未練を残しつつ去ったと分かるが、農商務省も能登沖のそれには未練たっぷりのようで、二か月ほどたった八月十一日、北陸タイムスは同省技師が能登沖捕鯨の調査を開始したと伝える。そしてその翌十二日、富山日報が富

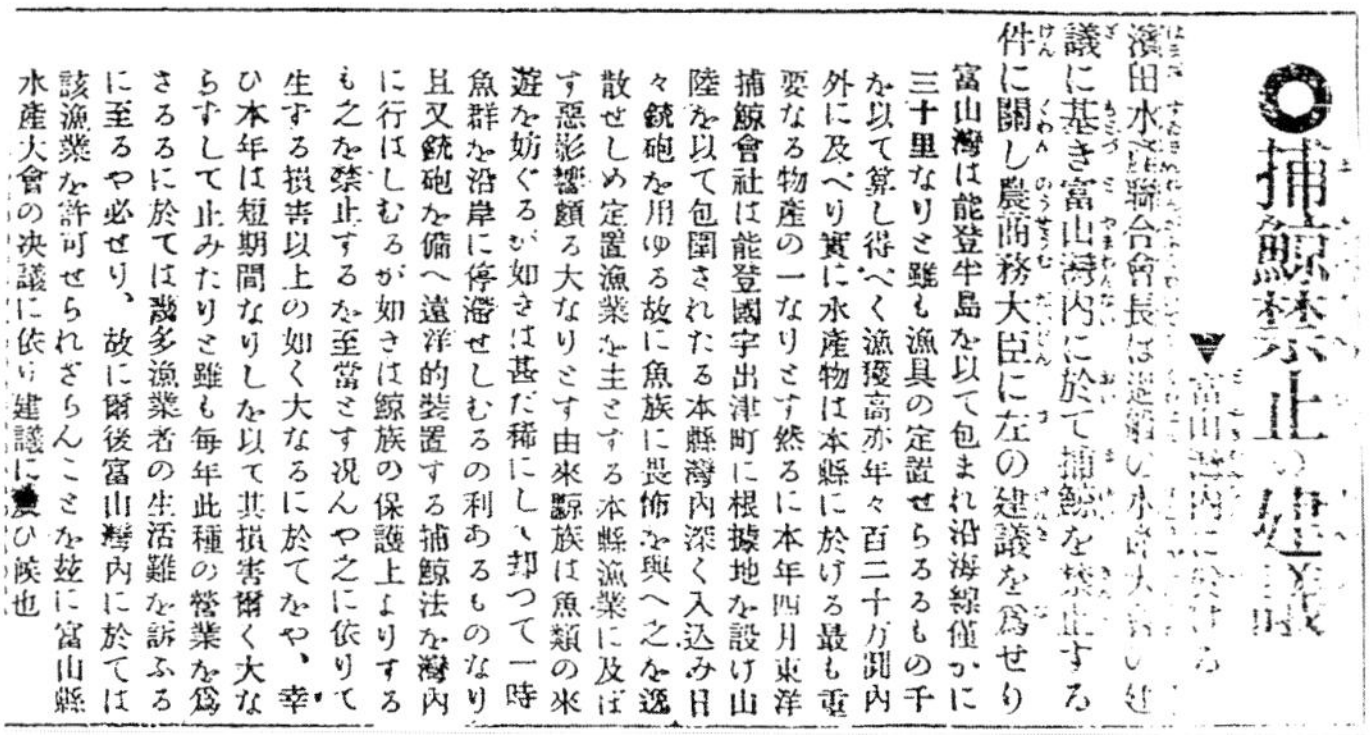

○捕鯨禁止の建議

▼富山湾内に於ける

濱田水産聯合會長は過般[illegible]議に基き富山灣内に於て捕鯨を禁止する件に關し農商務大臣に左の建議を爲せり

富山灣は能登半島を以て包まれ沿海線僅かに三十里なりと雖も漁具の定置せらるるもの千を以て算し得べく漁獲高亦年々百二十万圓内外に及べり實に水產物は本縣に於ける最も重要なる物產の一なりとす然るに本年四月東洋捕鯨會社は能登國宇出津町に根據地を設け山陸を以て包圍されたる本縣灣內深く入込み日々銃砲を用ゆる故に魚族に畏怖を與へ之を逸散せしめ定置漁業を主とする本縣漁業に及ぼす惡影響頗る大なりとす由來鯨族は魚類の來遊を妨ぐるが如きは甚だ稀にして却つて一時魚群を沿岸に停滯せしむるの利あるものなり且又銃砲を備へ遠洋的裝置する捕鯨法を灣內に行はしむるが如きは鯨族の保護上よりするも之を禁止するを至當とす況んや之に依りて生ずる損害以上の如く大なるに於てをや、幸ひ本年は短期間なりしを以て其損害稍く大ならずして止みたりと雖も毎年此種の營業を爲さるるに於ては幾多漁業者の生活難を訴ふるに至るや必せり、故に爾後富山灣內に於ては該漁業を許可せられざらんことを茲に富山縣水產大會の決議に依り建議に及ひ候也

富山日報・明治43年８月12日

山湾内の捕鯨禁止を水産連合会が農商務省に建議すると報じた。

「富山湾は能登半島をもって包まれ、沿海線わずかに三十里なりといえども、漁具の定置せらるるもの千をもって算し得べく、漁獲高また年々百二十万円内外に及べり。実に水産物は本県における最も重要なる物産の一なりとす。しかるに本年四月、東洋捕鯨会社は能登国宇出津町に根拠地を設け、山陸をもって包囲されたる本県湾内深く入込み、日々鉄砲を用ゆる故に魚族に畏怖を与え、これを逸散せしめ、定置漁業に及ぼす悪影響すこぶる大なりとす。由来鯨族は魚類の来游を妨ぐるがごときは甚だ稀にして、却って一時魚群を沿岸に停滞せしむるの利あるものなり。且つまた、鉄砲を備え遠洋的装置する捕鯨法を湾内に行なわしむるがごときは、鯨族の保護上よりするもこれを禁止するを至当とす。いわんやこれによりて生ずる損害、以上のごとく大なるにおいてをや。幸い本年は短期間なりしをもってその損害しかく大ならずして止みたりといえども、毎年この種の営業を為さるるにおいては、幾多漁業者の生活難を訴うるに至るや必せり。故に爾後、富山湾内においては該漁業を許可せられざらんことを、ここに富山県水産大会の決議により建議に及び候」

高岡新報はこれを受けて八月十三日、富山湾の水産調査をしないで言う捕鯨禁止論を退ける慎重論を述べ、二か月後の十月十五日、「富山湾の捕鯨」と題して禁止論を厳しくとがめている。

「…捕鯨は他の漁業を妨ぐるものにあらざればなり。富山湾一円の捕鯨を禁じ、且つ夏季の漁業を全廃というごときは如何なる見地より立論するや。あえてどれだけの故障を生ずるかの事実を確かめざる間において、かくのごときことを云う得べくんば、一の事業は常に他の事業を拒み得ることとなるべし。…捕鯨が少数の定置漁業に妨害あるがごとく誤想し捕鯨業の制限を云々するは、あるいは偏見にはあらざるが、予はかえって定置その他の漁業に何らの妨害を与えずして両々相並馳し、共に十分の発展開拓をなし得べしと信ずるものなり」※

※ この社説の半年後、明治四十四年二月十四日の同紙・高岡新報は「鯨は居るですナー越中湾は鯨族の巣窟」という見出しで、富山県技師が氷見に出張、伏木で一宿の折、遇会した東洋捕鯨の社員が「越中湾は実に鯨が多いですなァ。今回入湾の際も多数の鯨に出会いました」と大いに嘱望措かざる体であること、技手も「越中湾のごとく海底深きは珍しく、したがって鯨族はもちろん巨大なる魚族に富むこと他に比類を認めずとて沖合漁業の起こらざるべからざる理由を説」いたことを伝えている。

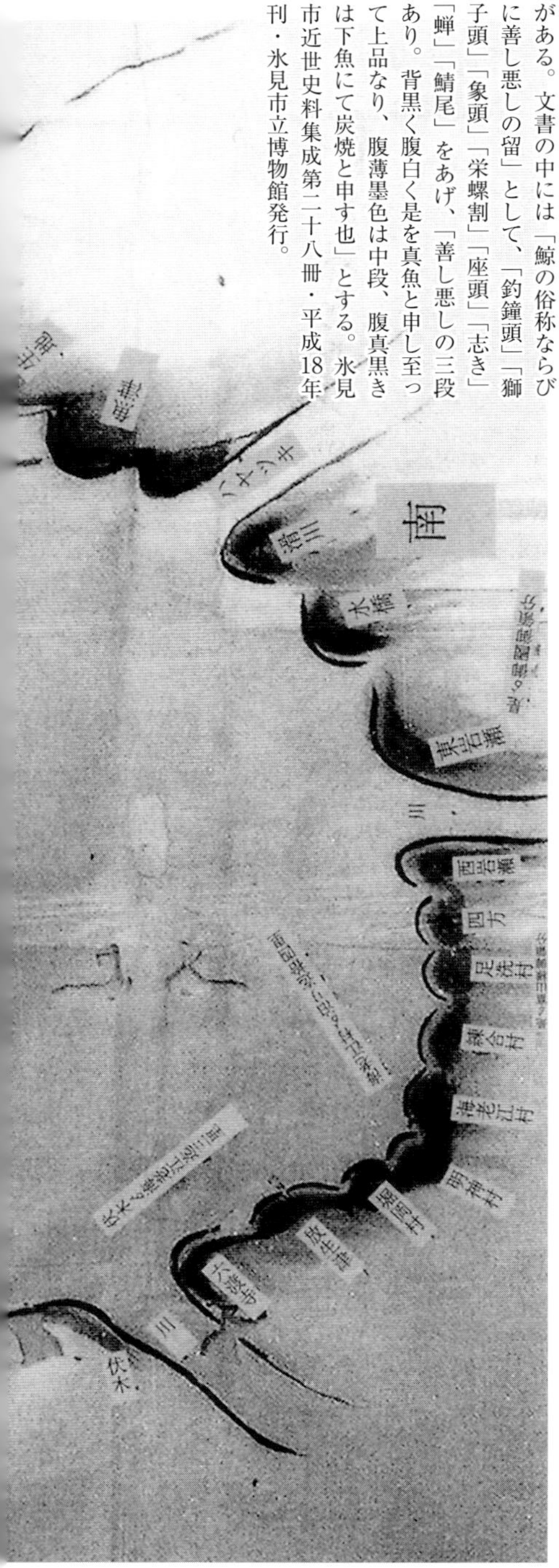

「富山湾沿岸見取絵図」＝中村屋文書その五より。富山湾極東の宮崎から能登半島突端の三崎まで「十八里」と書き込みがある。文書の中には「鯨の俗称ならびに善し悪しの留」として、「釣鐘頭」「獅子頭」「象頭」「栄螺割」「座頭」「志き」「蝉」「鯖尾」をあげ、「善し悪しの三段あり。背黒く腹白く是を真魚と申し至って上品なり、腹薄墨色は中段、腹真黒きは下魚にて炭焼と申す也」とする。氷見市近世史料集成第二十八冊・平成18年刊・氷見市立博物館発行。

三崎
ムツカ崎
鵜飼村
正院村
飯田村
小木村
北
宇出津
甲村
宮崎ゟ三崎迄十八里
所口ゟ中居迄海上八里
氷見

◎大鯨を生捕る

▼新湊沖の壯觀

新湊漁業株式會社所有大神樂の漁船は二十四日午前十時頃沖合にて出漁中二人の漁夫が鯨だ〳〵と聲高く叫呼したので乘組員は時ならぬ獲物と俄かに元氣付き忽ち捕獲の準備をなしたるが一頭の大鯨は汐を吹き眞向に網を見掛て突進し來るを幸に漁夫等一層勇氣を皷し手早く網にて取卷たり

▲長さ四十尺　一方直ちに會社へ捕鯨の急報を傳えたれば忽ち數艘の捕鯨船を艤し豫て用意の捕鯨網を取出し船歌勇ましく漕ぎ出でたりしが漸く黃昏頃内川に引揚げ來りしを見れば三四十尺の大鯨も全く息絶えて水面に横たはる狀雄々しくて無慘なり其時一人の荒武者は出齒庖丁を逆手に握りグザツトばかりに腸を斷ちしに溢れ出る血潮は一面唐紅の波と化したる壯觀に見物人山を成し一時は非常の雜踏を極めたるが此の價格約六百餘圓

富山日報・明治43年12月26日

水産連合会の建議に対して農商務省から回答が出たのか、「夏季の漁業を全廃」と、建議にはなかった情報が入っており、連合会が独自の取り決めを行なったように見える。他紙をふくめて前後半年ほどの報道には見つからないが、正論の高岡新報・井上江花の捕鯨支持論は見返られることなく、富山湾内の捕鯨禁止は関係者の申し合わせになったと考えられる。もちろん、大敷網に入ったものの捕鯨は別である。

この年の暮れ、十二月二十六日の富山日報に「大鯨を生捕る」という記事が出ている。台網内捕鯨の伝統は続いていることが確かめられる。

「新湊漁業株式会社所有大神楽の漁船は二十四日午前十時頃、沖合にて出漁中、一人の漁夫が鯨だ鯨だと声高く叫呼したので、乗組員は時ならぬ獲物と俄かに元気づき、忽ち捕獲の準備をなしたるが、一頭の大鯨は汐を吹き真向に網を見掛けて突進し来るを幸いに、漁夫ら一層勇気を鼓し手早く網にて取巻たり。一方、直ちに会社へ捕鯨の急報を伝えたれば、忽ち数艘の捕鯨船を艤し、予て用意の捕鯨網を取出し、船歌勇ましく漕ぎ出でたりしが、漸く黄昏頃内川に引揚げ来りしを見れば、三四十尺の大鯨も全く息絶えて水面に横たわる状、雄々しくて無惨なり。その時一人の荒武者は出刃包丁を逆手に握り、グサッとばかりに腸を絶ちしに、溢れ出る血潮は一面唐紅の波と化したる壮観に、見物人山を成し、一時は非常の雑踏を極めたるが、この価格約六百余円。」

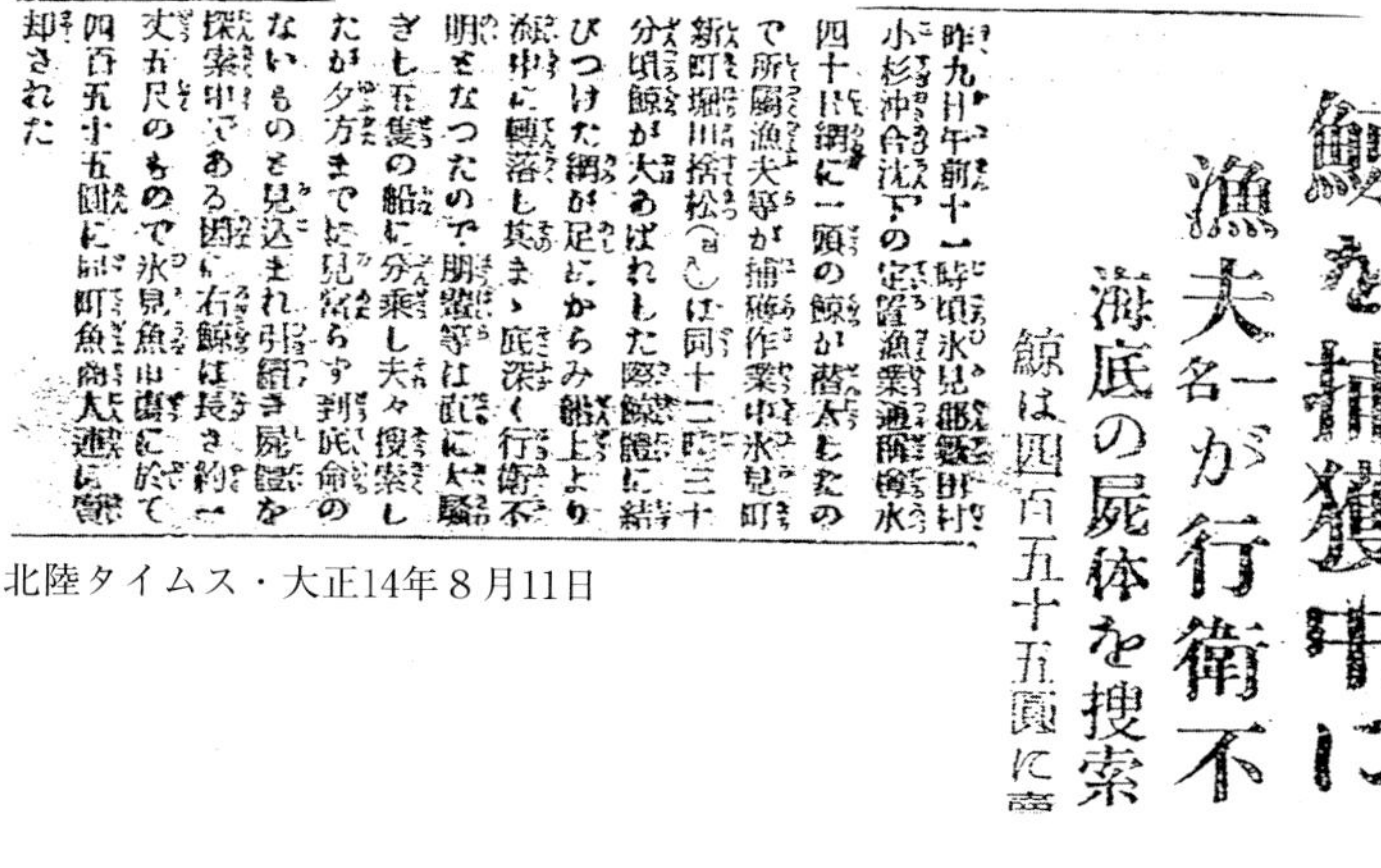

鯨を捕獲中に
漁夫一名が行衛不明
海底の屍体を捜索
鯨は四百五十五圓に賣

昨九日午前十一時頃氷見郡藪田村小杉沖合沈下の定置漁業通稱権水四十目網に一頭の鯨が潜入したので所屬漁夫等が捕獲作業中氷見町新町堀川捨松（[illegible]）は同十二時三十分頃鯨が大あばれした際鯨體に結びつけた網が足にからみ船上より海中に轉落し其まゝ底深く行衛不明となつたので朋輩等は直に大騒ぎし五隻の船に分乗し夫々捜索したが夕方まで発見されず到底命のないものと見込まれ引續き屍體を探索中である因に右鯨は長さ約一丈五尺のもので氷見魚市場に於て四百五十五圓にて同町魚商大[illegible]に賣却された

北陸タイムス・大正14年８月11日

鯨が網を目がけて突進する、漁夫らはそれでもって鯨を取り巻いたというから台網に鯨が入り込んだと分かる。知らせを受けた浜では別船を仕立て、かねて用意の捕鯨網を積んで漕ぎ付けた—。台網内の捕鯨に必要なのは「敷網」で、網のほか胴の木など一式を積み込んで《数艘の捕鯨船を艤す》と表現するのだろう。午前十時過ぎから黄昏まで六時間もの伝統戦であった。

明治末期だけでなく、大正十四年（一九二五）でもなお漁夫たちは旧来の用具を備え、技法を保持しているようだ。北陸タイムスの「漁夫一名が行方不明」と見出しの記事に、氷見郡藪田沖合の定置網に鯨が入り、捕獲にかかった漁夫が「鯨体に結びつけた網が足にからみ船上より海中に転落し、そのまま底深く行方不明」とある。鯨網に押し包んだ鯨を枠曳していたと推察される。

これ以降、筆者は捕鯨の新聞史料を見ていないが、おそらく悉皆調査すれば見つかるだろう。湾内捕鯨禁止が決議され、ノルウェー式捕鯨船は宇出津基地を撤退したので、来鯨はひきつづき湾内にあり、伝統の持双技法は保持されたと思われるからである。魚津浦のように早くにそれを手放したところもあるが、定置網の密度の濃い放生津浦や氷見浦などは第二次大戦後もクレーン船が出現するまでそれは維持されたようである。

ただ、来鯨の頻度は少しずつ落ちていったであろう。日露戦や韓日併合などにより鯨影の濃い朝鮮・台湾の沿海を独占した東洋捕鯨会社が大量捕獲していくので、索餌場の北極海と出産場の東シナ海を往復する鯨は、その回遊数を大きく減

※　富山県射水市海老江練合の神明宮に奉納の捕鯨絵馬の部分。

少させていったはずだから。湾内捕鯨禁止から二十年たった昭和初期、越ノ潟東岸の「堀岡八景」を詠んだ艸方（池田信二）の一景に次の句がある。

　　鰯舟はるか汐ふく大鯨

イワシ群を沿岸に追い込む大鯨、たかり状態のそれに懸命に網漁をしかける鰯舟。雄大な富山湾の光景を見事に描く句である。この当時、潮吹く鯨がまだ沿岸から見られたとうかがえるが、昭和十（一九三五）年には、海老江神明宮に奉納された絵馬は縄で縛って曳く鯨を描くようになる、つまり、天鍵など伝統技に必要な道具類が失われていると推測されるもので、それほど来鯨がないことを示すと受け止めていいのだろう。潮吹く姿を沿岸から見られなくなった、伝統的な台網捕鯨がほとんど行なわれなくなるという意味で、富山湾岸の人々が鯨と別れを告げたのは昭和十年前後ということになるのだろうか。そうすれば加賀沿海の別れはもっと早く、鯨影がめっきり薄くなった明治末期になるだろうか。

もちろん、鯨肉の供給はつづくので土用の鯨食習慣のような文化は保持されるが、ノルウェー式捕鯨によって一方的に供給される、地域の漁人たちとまみえることのない、贈答を通して地域民衆と深く交わることのない鯨肉なので、戦時にしばらく途絶えた後では復活するところは限られ、多くはウナギのかば焼きに代わっていったと考えられる。それでも、氷見地方など地域を限り鯨食は正月の鯨

海軍を以て鯨を退治す可し　居士氏

時事新報記者ハ内政稍く已に整頓したるを以て大に富士の巻狩りを催ふし以て大和魂を鼓舞し國威を外に輝さんとを主張せり是に於て乎基督新聞ハ評して以て随分氣楽な社説なりと云ひ朝野新聞ハ西洋風よて戰爭の眞似形をなすハ甚た殺風景なるを以て赤地の直垂に緋威の鎧に金銀を鏤めたるを草摺長に着成し虎の皮の尻鞘かけたる黄金造の太刀を太刀懸に結ぶ等總て日本古代の軍装をなして之を催ふす可しなど云へり而して居士ハ無類飛切の慷慨家否な好事家なるを以て第一番に時事新報に起立賛成し且つ富士の巻狩りと同時に海軍を以て鯨狩りを催ふさんと欲するなり夫れ四角張て惟みれバ我國ハ四方環海の一孤島なるに係はらぬ海軍の振はざるハ豈に不安心の至ならずや況んや本日の雑報に掲載する如く北海の巨鯨大擧して來り出没跋扈して暴威を逞ふし鯛の様な弱きものを丼呑して得意然たるハ實に切歯立腹の至りに堪へざるなり是の時に當り北海艦隊を揃へ大礮一聲齊しく進んで怒濤を蹴り巨鯨を追詰め其本陣に突入し水雷火を以て之を征伐する時ハ流石の巨鯨も大に閉口し夥しく潮水を吐き哮咆一聲討死せんと必せり果して然らば其軍氣を幇助し大和魂を鼓舞する決して富士の巻狩の比に非らず振はざるの海軍忽ち振ふて外人をして寒膽歛手せしむると鏡よ懸て明かなり時事新報記者以て如何となす

明治19年4月13日の中越新聞に載る投書

汁として生き永らえ、今も続くようである。

北陸海、専守防衛の漁人たち

最後に、ここまで触れてこなかった捕鯨と軍事の関係について。本書冒頭で明治十九（一八八六）年の「巨鯨の横行」という記事を紹介したが、その隣に「海軍を以て鯨を退治すべし」という投書が掲載されている。「我国は四方環海の一孤島なるに係らず、海軍の振わざるは豈に不安心の至り」、魚津浦で巨鯨の横行に閉口している様でもあり、「北海艦隊を揃え、大礮一声、斉しく進んで波濤を蹴り巨鯨を追い詰め」「水雷火をもって征伐」してみせれば、大和魂を鼓舞する、決して富士の巻き狩りの比ではないという。力点は海軍力をもっと高めるべしというところにあり、捕鯨はその訓練にふさわしいという意見である。

海軍と捕鯨組を同じ次元の組織とみる視線は古くからあったもので、たとえば土佐で多田氏ひきいる水軍は、戦国末期に長宗我部元親に招かれて大坂から土佐に来て沿岸海防の役を担ったのであるが、山内一豊へ国主が変わって食い扶持は自前でとなったらしく、一団二百名を養う手立てに苦慮して室戸・津呂の捕鯨に眼をつけ、始めたものという。

鯨を敵の船に見立てれば戦いの訓練になるので、水軍あるいは海賊とよばれる衆が捕鯨集団であった可能性は高い。越中と越後の境付近を海賊衆が襲っていた

富山県朝日町の宮崎城から望む「境・市振・玉木・宮崎」方面、越後に続く浜道は馬一騎が通るのがやっと、天然の要害である。

ことを示す史料があるが、彼らも能登沖から越後沖に回游する鯨を狩っていたのではないだろうか。中世史家の高岡徹氏が紹介されるその史料※は、元亀四年（一五七三）五月、上杉謙信が配下の武将に送った書状で「…海賊は椎名牢人いたす由候、左様にも候わば海賊の者共、無衆の由候、向後は船見え候て、境・市振・玉木・宮崎近辺のもの共に、槍用意候て、小旗をも相当に申つけ…」と、海賊の船が見えたら、槍を用意、小旗を並べ立て威嚇するなどの対応を命じている。海賊の正体は《椎名牢人》、この五年前に謙信により魚津の松倉城を追われた椎名康胤とその家臣たちと知れているが、戦国の敗者たちが海賊になって生き延びているといっていい例であろう。

　高岡氏は続いて、「能州鯨捕絵巻」が提出された文化九年（一八一二）の四年前、加賀藩が新川郡に指令した文化四年の対ロシア海防策史料を分析して、異国船を見受けたら森の中に旗を立て並べて「擬兵をなし」など、先の海賊史料とそっくりな対応策が見えると指摘されている。

　加賀藩は文化六年にロシア事情に通じて著名な経世家・本多利明を江戸から金沢に招き、情報収集をはかっているが、藩内殖産の増強を唱える彼の持論に触発されたか、捕鯨というテーマに目が向いたようだ。「能州鯨捕絵巻」を眺めながら前田直方の胸中には、捕鯨組を水軍にという先史に学ぶ意識が生じたことであろう。彼が急ぎ読んだ『鯨史稿』の著者・大槻清準のいる仙台藩では、文化八年、大肝入の大槻清臣が捕鯨業に着手する軍事的なメリットを説く上書をあげて

※　高岡徹「戦国期越中の海賊史料をめぐって―越中・越後国境地帯の戦国史」（『かんとりい』八号・一九八五年より）

江戸中期の春日城と今町（直江津）あたりの様子（「従加州金沢至江戸道中図」より）

いるという。捕鯨組を水軍に取りこむ藩はすでに寛政六年（一七九四）に出現している。紀州藩で、太地鯨組を統括する太地家を直支配におき、その鯨組を藩の海防体制の中に組み込んでいる。彼らの鯨船は幕末文久期、紀淡海峡警備の勅令が出た時、実際に加太の浦に派遣されている。

高岡氏のご指摘によれば上杉謙信も水軍を擁していた。「海賊大将　平田尾張守　直江新五郎、大船預八人・水子三百人預也」と史料にあるという。謙信居城の春日山から近い直江津周辺を拠点としたことだろうし、説教節「山椒太夫」に人買いの横行する地として直江津が出てくることとどこかでつながっているであろう。人買いは海賊行為の結果であり、謙信水軍はその海賊から港町や沿岸村を守る勢力として存在価値をもったはず。そして彼らも、季節になれば佐渡と本土の間を回游していく鯨の寄りを期待し、初歩的な捕鯨にも携わって活躍していたのではなかろうか。

黒船来航に驚いた幕府の指令もあり、加賀藩主斉泰は海防視察のため能登巡見を思い立ち、嘉永六年（一八五三）四月、宇出津まで来て捕鯨の場に出会ったことは前述した。彼と側近たちは漁人たちの勇壮ぶりや合理的な手順に驚き、彼らを水軍に置き換えてみないでいられなかったことと思われる。藩主や重役たちの意見が分かるような史料に出会っていないので確認はできないが…。

明治になって海軍力強化と捕鯨を結びつける意見はさらに増え、その思潮の果ては昭和後期の南極海捕鯨世界合戦にまで至ると考えられるが、それらについて

249号線から急な石段を登った上にエビス様の小祠

は別の人に委ね、もう擱筆しよう。

能登の矢波の辻口重秋氏が自宅倉庫から「大正七年」と墨書した「釣鍵」を探し出された日のことが思い起こされる。古い絵巻に描かれたのとそっくりのものが眼前に出てきた。文化九年（一八一二）から大正七年（一九一八）まで、いやクレーン船が出てくる昭和後期まで、定置網に入った鯨を外に出すにはこの釣鍵を用いるしか方法がなかったことを明かす事実である。

釣鍵をお見せになった後、辻口氏は矢波と波並の村境、海になだれ落ちる山崖の中腹を削りだした249号線の上、波濤を浴びそうな崖上に海を望んで設けられた「エーベッサマ（恵比須さま）」の小さな祠に案内された。

「ほら、ここに」

指さされた祠前の藪の中を見ると、落ち葉に埋もれて鯨の骨がいくつも重なっていた。鯨が揚がるたび、ここに一骨が奉納されてきたという。タブの大木が張り出し、サカキが茂る暗い藪の中には、籔ツバキの真紅の大輪が落ちて燦爛と光彩を放っていた。辻口氏は朽ち枝を箸のように持ち、鯨骨のあわいに積もった落ち葉を除き、かき出すことを始められた。うすく地衣に覆われ緑色を帯びた鯨骨が姿を現してくる。氏は手を動かしながら「長くお参りしなかったなぁ」と呟かれた。枯れ葉に埋もれさせたこと、エーベッサマを見えなくし、海原を見えなくしたと詫びられる心がむきだしに思われた。鯨を慕ってやってきた者ではあるけ

エビス様に奉納された鯨骨。エビス様を祀る小祠はすぐ前。

れど、筆者はそういう心動きの起きない余所者であった。鯨骨に触れる資格はないように感じられた。

能登で鯨のことをエビスとは言わない。そのことは、明治十八年（一八八五）、北海道岩内沖で鯨漁船が大鯨一尾を捕獲したのを見て、鯨をエビスと信ずる郡民が激昂、鯨漁船を破壊せんと押し寄せる事件がおきた時、能登から移住の一人の郡民が[※1]「本国能登にては鯨とイワシ漁同一時期なるも、あえて害あるを認めず」と発言していることでも明らかだが、海蔵院伝説の鯨を描く絵馬が最初に掲げられたのは恵比須堂[※2]であった。鯨に対する信仰がまったくないわけではなさそうである。能登の人々は加賀の人たちが「沖の殿様」と呼んだようには鯨を畏怖の対象にしなかったが、それでもエーベッサマに鯨骨を捧げてお参りし、けっして海の支配者のようにならなかった。台網の外へ鯨を獲りに出ることはしない、台網に入ったものだけを撃つという専守防衛の心がいつか育まれていたようである。

※1　その能登の人は橋本清吉といい、明治十八年（一八八五）岩内郡役所の書記・興津寅亮が記した「備忘録」にある証言という（中村春江『北海道で鯨を捕った男—斎藤知一伝』一九八五年・あすなろ社、四四頁）

※2　恵比須堂は以前はもっと山中の諏訪の森にあって、そこに「庄次兵衛鯨」の骨が一九八〇年ころまで残っていたという。

参考文献

○鯨と捕鯨に関するもの

『鯨志』宝暦十年＝一七六〇年発行・寛政六年＝一七九四年求板

山瀬春政『鯨志』有隣堂・寛政六年（一七九四）

『日本山海名産図会』寛政11年（1799）刊・第五巻

『長崎県漁業誌』明治二十九年刊

服部徹『日本捕鯨彙考』明治二十一年刊

『鯨—その科学と捕鯨の実際』昭和十七年刊・水産社

村上奉一『水産博覧会独案内』明治十六年刊

『水産博覧会・第一区出品審査評語』明治十七年・農務局刊

藤川忠猷（三渓）『海国急務』明治十九年刊

『復命書摘要』農商工公報号外・一八八八年

「水産調査所事業報告第二部　抹香鯨猟調査」明治二十九年刊

『日本水産史』明治33年刊

『捕鯨志』大日本水産会編・嵩山房・明治二十九年（一八九六）刊

明治二十六年刊『北海道水産全書』

国文学研究資料館所蔵「祭魚洞文庫旧蔵水産史料」

『第二回水産博覧会審査報告』明治三十二年刊
『本邦の諾威式捕鯨誌』東洋捕鯨株式会社編・明治43年刊
室伏次郎兵衛『水産実業録』明治二十九年刊・大日本水産会
明治二十七年事業の水産調査所報告書
「金華山沖合捕鯨試験成績・関沢明清報告」明治二十七年刊
川合角也『漁撈論』大正二年刊
江見水陰『実地探検捕鯨船』明治40年

矢代嘉春・黒汐資料館『日本捕鯨文化史』一九八三年刊
中村春江『北海道で鯨を捕った男―斎藤知一伝』一九八五年・あすなろ社
森田勝昭『鯨と捕鯨の文化史』一九九四年刊
『福本和夫著作集・第七巻』こぶし書房・二〇〇八年刊
近藤勲『日本沿岸捕鯨の興亡』二〇〇一年・山洋社
中園成生・安永浩『鯨取り絵物語』弦書房・二〇〇九年刊
近藤勲『日本沿岸捕鯨の興亡』二〇〇一年・山洋社
鳥巣京一『西海捕鯨の史的研究』一九九九年・九州大学出版会
荒井雅子「加賀の国の捕鯨侍、日本の捕鯨とロシア」参照、『ドラマチック・ロシア in Japan Ⅱ』二〇一二年刊
山下渉登『捕鯨Ⅰ』法政大学出版局・二〇〇四年刊
石井敦・真田康弘『クジラコンプレックス―捕鯨裁判の勝者はだれか』東京書籍・二〇一五年刊
岸田拓士『クジラの鼻から進化を覗く』慶應義塾大学出版会・二〇一六年刊

○県市町村史
『石川県史料』第一巻、一九七一年刊
石川県水産組合連合会編『案内記』明治四十四年刊
『氷見市史』1・通史編古代・中世・近世、二〇〇六年刊
『金石町誌』一九四一年刊
『石川誌』大正四年刊
『日末町史』昭和37年刊
明治二十七年『石川県地誌』
『内灘町史』一九八二年刊
中山又次郎『内灘郷土史』補遺版40頁・一九七二年刊
『能都町史』二巻・資料集八四三頁
『石川県案内記』明治四十二年刊
一九七七年刊『水産小木のあゆみ』
藤井昭二編『富山湾』巧玄出版・１９７４年刊
『富山県史』通史編Ⅴ・近代上（一九八一年刊）
『新湊市史』一九六四年刊
『雄飛に富んだ海老江のあゆみ』平成十二年刊
『氷見市史8・資料編六絵図・地図』平成十六年刊
氷見市近世史料集成第二十八冊・平成18年刊・氷見市立博物館発行
『石川県水産試験場業務報告』一九一二年刊
『氷見市史6・民俗』平成十二年刊
山田毅一『能登半島』大正2年刊

○関係論文ほか
『日本漁民事績略』
高瀬保『加賀藩流通史の研究』桂書房・一九九〇年
本康宏史「からくり美術―機工から工芸へ」一九九九年・西宮市大谷記念美術館
『加能郷土辞彙』
秋田俊一『漁業における許可制度に関する研究―明治・大正期石川県漁業許可の生成過程について』水産庁・研究資料第１２９号・昭和32年3月。
ヨシコ・N・フラーシェム編『榊原守郁史記』二〇一六年・桂書房刊
C・L・ブラウネル著・高成玲子翻訳『日本の心―アメリカ青年が見た明治の日本』二〇一三年・桂書房
和船建造技術を後世に伝える会（連絡先＝富山県氷見市立博物館）編『氷見の和船』
『資料で語る北海道の歴史』北海道立図書館江別移転40周年記念講演会記録・平成20年発行
古島敏雄・二野瓶徳夫『近代漁業技術の発達に関する史料』一九五七年刊
小川国治『江戸幕府輸出海産物の研究』一九七三年・吉川弘文館
濱岡伸也「史料紹介―前田土佐守家文書「能州鯨捕絵巻」について」（『加能史料研究』三号・一九八八年）
本庄栄治郎『近世の経済思想』１９３１年・日本評論社
『応響雑記』上・下、越中史料集成・一九八八年刊
氷見市近世史料集成第二十八冊・平成18年刊・氷見市立博物館発行。

※1　捕鯨史料で知られているのに未見のもの、そして分析し残したものがある。『能都町史』五巻に出ている「安部屋村（志賀町）」の寄り鯨の史料は未見であり、分析していないのは『能都町史』二巻・九四一頁の「天明四年四十物方諸々書上帳」。宇出津の鯨の販売記録であるが、『伊勢と熊野の海―海と列島文化8巻』一九九二年・小学館収載の田上繁「熊野灘の古式捕鯨組織」がこの史料に注目、鯨皮といっしょに牛皮の売買にかかわった「松崎仲間」という集団について被差別の歴史が潜むのではないかと提示されるが、そのことに立ち入らずにいる。

あとがき

書き終えたのに、もっとたくさんの漁人たちに、まだ埋もれている史料に出会いたいという気持ちがにじみ出る。富山湾岸の漁人たちはなぜ捕鯨に乗り出さなかったのか。加賀の日末の漁人たちはなぜ鯨墓をなさなかったか。このような大きな問いが残るからで、本文で少し説明してみたけれど、明確な推断を得るには史料不足[※1]である。二問はともに江戸期文明にかかわるもので、前近代の人たちが何を幸福としていたか、それを実感として語り得る当地の史料があれば、同じ一つの答えとしておそらく出てくる。

資本主義が世界のすべてを商品化して高度消費社会を形成していく過程に対し、一九八〇年代から異を唱えていた思想家イヴァン・イリイチ（一九二六～二〇〇二、オーストリア）、彼の著作の多くを翻訳された渡辺京二氏の、そのイリイチに関する次のような言葉をお借りすれば、答えの核心をかなり衝くことになると思う。

まず彼は、人間は自然と交渉して、自らの生活空間を自力でつくりだす能力があると信じる。モノを消費することではなくつくりだすことが、人間の本来の面目なのである。自分のために、自分がその主人でありうるような範囲内にある道具を用いて、自分で必要なモノをつくりだしてこそ、人間は世界をわがものとして理解し把握し、自然や生きものと共存することができる。

撮影＝荒木健氏（一九七〇年代初めの富山湾岸東部にて）

人間の幸福は、このような世界の主体的な理解と把握にかかっているのである。（「イリイチ翻訳の弁」『荒野に立つ虹』萓書房・一九九九年に収載）

台網という、大規模ではあるけれど人間がまだ主人でありうるような仕掛けをつくりだし、朝から夕まで一日を海に過ごし生きてきた富山湾岸の人々。彼らの漁撈は近代でいう労働などではけっしてなく、遊びと区別のつかないような生命活動そのものだったという感じがする。海におろす網一つをとっても、網のたわみを手に感じ、隠れて見えない潮流の強さや魚群の多さなどさまざまな事象の兆候が手に伝わるのを感知する。海という森羅万象と交渉して海の一部を内部に取り込み、自分だけの濃密な時間を作り上げる彼らは、それだけで十分に幸福であったと思う。

◇

ご存知のように、日本が二十七年間の長きにわたり合法であると主張をしてきた南極海調査捕鯨事業はオーストラリアによってＩＣＪ（国際司法裁判所）に告発され、二〇一四年四月、日本側のほぼ完敗の判決がなされた。敗北理由は石井敦・真田康弘『クジラコンプレックス—捕鯨裁判の勝者はだれか』[※2]に詳しいので参照してもらいたい。判決直後、中国はアジア安全保障会議において、南沙諸島の一部占拠について責める日本を次のように非難した。「日本は『法の支配』をまるで自国の法律のように言う。それなら『捕鯨をやめる』と言えば、国際法を順守することになるのではないか[※3]」と。それにもかかわらず、日本政府は二〇一

※2　石井敦・真田康弘『クジラコンプレックス—捕鯨裁判の勝者はだれか』東京書籍・二〇一五年刊。石井氏は二〇一六年に入って『世界』3月号でも「捕鯨裁判は日本に何を突きつけたのか」と題し、日本政府が捕鯨連盟議員の圧力のもと、官僚の既得権益のためとしか思われない「南極海新調査捕鯨」に違法のまま再び乗り出したことを批判、科学技術評価局設置の提案や司法の改革を提言している。

※3　朝日新聞、二〇一四年六月一日

五年一二月、似たような新調査捕鯨を企画し、再び南極海に捕鯨船を送った。判決（国際法）を無視する行為である。

ハーグの判決直後、日本の国会議員たちがやみくもに調査捕鯨再開を叫ぶのを聞いて、筆者は北陸捕鯨史を書くことを決意した。多くの人々がそれを他所ごとのように聴くそぶりであったから。鯨への親しみの感情は人々に残りまだいくらか生々しいと思われるが、多くは思いを寄せる縁がないからであろう。わずか二代か三代前の私たちの肉親が身を捕鯨に挺し、鯨資源の余沢を受けていた事柄。そういうことを知れば、とても人々は他人ごととは思えなくなるだろう…。二年をかけて執筆、政府への抗議の意を本文に現すことはもちろん避けた。史料はもっと先々の人たちのためにあるのだから。

反捕鯨の「シーシェパード」への反撃ばかり考える国会議員や官僚のリードを許すのではなく、国民の声がもっと尊重されるシステム造りを急がねばならない―これが石井敦・真田康弘『クジラコンプレックス―捕鯨裁判の勝者はだれか』の主張の一つで、国会議員の科学リテラシーを向上させる「科学技術評価局」を国会図書館下に設置しようという具体的な提案がなされている。南極海調査捕鯨の断念を交渉カードにすれば、先住民生存捕鯨と区別した沿岸小型捕鯨が認められるアプローチが開ける、進路を変更すべきと提案されている。筆者は賛同するものである。

◇

※　慶應義塾大学出版会・二〇一六年刊『クジラの鼻から進化を覗く』の著者・岸田拓士氏は、「そもそも南極海までクジラを捕りに出かけるような文化をわれわれは持ち合わせていないはずだ」と、日本の調査捕鯨が国際司法裁判所で否定されたことに同意される一方、反捕鯨団体の主張「野生の哺乳類を商業市場を介した恒常的な食材にすべきでない」には一理あるとされる。水産界は野生個体を飼育個体より高価値に置くが、畜産界が神戸牛などのように飼育個体に高価値を置くのを見習うべきで、海洋牧場などでクジラを畜産してはどうかと提案される。「沿岸捕鯨をすべて否定しようとは思わないが、その収穫物はせいぜい自家消費にとどめるべきだろう」と、アラスカ州で認められている先住民生存捕鯨が値札をつけて販売すること、研究目的以外、外部に持ち出すこと一切を許していないと註を付されている。

撮影＝荒木健氏（一九七〇年代初めの富山湾岸東部にて）

ここまで多くの方に史料のありかを教えられ、遺品を見せていただいた。紙上にて改めてお礼を申し上げる。金石の木嬰政雄氏、日末の聖徳寺上杉豊明氏と隣家の吉中七郎氏、七尾市の永田房雄氏、石川県水産総合センターの大橋洋一氏、同町矢波の区長・辻口重秋氏、石川県立博物館の濱岡伸也氏と戸澗幹夫氏、氷見市立博物館長の小境卓治氏にはとりわけお世話になった。感謝を申し上げたい。

また、見聞されてきたことをご教示くださり、引用や掲載にご了解をくださった方々のお陰で本書はなすことができた。ＪＦいしかわ能都支所の影和義氏ほか皆様、能登町文化財保護審議会会長の山田芳和氏、能登町真脇遺跡縄文館館長の高田秀樹氏、能登町立三波公民館館長の徳田博史氏と同館の森美生子氏、能登町ふるさと振興課参事の北畠弘信氏、内灘町向粟崎区区長の島田紀好氏、同宮坂区長の坪内健一氏、小松市日末の高見清祐氏、富山県公文書館の金龍教英氏、射水市新湊博物館の松山充宏氏、富山市科学博物館館長の南部久男氏、魚津水族館館長の稲村修氏、富山市埋蔵文化財センターの古川知明所長と納屋内高史氏、黒部市新治神社宮司の高倉盛克氏、射水市海老江の皆様、そして原稿で見ていただいた鈴木明子氏に厚くお礼を申し上げる。

◇

鯨に対する現代社会の人々の気持ちは、いま「捕る」から「見る」へ大きく変わりつつある。すっかりそうなった時、私たちの幸福はどれほどか増しているだろうか。

著者　勝山　敏一（かつやま・としいち）
1943年、旧新湊市生まれ。会社勤めや学校職員を経て1983年暮れ、桂書房設立。黒田俊雄編『村と戦争』（1988年）、青木新門著『納棺夫日記』（1993年）、山村調査グループ編『村の記憶』（1995年）、秋月煌著『粗朶集』（1996年）など、これまで500点余を出版。著書に『活版師はるかなり』（桂書房・2008年）、『女一揆の誕生』（桂書房・2010年）、『明治・行き当たりレンズ』（桂書房・2015年）、共著に『感化院の記憶』（桂書房・2001年）、『おわらの記憶』（桂書房・2013年）がある。
〒934-0056富山県射水市寺塚原169

北陸海に鯨が来た頃

2016年６月20日　初版発行

定価　本体 2,000円＋税

著　者　　勝 山 敏 一

発行者　　勝 山 敏 一

発行所　　桂　書　房
〒930-0103 富山市北代3683-11
電話076-434-4600
振替00780-8-167

印　刷／株式会社 すがの印刷

ISBN978-4-86627-010-4

地方小出版流通センター扱い